发酵工程简明教程

燕平梅　编著

中国石化出版社

内 容 提 要

本书系统介绍了发酵工程的基本内容及技术，全书共十二章内容，主要包括发酵菌种的筛选方法、优良发酵菌种的育种方法、发酵原料配制方法、种子的制备、发酵产物代谢控制理论和方法、发酵条件的调节方法、发酵培养基和空气的灭菌技术、发酵下游加工技术。

本书可作为综合性大学、工科院校、农林院校及师范院校的生物工程及生物技术专业的教材，也可作为生物制药、食品科学与工程、生物科学等专业的教学参考书，同时也可供相关领域专业人员参考。

图书在版编目(CIP)数据

发酵工程简明教程/燕平梅编著. —北京：中国石化出版社，2013.9
ISBN 978-7-5114-2314-6
Ⅰ.①发…　Ⅱ.①燕…　Ⅲ.①发酵工程—教材　Ⅳ.①TQ92
中国版本图书馆CIP数据核字(2013)第176803号

中国石化出版社出版发行
地址：北京市东城区安定门外大街58号
邮编：100011　电话：(010)84271850
读者服务部电话：(010)84289974
http://www.sinopec-press.com
E-mail：press@sinopec.com
北京科信印刷有限公司印刷
全国各地新华书店经销
*
787×1092毫米　16开本　14印张　341千字
2014年9月第1版　2014年9月第1次印刷
定价：35.00元

前　言

发酵工程，是指采用现代工程技术手段，利用微生物的某些特定功能，为人类生产有用的产品，或直接把微生物应用于工业生产过程的一种新技术，其已经形成了一个品种繁多、门类齐全的独立工业体系，在国民经济中占有重要地位。其产品覆盖医药、轻工、化工、食品、农业、能源和环保等诸多行业，给人类带来巨大的经济效益和社会效益，是主导生物工程发展的前沿学科，具有完善的工程体系和很强的应用性。

《发酵工程简明教程》一书阐述了发酵的基本原理和具体方法，凝炼了各种发酵工艺的共同性。突出发酵的相关技术，重视技术原理的探讨和应用面的扩大，具有很强的实用性。并带有较强的自然科学的探索性和首创性。本书在编写过程中一方面注意保持了技术的系统性和完整性，另一方面强调了技术的先进性，引入了发酵技术的最新研究技术和方法。在内容选择上，力求基本理论可靠、论述准确，信息量大，尽可能包括微生物技术的最新进展和研究成果。本书可作为综合性大学、工科院校、农林院校及师范院校的生物工程及生物技术专业的教材，也可作为生物制药、食品科学与工程、生物科学等专业的教学参考书，同时也可供相关领域专业人员参考。对医药、食品、酶制剂、有机酸、溶剂等微生物的发酵生产，及其他生物技术和环境保护等领域的生产、研究和开发的科技人员具有一定的参考价值。

《发酵工程简明教程》一书主要包括12章。第1章，发酵工程概论；第2章，发酵菌种；第3章，发酵菌种选育技术；第4章，微生物菌种的保藏；第5章，发酵过程的调控原理；第6章，发酵原料；第7章，发酵种子的制备；第8章，发酵条件的控制；第9章，发酵微生物反应动力学；第10章，发酵原料的灭菌及空气除菌；第11章，发酵设备；第12章，发酵产品的制备。太原师范学院燕平梅完成第1章、第2章、第3章、第4章、第5章、第6章、第7章、第8章、第10章和第12章。第9章和第11章由太原师范学院赵文婧完成，本书编写过程中，编者参考了许多国内外相关文献资料，引用了其中部分重要结论及相关图表，在此向各位前辈及同行致以衷心的感谢。此外，我们团队的2010级、2011级的研究生为本书的出版做了大量辛勤细致的工作，在此一并表示谢意。

近年来，发酵工程及相关学科发展迅速，加之编者的水平和经验有限，难免存在不足之处，敬请读者批评指正。

目　录

第1章　发酵工程概论……（1）
第1节　发酵工程的定义和发展简史……（1）
1　发酵工程定义……（1）
2　发酵工程发展史……（1）
第2节　发酵工程的特点和范围……（3）
1　发酵工程的特点……（3）
2　发酵工程的范围……（4）
3　发酵的类型……（5）
第3节　发酵工程的组成……（5）
1　发酵工程的组成……（5）
2　发酵工程的步骤……（5）
第4节　发酵工程的应用和发展趋势……（7）
1　发酵工程的应用……（7）
2　发酵工程的发展趋势……（11）
作业与思考……（13）
第2章　发酵菌种……（14）
第1节　发酵菌种的要求……（14）
1　微生物的特性……（14）
2　工业化菌种的要求……（16）
第2节　发酵菌种的应用……（16）
1　抗生素生产有关的微生物……（17）
2　氨基酸生产有关的微生物……（18）
3　酶制剂生产有关的微生物……（19）
4　有机酸产生微生物……（20）
5　有机溶剂产生微生物……（21）
6　核苷酸类物质生产菌……（22）
第3节　自然界中发酵菌种的分离……（23）
1　菌种的来源……（23）
2　新种分离与筛选的步骤……（23）
3　自然界中细菌的分离……（29）
4　放线菌的分离培养基的组成原则……（30）
5　真菌分离……（30）
作业与思考……（31）
第3章　发酵菌种的选育……（32）
第1节　自然选育……（33）

第 2 节　诱变育种……（34）
1　诱变剂和诱变处理……（34）
2　诱变育种步骤……（35）
3　突变菌株的筛选……（36）
4　诱变事例……（40）
第 3 节　原生质体育种……（41）
1　原生质体融合育种的特点……（41）
2　原生质体融合原理和育种步骤……（42）
3　原生质体融合育种的要点……（42）
4　原生质体融合技术在微生物育种中应用……（46）
第 4 节　基因育种……（47）
1　目的基因的获取……（47）
2　目的基因与载体在体外连接……（47）
3　重组 DNA 导入宿主菌……（48）
4　重组克隆的筛选与鉴定……（49）
5　基因表达系统……（49）
作业与思考……（52）
第 4 章　发酵菌种保藏的原理和方法……（54）
第 1 节　斜面保藏法和穿刺保藏法……（54）
1　斜面保藏法……（54）
2　穿刺保藏法……（55）
第 2 节　干燥保藏法……（55）
1　沙土管干燥保藏法……（55）
2　麸皮保藏法……（55）
第 3 节　真空冷冻干燥保藏法……（56）
第 4 节　液氮保藏法……（56）
第 5 节　悬液保藏法……（57）
第 6 节　低温保藏法……（57）
第 7 节　常见菌的保存方法……（57）
1　常见菌的保存方法……（57）
2　菌种保藏的注意事项……（58）
3　国内外菌种保藏机构……（58）
作业与思考……（59）
第 5 章　发酵过程的调控原理……（60）
第 1 节　微生物的代谢类型和自我调节……（60）
1　代谢类型……（60）
2　微生物自我调节……（60）
第 2 节　酶活性调节……（61）
酶活性调节的机制……（62）
第 3 节　酶合成的调节……（62）
1　酶的诱导(Enzyme induction)……（63）
2　酶的阻遏(Enzyme repression)……（63）

3　酶合成调节的操纵子学说 …………………………………………………………（65）
第4节　微生物代谢途径调节的形式…………………………………………………（68）
1　直线式代谢途径的反馈控制 ………………………………………………………（68）
2　分支代谢途径的反馈控制 …………………………………………………………（69）
第5节　代谢的人工控制………………………………………………………………（72）
1　发酵条件的控制 ……………………………………………………………………（72）
2　改变细胞的透性 ……………………………………………………………………（74）
3　菌种遗传特性的改变 ………………………………………………………………（74）
第6节　次级代谢与次级代谢调节……………………………………………………（75）
1　初级代谢和次级代谢 ………………………………………………………………（75）
2　次级代谢的调节类型 ………………………………………………………………（76）
作业与思考………………………………………………………………………………（77）
第6章　发酵培养基……………………………………………………………………（79）
第1节　培养基的类型及功能…………………………………………………………（79）
1　培养基的分类 ………………………………………………………………………（79）
2　发酵生产中的培养基类型 …………………………………………………………（80）
3　发酵培养基的选择 …………………………………………………………………（81）
第2节　培养基的营养成分及来源……………………………………………………（81）
1　发酵微生物的主要营养来源 ………………………………………………………（82）
2　培养基组成物质的营养与作用 ……………………………………………………（82）
3　营养物质的调节 ……………………………………………………………………（85）
第3节　培养基的配制…………………………………………………………………（86）
1　培养基成分选择的原则 ……………………………………………………………（86）
2　设计培养基的方法 …………………………………………………………………（87）
3　培养基设计的步骤 …………………………………………………………………（88）
4　培养基设计时注意的一些相关问题 ………………………………………………（88）
第4节　淀粉质原料的糖化……………………………………………………………（88）
1　淀粉水解原理 ………………………………………………………………………（88）
2　糖化方法 ……………………………………………………………………………（89）
第5节　糖蜜原料的处理………………………………………………………………（91）
1　糖蜜的来源及特点 …………………………………………………………………（91）
2　糖蜜的处理方法 ……………………………………………………………………（92）
第6节　其他原料的处理………………………………………………………………（92）
1　纤维素及发酵废液的处理 …………………………………………………………（92）
2　亚硫酸盐废液的处理 ………………………………………………………………（93）
作业与思考………………………………………………………………………………（95）
第7章　发酵种子的制备………………………………………………………………（96）
第1节　种子的扩大培养………………………………………………………………（96）
1　种子扩大培养的目的及对种子的要求 ……………………………………………（96）
2　种子扩大培养的步骤 ………………………………………………………………（96）
3　种子扩大培养的方法 ………………………………………………………………（97）
第2节　工业发酵种子的制备…………………………………………………………（97）

1　实验室种子制备阶段 …… (98)
2　生产车间种子制备 …… (99)
第3节　种子质量的控制 …… (100)
1　影响孢子质量的因素及孢子质量的控制 …… (100)
2　影响种子质量的主要因素及种子质量的控制 …… (101)
3　种子质量检查 …… (104)
4　种子异常的分析 …… (104)
作业与思考 …… (105)
第8章　发酵条件的控制 …… (106)
第1节　发酵条件控制的方法 …… (106)
1　发酵过程工艺控制的目的 …… (106)
2　发酵过程研究的方法和层次 …… (107)
3　发酵过程的中间分析 …… (108)
第2节　温度的控制 …… (108)
1　温度对发酵的影响 …… (108)
2　发酵过程引起温度变化的因素 …… (109)
3　最适温度的选择和控制 …… (110)
第3节　发酵过程的pH值控制 …… (111)
1　发酵过程pH值变化的原因 …… (111)
2　pH值对发酵的影响 …… (112)
3　pH值的控制 …… (112)
第4节　氧的供需 …… (113)
1　微生物对氧的需求 …… (113)
2　氧的供需 …… (114)
3　影响需氧的因素 …… (115)
4　反应器中氧的传递 …… (116)
5　影响K_La的因素 …… (118)
6　溶氧浓度的控制 …… (120)
第5节　二氧化碳对发酵的影响及控制 …… (122)
1　二氧化碳的来源 …… (122)
2　二氧化碳对发酵的影响 …… (123)
3　二氧化碳浓度的控制 …… (123)
第6节　发酵过程泡沫的形成与控制 …… (124)
1　泡沫形成的基本理论 …… (124)
2　影响泡沫稳定性的因素 …… (127)
3　消泡剂消泡 …… (128)
4　破泡剂与抑泡剂的区别 …… (129)
5　对消泡剂的要求 …… (129)
6　常用消泡剂的种类和性能 …… (130)
7　泡沫在发酵过程中的变化 …… (131)
8　泡沫的控制 …… (132)
第7节　发酵染菌的检测和防治 …… (133)

1　染菌对发酵的影响 …………………………………………………………（133）
2　无菌状况的检测 ……………………………………………………………（135）
3　染菌情况分析 ………………………………………………………………（136）
4　染菌的防止 …………………………………………………………………（137）
5　染噬菌体对发酵的影响 ……………………………………………………（138）
第8节　基质浓度对发酵的影响及补料控制……………………………………（139）
1　基质浓度对发酵的影响 ……………………………………………………（139）
2　补料控制 ……………………………………………………………………（140）
第9节　发酵终点的判断…………………………………………………………（141）
作业与思考…………………………………………………………………………（142）
第9章　发酵微生物反应动力学……………………………………………………（143）
第1节　发酵反应动力学的研究内容……………………………………………（143）
1　发酵动力学的研究目的 ……………………………………………………（143）
2　研究发酵动力学的作用 ……………………………………………………（143）
3　研究发酵动力学的步骤 ……………………………………………………（144）
4　反应动力学描述的简化 ……………………………………………………（144）
第2节　发酵过程的反应描述……………………………………………………（144）
1　发酵过程的反应描述 ………………………………………………………（144）
2　发酵过程反应速度的描述 …………………………………………………（145）
第3节　分批培养动力学…………………………………………………………（146）
1　分批发酵中细胞生长动力学 ………………………………………………（146）
2　分批发酵产物形成的动力学 ………………………………………………（148）
3　基质消耗动力学 ……………………………………………………………（150）
第4节　连续培养动力学…………………………………………………………（151）
1　连续培养的工艺种类 ………………………………………………………（151）
2　连续发酵类型　……………………………………………………………（152）
3　连续培养动力学 ……………………………………………………………（152）
作业与思考…………………………………………………………………………（156）
第10章　发酵原料灭菌及空气除菌 …………………………………………………（157）
第1节　培养基的灭菌……………………………………………………………（157）
1　灭菌方法 ……………………………………………………………………（157）
2　培养基的灭菌　……………………………………………………………（160）
3　培养基的分批灭菌 …………………………………………………………（163）
4　培养基的连续灭菌 …………………………………………………………（166）
第2节　空气除菌…………………………………………………………………（170）
1　过滤除菌原理 ………………………………………………………………（170）
2　空气除菌设备 ………………………………………………………………（171）
3　空气过滤除菌流程 …………………………………………………………（175）
作业与思考…………………………………………………………………………（177）
第11章　发酵设备 ……………………………………………………………………（178）
第1节　发酵设备概述……………………………………………………………（178）
第2节　厌氧发酵设备……………………………………………………………（179）

1　酒精发酵罐的结构 …………………………………………………………（179）
2　发酵罐的冷却装置 …………………………………………………………（179）
3　酒精发酵罐的洗涤 …………………………………………………………（180）
第3节　通风发酵罐……………………………………………………………（181）
1　机械搅拌发酵罐 ……………………………………………………………（181）
2　其他类型的发酵罐 …………………………………………………………（185）
第4节　发酵罐的放大…………………………………………………………（188）
1　几何尺寸放大法 ……………………………………………………………（189）
2　空气流量放大 ………………………………………………………………（189）
作业与思考…………………………………………………………………………（191）
第12章　发酵产品的制备 ……………………………………………………（192）
第1节　发酵下游技术…………………………………………………………（192）
1　微生物发酵下游技术的特点 ………………………………………………（192）
2　发酵下游技术的一般过程 …………………………………………………（193）
第2节　发酵液的预处理和过滤………………………………………………（193）
1　发酵液的预处理 ……………………………………………………………（193）
2　发酵液的过滤 ………………………………………………………………（195）
3　细胞的破碎 …………………………………………………………………（196）
第3节　发酵产品的提取与精制………………………………………………（198）
1　沉淀法 ………………………………………………………………………（198）
2　蒸馏 …………………………………………………………………………（199）
3　离子交换技术 ………………………………………………………………（199）
4　萃取技术 ……………………………………………………………………（201）
5　膜分离法 ……………………………………………………………………（202）
第4节　成品加工………………………………………………………………（206）
1　浓缩技术 ……………………………………………………………………（206）
2　干燥 …………………………………………………………………………（206）
3　结晶 …………………………………………………………………………（207）
作业与思考…………………………………………………………………………（208）
参考文献……………………………………………………………………………（209）

第1章　发酵工程概论

第1节　发酵工程的定义和发展简史

1　发酵工程定义

发酵工程是利用微生物的特定性状，通过现代化工程技术产生有用物质或直接应用于工业化生产，以把粮食、能源、化学制品、环境保护等课题联系起来的一种技术体系。发酵工程通常也称之为微生物发酵工程。发酵(Fermentation)一词最初来源于拉丁语，是“沸腾”(fervere)的派生词，它描述了酵母菌作用于果汁或麦芽汁产生气泡的现象，或者是指酒的产生过程。“沸腾”现象是由浸出液中的糖在缺氧条件下降解而产生二氧化碳所引起的。生物化学上的发酵为生物在无氧条件下，分解各种有机物质产生能量的一种方式。如葡萄糖在无氧条件下被微生物利用产生酒精并放出二氧化碳，同时获得能量；丙酮酸被还原为乳酸而获得能量等。工业意义上的发酵泛指利用微生物的某种特定功能，通过现代工程技术手段生产人们所需的产品或达到某些特定目的的过程。它包括厌氧培养的生产过程，如酒精、乳酸、丙酮丁醇等的生产，以及通气(有氧)培养的生产过程，如抗生素、氨基酸、酶制剂等的生产。产品既有微生物细胞代谢产物，也包括菌体细胞(如单细胞蛋白)、酶等。

现代发酵工程所利用的活细胞，除传统的微生物外，还有两类生物细胞形态：一是通过基因工程构建的微生物称为“工程菌”，利用这些微生物可以生产人类所需要的产品，其中不乏自然界尚未发现的新型生物工程产品；二是利用某些源于动物、植物细胞或工程细胞来生产的原来从生物很难获得或含量很少的有用产物。因此发酵工程是将传统发酵技术与DNA重组、细胞融合、分子修饰和改造等新技术结合并发展起来的现代发酵技术。

现代微生物发酵工程是在传统微生物发酵基础上建立和发展起来的。但是现代微生物发酵工程有其显著特点：强化了上游的基础研究，渗入了现代生物技术，如基因工程、细胞融合、分子育种等现代生物技术，所构建的“工程种子”用于发酵工业，可产生传统发酵工业不能生产的产品，并提高了发酵工业的经济效益和社会效益；现代发酵工程工艺流程后处理工序自动化程度逐步提高，应用现代计算机优化各个生产单元，使整个生产过程高效化；现代发酵工程生产规模的扩大，所生产的产品量大且质高；上、中、下游各个环节的衔接和配套更趋于合理和有效；现代发酵工程工业化生产后，一般不造成环境污染。现代微生物发酵工程与传统微生物发酵工程的这些差别，必然使其给人类社会作出更大贡献。

2　发酵工程发展史

2.1　发酵现象的早期认识

人类很早就学会了主动利用微生物来为自己的生产和生活服务。4000多年前，我国古代先民利用自然存在的微生物酿酒，制作酱油、醋、奶酪、面包、馒头和豆腐乳等发酵食品，在当时相当长的时期里，人们根本就不知道微生物的存在，但人们已经巧妙地利用微生物制造食品。显微镜诞生后200年，人们一直在进行着各种各样的微小生物的观察，但并没有把微生物的活动和发酵联系起来。直到1857年巴斯德通过巴氏瓶(鹅颈瓶)实验观察到加热的肉汁不发酵，不加热时则产生发酵，认识到发酵现象是由微生物活动引起的。之后巴斯德又通过其他一系列实验证明了酒精发酵、乳酸发酵、丁酸发酵是由不同的微生物作用所引起的。自此，建立了发酵的生命理论，证明发酵是由于微生物作用的结果。发酵的生命理论建立以后，还有一个未能解决的问题，那就是微生物是如何起作用的，即发酵的本质是什么？比如糖分子分解的真正原因是什么？早在1858年，Morits Traube曾设想发酵是由于酵母细胞含有一种物质叫做酵素的缘故。1894年，埃米尔·菲舍尔在合成碳水化合物时得到启发，即酵母对培养基中糖的分解利用，可用分解糖的酵素物质来解释，但都没有得到实验证明。1897年毕希纳发现磨碎的酵母仍使糖发酵形成酒精，他把酵母汁中含有的有发酵能力的物质，叫做酒化酶。人们真正认识到发酵的本质就是由微生物的生命活动所产生的酶的生物催化作用所致。

2.2 发酵工程技术的发展史

2.1.1 传统微生物发酵技术——自然(天然)发酵时期

从史前到19世纪末，在微生物的性质尚未被人们所认识时，人类已经利用自然接种方法进行发酵制品的生产。主要产品有酒、酒精、醋、酵母、干酪、酸乳等。当时实际上还谈不上发酵工业，而仅仅是家庭式或作坊式的手工业生产。多数产品为厌氧发酵，非纯种培养，凭经验传授技术和产品质量不稳定是这个阶段的特点。

2.1.2 第一代发酵技术——纯培养技术的建立

1900~1940年间，由巴斯德(Pasteur)和科赫(Koch)建立了微生物分离纯化和纯培养技术，人类才开始了人为地控制微生物的发酵进程，从而使发酵的生产技术得到巨大的改良，提高了产品的稳定性，这对发酵工业起了巨大的推动作用。由于采用纯种培养与无菌操作技术，包括灭菌和使用密闭式发酵罐，使发酵过程避免了杂菌污染，使生产规模扩大了，产品质量提高了，从而建立了真正的发酵工业并逐渐成为化学工业的一部分。因此，可以认为，纯培养技术的建立是发酵技术发展的第一个转折时期。

2.1.3 第二代发酵技术——深层培养技术

20世纪40年代初，随着青霉素的发现(1928年弗莱明发现青霉素，1965年获诺贝尔医学生理学奖)，抗生素发酵工业逐渐兴起。由于青霉素产生菌是需氧型的，当时只能采用表面培养法生产，因此大规模生产存在很多困难。微生物学家就在厌氧发酵技术的基础上，成功地引进了通气搅拌和一整套无菌技术，建立了深层通气发酵技术。它大大促进了发酵工业的发展，使有机酸、酶、维生素、激素等都可以用发酵法大规模生产，并且逐渐形成和建立起生物工程学科，与此同时也有力地促进了甾体转化、微生物酶与氨基酸发酵工业的迅速发展。通气搅拌发酵技术的建立是发酵工业发展史上的第二个转折点。

20世纪60年代，随着生物化学、微生物生理学和遗传学的深入发展，科学家在深入研究微生物代谢途径和氨基酸生物合成的基础上，通过对微生物进行人工诱变，得到适合于生产某种产品的突变类型，再在人工控制的条件下培养，即利用调控代谢的手段进行微生物菌种选育和控制发酵条件，从而大量生产出人们所需要的产品。例如，根据氨基酸生物合成途径用遗传育种方法进行微生物人工诱变，选育出某些营养缺陷型菌株或抗代谢产物结构类似物的菌株，在控制营养条件的情况下发酵生产，大量积累人们预期的氨基酸。1957 年，日本用微生物生产谷氨酸成功，如今 20 种氨基酸都可用发酵法生产。氨基酸发酵工业的发展，是建立在代谢控制发酵新技术的基础上的。目前，代谢控制发酵技术已用于核苷酸、有机酸和部分抗生素等的生产中。

2.1.4　第三代发酵技术——现代发酵工程

20 世纪 80 年代以后，由于 DNA 体外重组技术的建立，使发酵工业进入了一个崭新的阶段，即以基因工程为中心的生物工程时代，新产品层出不穷。基因工程是采用酶学的方法，将不同来源的 DNA 进行体外重组，再把重组 DNA 设法转入受体细胞内表达，并进行繁殖和遗传下去。这样人们就能够根据自己的意愿将微生物以外的基因构件导入微生物细胞内，从而定向地改变生物形状和功能，创造出“新”的物种，使发酵工业能够生产出自然界生物所不能合成的产物，大大地丰富了发酵工业的范围，使发酵工业发生了革命性的变化。主要产品有胰岛素、干扰素等。

利用基因工程生产的第一个有用物质是 1977 年美国试制成功的“激素释放抑制因子”，它是由十四个氨基酸残基组成的多肽激素，可以抑制脑垂体激素的分泌。原来由羊脑垂体中提取，用 50 万只羊脑只能提取 5mg 的产品，用基因工程菌生产，只要 10L 的基因工程菌培养液就可得到同样数量的产品。胰岛素是治疗糖尿病的良药，原来由猪胰脏中提取，生产 100g 胰岛素用 720kg 的猪胰，而 1978 年美国采用基因工程菌生产，由 2000L 基因工程菌培养液即可提取等量的胰岛素。通过比较这些数字，可以明显地感受到现代发酵工业的巨大威力和诱人前景。

第 2 节　发酵工程的特点和范围

1　发酵工程的特点

微生物发酵工程与化学工程有许多不同的特点。

1.1　生产原料广泛

发酵所用的原料通常以淀粉质、糖蜜或其他农副产品为主，只要加入少量的有机和无机氮源就可进行反应。此外，可以利用废水和废物等作为发酵的原料进行生物资源的改造和更新。

1.2　生产主体是微生物

微生物菌种是进行发酵的根本因素，可以通过筛选、诱变或基因工程手段获得高产优良的菌株。发酵对杂菌污染的防治至关重要，除了必须对设备进行严格灭菌和空气过滤外，反应必须在无菌条件下进行，维持无菌条件是发酵成败的关键。

1.3　生产反应条件温和，易控制

发酵过程一般来说都是在常温常压下进行的生物化学反应，反应安全，要求条件简单。

1.4　产物单一，纯度高

发酵过程是通过生物体的自动调节方式来完成的，反应的专一性强，因而可以得到较为单一的代谢产物。微生物能够专一性地和高度选择地对某些复杂的化合物进行特定部位的转化反应，也可以产生比较复杂的高分子化合物。

1.5 投资少，效益好

工业发酵与其他工业相比，投资少，见效快，并可以取得较显著的经济效益。

2 发酵工程的范围

2.1 以微生物菌体细胞为产品的发酵工业

以微生物菌体细胞为产品的发酵过程例子很多，如利用酵母生产面包；作为人类或动物的食物的微生物细胞(单细胞蛋白)的制备；作为生物防治的苏云金杆菌以及各种人、畜疾病防治用的疫苗制备等。细胞物质的发酵生产特点是细胞的生长与产物的积累呈平行关系，生长速率最大时期也是产物合成速率最高阶段，生长稳定期细胞物质浓度最大，同时也是产量最高的收获时期。

2.2 以微生物酶为产品的发酵工业

目前工业化生产的酶主要是各种水解酶类，如淀粉水解酶、蛋白水解酶、乳糖酶、青霉素酰化酶等，而非水解酶类除葡萄糖异构酶、葡萄糖氧化酶等少数酶已工业化生产外，多数非水解酶类尚未工业化生产。酶的生产受到微生物本身的严格控制，为改进酶的生产能力可以改变这些控制，如在培养基中加入诱导物和采用菌株的诱变和筛选技术，以消除反馈阻遏作用。

2.3 以微生物代谢产物为产品的发酵工业

以微生物代谢产物为产品的发酵工业是发酵工业中数量最多、产量最大、也是最重要的部分，包括初级代谢产物、中间代谢产物和次级代谢产物。对数生长期形成的产物是细胞自身生长所必需的，如氨基酸、核苷酸、多糖、乙醇、丙酮、甘油、有机酸等称为初级代谢产物或中间代谢产物。各种次级代谢产物都是在微生物生长缓慢或停止生长时期即稳定期所产生的，来自于中间代谢产物和初级代谢产物，如各种抗生素、生物碱、生长促进剂等。

2.4 生物转化或修饰化合物的发酵工业

生物转化是指利用生物细胞对一些化合物某一特定部位(基团)的作用，使它转变成结构相类似但具有更大经济价值的化合物。生物转化的最终产物并不是由于营养物质经微生物细胞的代谢后产生的，而是由微生物细胞的酶或酶系对底物某一特定部位进行化学反应而形成的。生物转化可以理解为，将一个化合物经过发酵改造其化学结构。在这里微生物细胞的作用仅仅相当于一种特殊的化学催化剂引起特定部位的反应。转化发酵过程的奇特之处是先产生大量菌体，然后催化单一反应。最简单的生物转化例子是微生物细胞将乙醇氧化形成乙酸，但是发酵工业中最重要的生物转化是甾体的转化，如将甾体化合物的11位进行氧化转化为可的松等。转化反应包括脱氢、氧化、羟基化、还原、脱羧、氨基化、缩合、脱氨化、磷酸化、同分异构作用等。

2.5 微生物特殊机能的利用

微生物特殊机能的利用包括：

(1)利用微生物净化环境；

(2)利用微生物保持生态平衡；

(3)利用微生物探矿、冶金、石油脱硫；

(4)利用微生物基因工程菌株生产动、植物细胞产品。

3 发酵的类型

根据发酵工业的特点和范围，可以将发酵分成若干类型。

3.1 按发酵原料划分

按发酵原料来分，有淀粉质发酵、石油发酵、废水发酵等类型。

3.2 按发酵培养基的物理性状划分

按发酵培养基的物理性状来分，有固态发酵、半固态发酵和液态发酵。液体发酵是指将营养物质溶于(或悬于)液体灭菌后进行培养，液体发酵是目前最普遍采用的方法。制曲是固体发酵的一种，是利用麸皮、米糠或木屑并加入必要营养物质，灭菌后接种培养。由于这些物质疏松便于通气，因此在一定温度、湿度下需氧微生物能良好的生长并产生代谢产物。如果将固体培养基铺成薄层(2～3cm)装盘进行培养，则称为浅盘发酵；如果将固体培养基堆成厚层(30cm)并在培养期间不断通入空气，则称厚层通风制曲。

3.3 按发酵工艺流程划分

按发酵工艺流程来分，有分批式(间歇式)发酵、连续式发酵和流加式发酵等类型。

3.4 按发酵过程对氧的需求划分

按发酵过程中对氧的不同需求来分，有厌氧发酵和需氧发酵两大类型。厌氧发酵的特点是整个发酵过程不需要通入空气，是在密闭条件下进行的，发酵设备比较简单。需氧发酵的特点是在发酵过程中需不断供给氧气(或空气)，以满足微生物呼吸代谢。需氧发酵的方法有通气、通气搅拌和表层培养等几种。

3.5 按发酵形式划分

按发酵形式来分，有传统工艺发酵和现代工业发酵两种类型。前者大多是固态发酵，后者大多采用液态深层(需氧)发酵。

3.6 按发酵产物划分

按发酵产物来分，有酒类发酵、氨基酸发酵、有机酸发酵、抗生素发酵、维生素发酵等类型。

第3节 发酵工程的组成

1 发酵工程的组成

习惯上将发酵工程分为上游工程、发酵和下游工程三个部分。上游工程包括微生物菌种的选育。发酵工程包括扩培技术、发酵原料的选择及预处理、灭菌技术、接种技术、最佳工艺条件的选择和控制。下游工程包括发酵产物的分离提取、三废处理、环境工程。

发酵工程的内容包括菌种的选育、培养基的配制、灭菌、扩大培养和接种、发酵过程和产品的分离提纯等方面。

2 发酵工程的步骤

发酵工程分为七个步骤。

(1)生产用菌种的扩大培养(微生物菌种的选育及扩培技术);

(2)用作培养菌种及扩大生产的发酵培养基的配制(发酵原料的选择);

(3)培养基、发酵罐以及辅助设备的消毒灭菌(灭菌技术);

(4)将已培养好的有活性的纯菌株以一定量转接到发酵罐中(接种技术);

(5)将接种到发酵罐中的菌株控制在最适条件下生长并形成代谢产物(最佳工艺条件的选择和控制;生物反应器的设计和设备选型;生物传感器等);

(6)将产物提取并进行精制,以得到合格的产品(发酵产物的分离提取);

(7)回收或处理发酵过程中产生的废物和废水(三废处理、环境工程)。

2.1 菌种的选育

要想通过发酵工程获得在种类、产量和质量等方面符合人们要求的产品,首先要有性状优良的菌种。最初,人们是从自然界寻找所需要的菌种的,但用这种方法得到的菌种,产量一般都比较低,不能满足工业上的需要。20 世纪 40 年代,微生物学家开始用人工诱变的方法育种,就是用紫外线、激光、化学诱变剂等处理菌种,使菌种产生突变,再从中筛选出符合要求的优良菌种,如不能合成的高丝氨酸脱氢酶的黄色短杆菌就是用这种方法获得的。这种育种方法已在氨基酸、核苷酸、某些抗生素等的发酵生产中获得成功。例如,在 1943 年刚开始生产青霉素时,青霉素的产量只有 20μg/mL 左右,经过长期的诱变育种,如今青霉素的产量已达到 85000μg/mL 以上。

随着生物技术的发展,生物学家开始用细胞工程、基因工程等方法,构建工程细胞或工程菌,再用它们进行发酵,就能生产出一般微生物所不能生产的产品。例如,将大肠杆菌的质粒取出,连接上人生长激素的基因以后,重新置入大肠杆菌细胞内,然后,用这种带有人生长激素基因的工程菌进行发酵,就能得到大量的人生长激素。

2.2 培养基的配制

在菌种确定之后,就要根据培养基的配制原则,选择原料制备培养基。由于培养基的组成对菌种有多方面的影响,因此,在生产实践中,培养基的配方要经过反复的实验才能确定。

2.3 灭菌

发酵工程中所用的菌种大多是单一的纯种,整个发酵过程不能混入其他微生物(称杂菌),一旦污染杂菌,将导致产量大大下降,甚至得不到产品。例如,如果青霉素生产过程中污染了杂菌,这些杂菌会分泌青霉素酶,将形成的青霉素分解掉。因此,培养基和发酵设备都必须经过严格的灭菌。

2.4 扩大培养和接种

在大规模的发酵生产中,需要将选育出的优良菌种经过多次扩大培养,让它们达到一定数量以后,再进行接种。

2.5 发酵过程

微生物发酵阶段是将已经扩大培养、旺盛繁殖的种子在一定条件控制下继续生长繁殖并积累代谢产物。应该说种子扩大培养和发酵是微生物生命过程中的两个彼此相关的不同阶段,获得大量产品则是发酵的目的。在这个阶段,除了要随时取样检测培养液中的细菌数目、产物浓度等,以了解发酵进程外,还要及时添加必需的培养基组分,以满足菌种的营养需要。同时,要严格控制温度、pH 值、溶氧、通气量与转速等发酵条件。这是因为环境条件的变化,不仅会影响菌种的生长繁殖,而且会影响菌种代谢产物的形成。例如,在谷氨酸发酵过程中，当呈酸性时，谷氨酸棒状杆菌就会生成乙酰谷氨酰胺；当溶氧不足时，生成的代谢产物就会是乳酸或琥珀酸。因此，随时检测影响发酵过程的各种环境条件，并予以控制，才能保持发酵的正常进行。

对发酵条件的控制可以通过发酵罐上的各种装置进行。例如，温度控制可以通过发酵罐上的温度自动测试、控制装置进行检测和调整；对溶氧的控制，可以通过通气量和搅拌速度加以调节；对 pH 值的控制，可以通过加料装置，添加酸或碱进行调节，也可以在培养基中添加 pH 值缓冲液等。20 世纪 60 年代，生物学家将计算机应用到发酵工程中，实现了对温度、pH 值、通气量、转速等的自动记录和自动控制。

2.6 分离提纯

这是制取发酵产品不可缺少的阶段。应用发酵工程生产的产品有两类：一类是代谢产物；另一类是菌体本身，如酵母菌和细菌等。产品不同，分离提纯的方法一般不同。如果产品是菌体，可采用过滤、离心沉淀等方法将菌体从培养液中分离出来，也可以用喷雾干燥的方法直接做成粉剂；如果产品是代谢产物，要根据产物的不同特性，可采用蒸馏、萃取、离子交换等方法进行提取。分离提纯后的产品，还要经过质量检查合格后，才能成为正式产品。

2.7 废物的回收和利用

在工业发酵过程中，经常排放大量废水和下脚料，对环境造成污染和危害。因而，开展工业“三废”处理和综合利用也是工业发酵生产中不可忽视的一环。

第 4 节　发酵工程的应用和发展趋势

1　发酵工程的应用

发酵工程以其生产条件温和、原料来源丰富且价格低廉、产物专一、废弃物对环境的污染小或容易处理等特点，在食品工业、医药工业、农业、冶金工业、环境保护等许多领域得到了广泛的应用，逐步形成了规模庞大的发酵工业。在一些发达国家，发酵工业的总产值占到国民生产总值的 5% 左右。20 世纪 80 年代以来，我国的发酵工业也有了较大的发展。发酵工程应用范围包括：食品工业、酶工业、氨基酸工业、有机酸工业、饲料工业、新材料开发、生物化工、环境保护。下面介绍发酵工程在食品工业和医药工业等方面的应用。

1.1 在食品工业中的应用

发酵工程能为人们提供丰富优质的传统发酵产品，如酒精类饮料、醋酸、面包、氨基酸、酶等，使产品的产量和质量得到明显的提高。人们日常生活中广泛使用的味精、维生素 B2 等也是发酵工程的产品。

发酵工程能生产各种食品添加剂，改善了食品的品质及色、香、味。例如，用发酵方法制得的 L－苹果酸是国际食品界公认的安全型酸味剂，广泛用于果酱、果汁、饮料、罐头、糖果、人造奶油等的生产中。

发酵工程能为解决人类粮食短缺问题开辟新途径。研究表明，微生物含有丰富的蛋白质，如细菌的蛋白质含量占细胞干重的 60% ~80%，酵母菌的占 45% ~65%，而且它们的生长繁殖速度很快。因此，许多国家就利用淀粉或纤维素的水解液、制糖工业的废液、石化产品等为原料，通过发酵获得大量的微生物菌体。这种微生物菌体就叫做单细胞蛋白。20世纪80年代中期，全世界生产的单细胞蛋白已达2×10^6t。用酵母菌等生产的单细胞蛋白可作为食品添加剂，甚至制成“人造肉”供人们直接食用。最近国外市场上出现的一种真菌蛋白食品，就以其高蛋白、低脂肪的特点受到了消费者的欢迎。单细胞蛋白用作饲料，能使家畜、家禽增重快，产奶或产蛋量显著提高。

发酵工程在生产多元糖醇、大型真菌菌丝体、微藻、维生素和维生素类似物、多不饱和脂肪酸、功能性乳制品等功能性食品领域都已到实际应用，并已产生明显的经济效益和深远的社会效益。

我们以发酵蔬菜为例来看看发酵食品市场。发酵蔬菜的主要原料：橄榄、卷心菜和腌黄瓜。1999年韩国国内泡菜市场产值约为16.7亿美元。1998年日本泡菜生产量达1.8×10^5t，市场产值为13亿美元，在国际市场上日韩两国占据了95%以上的份额。2000年，中国泡菜工业的市场销售额约为10亿元，中国泡菜的代表之一四川泡菜企业出口总额约500万美元，仅占国际泡菜市场总量的3%。泡菜加工方法最早起源于中国，三国时代传到韩国，唐朝时鉴真和尚东渡日本，把我国的泡菜制作方法传到了日本，而韩国泡菜却打开了世界市场，这和韩国人的科学奉献精神和爱国热情是分不开的。因此，我们应该认真学习专业知识，探索蔬菜发酵的最佳工艺，把传统蔬菜加工制品打入世界市场。

1.2 生物技术在医药工业中的应用

传统的医药主要有化学合成药物、动植物中提取的生化药物和天然药物、微生物发酵药物，化学合成药物的生产往往工艺复杂、条件苛刻、污染严重、药物毒副作用大；而动植物药物生产受资源限制，单价往往较高，而且动物来源的药物因安全问题受到越来越多的限制。所以采用生物工程技术，通过微生物发酵方法生产传统或新型药物就具有明显的优势。

发酵工程在医药工业上的应用，成效十分显著，发酵工程能生产人们所需的常用药品和基因药品，如抗生素、胰岛素、干扰素、生长激素、疫苗等多种医疗保健药物。其中，抗生素是人们使用最多的药物，也是制药工业利润最高的产品。20世纪80年代，世界各地的抗生素年产量达2.5×10^4t，产值超过40亿美元。目前，常用的抗生素已达一百多种，如青霉素类、头孢菌素类、红霉素类和四环素类。有些药物如人生长激素、胰岛素，过去主要是靠从生物体器官、组织、细胞或尿液中提取，因受到原料的限制，无法推广使用。发酵工程对医药工业的一个重大贡献，就是使这类药物得以大量生产和使用。例如，生长激素释放抑制因子是一种人脑激素，能够抑制生长激素的不适宜分泌，利用含有生长激素释放抑制因子的基因的工程菌进行发酵生产，价格只有天然提取方法的几百分之一。目前，应用发酵工程大量生产的基因工程药品，有人生长激素、重组乙肝疫苗、某些种类的单克隆抗体、白细胞介素-2、抗血友病因子等。发酵工程生产的医药制品可归纳以下几方面。

有各种抗生素，如抗细菌，抗真菌，抗原虫，抗肿瘤；各种氨基酸，如在医药中主要用于生产氨基酸液体，可用发酵获得或用酶法获得；维生素，如维生素B1、维生素B12、维生素C、维生素A、维生素E；甾体激素，如生物制品，如生于预防、诊断或治疗传染病；单克隆抗体、抗体与抗原具有高度亲和性，用于制备诊断盒、治疗疾病或作为生物导弹药物的运载工具；纯化抗原类物质，菌种鉴别；其他，如治疗用酶、酶抑制剂、核苷酸制品、制药工业用酶、工业发酵药物等。

从抗生素药物、维生素和甾体激素来看看生物技术生产医药市场的情况：

抗生素：目前世界各国可用发酵法生产的抗生素约400种，其中广泛应用的约120种。1980年世界总产量约为2.5×10^4t。仅青霉素、四霉素、红霉素和头孢霉素四类抗生素的产值就达42亿美元，最大的发酵罐为$400m^3$。进入90年代后，全球生产与销售的各类抗生素药品每年即在3.0×10^4t以上，总价值为250~300亿美元，1992~1993年度实际增长率为4%。美国抗感染药物市场销售额1992年达60.71美元。

维生素：发酵生产的维生素，1982年世界产量约为6×10^4t，六种维生素累计的总销额为6.7亿美元。在1969~1980年间，每年销售量递增10倍，1981~1991年间仍以7%~8%的速率递增。目前，全球范围内使用最为普遍的是维生素A、维生素C和维生素E，三种维生素每年市场销售额近20亿美元，其中维生素E超过10亿美元，其余为维生素B族，每个品种都有0.5亿~1.5亿美元的市值。在各种用途中，维生素作为动物饲料的市场正以每年2%~3%速度增长，在药用和食品领域都以4%~5%的速度增长。

甾体激素：目前世界市场的年销售额为67亿元，今后仍将以6%~10%的速率递增。最近正在兴起用固定化细胞进行甾体转化，将是一个有发展前途的新工艺，现在国际上正在研究的甾体激素除干扰素以外，还有口蹄疫疫苗、狂犬病疫苗等十余种。今后几年，重组DNA技术的逐步深入，定会对人类和牲畜健康带来实质性的改善。

1.3 微生物技术应用于轻工、食品用酶的生产

目前工业生产的酶有60多种，主要有以下几类：

糖酶：α-淀粉酶、β-淀粉酶、糖化酶、支链淀粉酶、转化酶、异构酶、半乳糖酶、纤维素酶。这些酶广泛应用于食品制造、制药、纺织等许多方面。

蛋白酶：碱性蛋白酶用于皮革脱毛、丝绸脱胶、加酶洗涤剂等等；酸性蛋白酶用于毛皮软化、果汁澄清、啤酒去浊、蛋白质水解；中性蛋白酶在生产上可用于毛皮软化、蛋白质水解液制备、羊毛染色等方面。

脂肪酶：此酶广泛应用于洗涤剂工业、皮革工业、食品工业等行业。

凝乳酶：此酶广泛应用于乳酪的制作。

1.4 微生物技术应用于化工能源产品的生产

能源紧张是当今世界各国都面临的一大难题。石油危机后，人们更清楚的认识到地球上的石油、煤炭、天然气等化石燃料终将枯竭，大力开展新的可再生能源是可持续发展的根本保证。而有些微生物则能开发再生能源和新能源。目前利用发酵、生物转化或酶法生产烷烃、醇及溶剂、有机酸、多糖，利用酵母发酵生产燃料乙醇等。而某些海洋光合细菌（如假单细胞）能利用玉米甚至制糖厂、造纸厂的废液直接发酵放氢，这方面研究一旦突破其效益是不可估量的。

此外，以各种植物油料为原料生产生物柴油，利用工农业生产中的有机物废料发酵制取燃料气体等方面也有许多应用实例。到2013年，全世界生物柴油年产量已超过15Mt/a，我国达到了5×10^4t/a。2020年，我国生物柴油产量将达到2Mt/a。

1.5 饲料工业方面

青贮饲料的发酵和单细胞蛋白的生产是主要的饲料工业。单细胞蛋白又叫微生物蛋白、菌体蛋白。按生产原料不同，可以分为石油蛋白、甲醇蛋白、甲烷蛋白等；按产生菌的种类不同，又可以分为细菌蛋白、真菌蛋白等。1967年在第一次全世界单细胞蛋白会议上，将微生物菌体蛋白统称为单细胞蛋白。

单细胞蛋白所含的营养物质极为丰富。其中，蛋白质含量高达40%~80%，比大豆高

10%～20%，比肉、鱼、奶酪高 20%以上；氨基酸的组成较为齐全，含有人体必需的 8 种氨基酸，尤其是谷物中含量较少的赖氨酸。一般成年人每天食用 10～15g 干酵母，就能满足对氨基酸的需要量。单细胞蛋白中还含有多种维生素、碳水化合物、脂类、矿物质，以及丰富的酶类和生物活性物质，如辅酶 A、辅酶 Q、谷胱甘肽、麦角固醇等。

单细胞蛋白具有以下优点：第一，生产效率高，比动植物高成千上万倍，这主要是因为微生物的生长繁殖速率快。第二，生产原料来源广，一般有以下几类：①农业废物、废水，如秸秆、蔗渣、甜菜渣、木屑等含纤维素的废料及农林产品的加工废水；②工业废物、废水，如食品、发酵工业中排出的含糖有机废水、亚硫酸纸浆废液等；③石油、天然气及相关产品，如原油、柴油、甲烷、乙醇等；④H_2、CO_2 等废气。第三，可以工业化生产，它不仅需要的劳动力少，不受地区、季节和气候的限制，而且产量高，质量好。

用于生产单细胞蛋白的微生物种类很多，包括细菌、放线菌、酵母菌、霉菌以及某些原生生物。这些微生物通常要具备以下条件：所生产的蛋白质等营养物质含量高，对人体无致病作用，味道好并且易消化吸收，对培养条件要求简单，生长繁殖迅速等。单细胞蛋白的生产过程也比较简单：在培养液配制及灭菌完成以后，将它们和菌种投放到发酵罐中，控制好发酵条件，菌种就会迅速繁殖；发酵完毕，用离心、沉淀等方法收集菌体，最后经过干燥处理，就制成了单细胞蛋白成品。

20 世纪 80 年代中期，全世界的单细胞蛋白年产量已达 2.0×10^6t，广泛用于食品加工和饲料中。单细胞蛋白不仅能制成“人造肉”，供人们直接食用，还常作为食品添加剂，用以补充蛋白质或维生素、矿物质等。由于某些单细胞蛋白具有抗氧化能力，使食物不容易变质，因而常用于婴儿粉及汤料、佐料中。干酵母的含热量低，常作为减肥食品的添加剂。此外，单细胞蛋白还能提高食品的某些物理性能，如意大利烘饼中加入活性酵母，可以提高饼的延薄性能。酵母的浓缩蛋白具有显著的鲜味，已广泛用作食品的增鲜剂。单细胞蛋白作为饲料蛋白，也在世界范围内得到了广泛应用。

任何一种新型食品原料的问世，都会产生可接受性、安全性等问题。单细胞蛋白也不例外。单细胞蛋白的核酸含量在 4%～18%，食用过多的核酸可能会引起痛风等疾病。此外，单细胞蛋白作为一种食物，人们在习惯上一时也难以接受。但经过微生物学家的努力，这些问题定会得到圆满解决。

1.6 冶金工业方面

细菌浸矿，即利用细菌的直接和间接作用对矿物或矿石中有用的金属浸出回收的过程。细菌浸出的金属也涉及 Cu、U、Co、Ni、Mn、Zn、Pb 等 10 余种，但大规模生产的只有铜和铀(批量)。目前，美、英、日、俄、澳、加拿大等许多国家都在积极开展此项研究和生产。美国用这种办法得到的铜占铜产量的 10%以上，加拿大用细菌浸出的铀年产量达 230t。据世界 20 个矿山资料表明，每年用细菌浸出的铜达 2×10^5t。

1.7 微生物技术在农业生产中的应用

1.7.1 生物农药

微生物杀虫剂和防治植物病害微生物是目前运用的主要生物农药。微生物杀虫剂包括病毒杀虫剂，如核型多角体病毒、质型多角体病毒、颗粒体病毒、重组杆状病毒；细菌杀虫剂，如苏云金杆菌；真菌杀虫剂，如虫霉菌杀虫剂、白僵菌杀虫剂；动物杀虫剂，如原生动物孢子虫杀虫剂、新线虫杀虫剂、索线虫杀虫剂等。防治植物病害微生物有细菌(假单胞菌属、土壤杆菌属等)、放线菌(细黄链菌)、真菌(木霉)、各种弱病毒和农用抗生素(如杀稻瘟菌素、灭瘟素 S、春日霉素、庆丰霉素)等。

1.7.2 生物增产剂

有固氮菌、钾细菌、磷细菌、抗生菌制剂等，作为农业生产的辅助肥料及抗菌增产剂。

1.7.3 生物除草剂

如环己酰胺、双丙磷 A、谷氨酰胺合成酶等。

1.7.4 食用和药用真菌

可以用多种农作物副产品来生产，也是一项经济效益很高的农产品。主要品种有蘑菇、香菇、猴头菌、银耳、木耳等。

1.8 微生物技术在环境保护中的应用

自然界本身存在着碳和氮的循环，而微生物在对生物物质的排泄物及尸体的分解中起着重要的作用。利用生物技术手段处理生产和生活中的有机废弃物，加速了这一分解过程的进行，在环境保护方面得到了应用。

嫌气发酵法：指在嫌气情况下利用分解碳水化合物、蛋白质和脂肪的微生物，将有机废弃物分解为可溶性物质，进而通过产酸菌和甲烷细菌的作用再分解为甲烷和 CO_2。

好气发酵(活性污泥)法：指在曝气情况下，用某些能降解有机物质的产菌胶的细菌和某些原虫的混合物(活性污泥)对工业或生活污水进行处理。

在化学工业和环境保护等方面，发酵工程也同样能发挥独持的作用，如与化学法相结合，选育相应的优良菌种，以乙烯和丙烯腈为原料，分别生产环氧乙烷、乙二醇等，利用微生物来处理工业废水或含毒废液，乃至构建超级细菌，处理大面积的海面石油污染等。如利用酵母发酵亚硫酸纸浆废液也是一个很好的例子。利用微生物发酵是污染控制研究中最活跃的领域。

2 发酵工程的发展趋势

微生物发酵的发展经历了数千年，历史悠久。曾在人们生活和国民经济中发挥了重要的作用。随着基因工程、细胞工程、代谢工程等现代生物技术的发展，赋予发酵工程新的内容，形成了现代发酵工程。也是当前发酵工程主要的发展趋势。

2.1 基因工程技术

基因工程技术是采用人工方法将来源于不同生物体的基因进行分离、剪切、连接和转化，使基因重新组合，产生出人类所需的新的产物，或创建新的生物类型。目前，基因工程在发酵工程中的应用包括两个方面，一是改造传统的微生物工业的菌种，研究人类所需产物的基因结构、基因调控和表达方式，对生产微生物进行基因重组，使产物高效表达，增加产物的产率，提高原有微生物工业的生产水平；二是构建转基因菌株，生产转基因产品，尤其是动、植物细胞产品。虽然通过动、植物细胞培养可得到各种动植物细胞产品，但动、植物细胞培养存在培养基成分复杂、培养基成本高，对环境条件敏感、生长速率慢、培养过程中极易污染等缺点。而微生物细胞具有结构简单、体积小、表面积大、繁殖迅速、容易培养等特点，使之成为良好的转基因受体细胞。已有的研究证明，将动、植物细胞的基因转入微生物细胞(细菌、酵母)，通过微生物发酵的方法生产，要比动植物细胞的培养方便得多。

2.2 微生物资源的开发利用

自然界中的微生物资源丰富，而目前已发现的微生物种类不到自然界存在微生物的

2%。发现未知的微生物，是利用微生物资源的前提。同时开发已发现微生物的使用价值，也是微生物资源开发利用的前提和基础。迄今，人类大规模利用微生物资源的历史不过60年。虽然已取得了显著的成果和社会效益，但微生物资源开发利用的潜力仍然很大，发展空间十分宽广。

微生物制药是发酵工程应用最广、成绩最显著、发展最迅速、潜力最大的领域。目前由微生物生产的各种药物已超过1000种，为人类的保健事业作出了不可磨灭的贡献。但仍然有大量"不治之症"，如心血管、癌症、艾滋病等许多常见多发病无良药可治。利用发酵工程从各方面改进医药的生产，研究开发新的医药产品，以进一步改善医疗手段和提高人类的医疗水平，仍然是发酵工程的热点。

环境生物工程在防治各种污染中将起重要作用，如超级细菌的运用。化学农药对土壤的污染，河流、湖泊水域的污染防治，酸雨危害以及城市垃圾处理等，也都是亟待解决的难题。

随着化石能源的逐年减少，再生能源研制与开发已倍受关注。氢气是无污染的清洁能源，燃烧后不产生二氧化碳、硫化物、氮氧化物等有害物质，国外的燃氢汽车已研制成功。产氢的微生物甚多，值得重视的是光合细菌，该菌可利用工业废气产氢。产氢微生物的开发和应用具有战略性的意义。酒精也是可再生的能源。在汽油中掺入一定比例的酒精(乙醇)可提高汽油的辛烷值，减少尾气中一氧化碳、一氧化氮等污染物的排放量。酒精燃烧所产生的二氧化碳和作为原料的生物量生长所消耗的二氧化碳的数量基本一致，不会额外增加大气中二氧化碳含量，这对控制大气污染具有重要意义，因此，燃料酒精被称做"清洁燃料"。自20世纪70年代以来，世界上很多国家通过立法积极推广燃料酒精的应用，其中美国的汽油醇计划和巴西的酒精汽油计划使世界酒精产量迅速增长。目前燃料酒精占世界酒精产量的60%以上。在我国，发酵酒精的生产成本大大高于汽油价格，成为制约燃料酒精发展的主要障碍。进行酒精发酵的研究，降低发酵酒精生产成本，是发展燃料酒精的关键所在。

2.3 发酵过程优化与控制

发酵过程优化的目的是使细胞生理调节、细胞环境、反应器特性、工艺操作条件与反应器控制之间复杂的相互关系尽可能地简化，并对这些条件和相互关系进行优化，使之最适于特定发酵过程的进行。微生物细胞生长过程和细胞生长反应过程的研究是发酵过程优化的基础内容。研究细胞的生长过程，不仅要清楚地了解微生物从培养基中摄取营养物质的情况和营养物质通过代谢途径转化后的去向，还要确定不同环境条件下微生物代谢产物的分布。微生物发酵过程中微生物利用基质生长，同时合成代谢产物。运用基于化学计算关系的代谢通量分析方法，可提出微生物代谢途径的可能改善方向，为过程优化奠定基础。

2.4 生物分离新技术的开发和运用

生物分离技术也称为生物下游技术，是指生物产品通过微生物发酵过程、酶反应过程和动、植物细胞大量培养获得，从这些发酵液、反应液和培养液中分离、精制有关产品的过程。生物分离工程是生物技术的重要组成部分。生物产品的生产中，分离和精制过程所需的费用占成本的很大部分。例如，传统发酵工业中的抗生素和氨基酸等产品，其分离和精制的投资约占整个工厂投资的60%，生产成本约占30%；对重组DNA产品，分离与精制所占的生产成本约达90%，而且这种倾向还有继续加剧的趋势。

随着重组DNA技术的发展，能够获得过去无法得到的分子结构复杂的大分子生物活性物质，大大增加了生物产品分离与精制的难度，使得传统发酵产品加工方法中许多单元操作不能适用。人们开始重视下游加工过程的研究，开发了许多生物分离新技术、新材料和新设备，如双水相萃取、反胶束萃取、超临界萃取、凝胶萃取、膜过滤、液膜过滤、膜蒸馏、渗透蒸发、凝胶过滤、亲和色谱、离子色谱、离子交换色谱、径向色谱、等电点聚焦色谱、电泳分离等等。在这些分离技术中，许多是各种分离纯化技术相互结合、交叉形成的子代分离技术。它们既有亲代分离技术的特点，又具有选择性好、效率高和适合于生物活性物质的分离等特点，并在生物产物分离的运用中取得显著的效果。此外，将下游加工过程与产物生成过程结合起来，以解决生物产品生产过程中的产物抑制和不稳定性，是今后生物产品分离技术的发展方向。

作业与思考

1. 什么是发酵工程？现代发酵工程的主要特征是什么？
2. 什么是生物工程？发酵工程与生物工程的关系如何？
3. 发酵工程经历哪几个时期，每个时期的特征是什么？
4. 发酵工程包括哪几个基本组成部分？
5. 简述发酵工业的特点及范围。

第2章 发酵菌种

发酵工程离不开菌种，菌种是工业发酵生产的重要条件，只有具备了良好的菌种，才能通过改进发酵工业和设备得到理想的发酵产品。因此，优良的微生物菌种是发酵工业的基础和关键。生产上所用的菌种，最初都是来自自然界，如土壤、空气、江、河、湖、海等各种自然环境。人类通过数千年的经验积累和科学研究，已经发明创造了许多有效筛选有用菌种的方法，得到了许多用于发酵工业的菌种。微生物容易变异，因而微生物工业中菌种的选择和培育是发酵工业生产之本。

第1节 发酵菌种的要求

微生物是生物界中数量极其庞大的一个类群，它是自然界生态平衡和物质循环中必不可少的重要成员，与人类及其生存环境的关系十分密切。微生物本身或其代谢过程中产生众多的代谢产物，其中许多是对人类有应用价值的。人们工业化规模培养微生物生产商业性产品，称为微生物工业，或者以微生物为主体生产产品的工业，也称之为微生物工业。

1 微生物的特性

在生物科学研究和工业发酵生产中广泛采用微生物为材料和对象的根本原因在于微生物个体是一个能自我增殖、多功能和大交换面积的单细胞反应体系。其特点概括为体积小、面积大，吸收快、转化快，生长旺、繁殖快、易变异、适应性强，种类多、分布广等特性。

1.1 微生物的体积小、面积大

生物体中微生物个体极其微小，各类微生物个体大小的差异十分明显。粗略估计，真核微生物、原核微生物、非细胞微生物、生物大分子、分子和原子之间大小之比，大都以10比1的比例递减。一般表示它们的单位是微米和纳米。如杆状细菌的平均长度和宽度约2μm和5μm，3000个头尾衔接的杆菌的长度仅为一粒籼米的长度，而60～80个肩并肩排列的杆菌长度仅为一根头发的直径。细菌的体重更微乎其微，每毫克的细菌约含有10亿～100亿个。通常物体被分割得越细，其单位体积中物体所占的表面积就越大。若以人体的“面积/体积”比值为1，则与人体等重的大肠杆菌的“面积/体积”比值为人的30万倍。微生物这种小体积大面积的体系，特别有利于它们与周围环境进行物质交换和能量信息交换。这就是微生物区别于其他生物的关键所在。

1.2 微生物吸收快、转化快

微生物的表面积大，而且整个细胞表面都有吸收营养物的功能。例如在适合的环境中，大肠杆菌每小时就能消耗其自身体重2000倍的糖。若以成年人每年消耗相当于200kg的粮食来换算，则一个细菌在一小时内消耗的糖按质量比相当于一个人在500年时间内所消耗的粮食，约为人的几百万倍；产朊假丝酵母合成蛋白质的能力比食用公牛强10万倍；在呼吸

速率方面，一些微生物也比高等动植物高很多，见表2-1。

表2-1　微生物和动植物组织的比呼吸速率

生物材料名称	温度/℃	$-Q_{O_2}$/[μL/(mg·h)][1]	生物材料名称	温度/℃	$-Q_{O_2}$/[μL/(mg·h)
固氮菌	28	2 000	面包酵母	28	110
醋杆菌	30	1 800	肾和肝组织	37	10~20
假单胞菌	30	1 200	根和叶组织	20	0.5~4

[1] $-Q_{O_2}$为每小时每毫克生物(干重)所消耗O_2的微升数。

营养物吸收快、转化快的结果使微生物能迅速地生长繁殖，同时，能为人类生产大量的发酵产品。

1.3　微生物生长旺、繁殖快

在生物界中，微生物繁殖速度非常快。例如：培育在37℃下的牛奶中的大肠杆菌，12.5min就能繁殖一代。若以20min分裂一次计算，单个细菌经过24h可产生4 722×10^{21}个后代，总质量可达4 722×10^3kg，若将细菌平铺在地面，能将整个地球表面覆盖。当然，由于种种条件的限制，细菌不可能始终以几何级数的速度繁殖，细菌以几何级数速度生长只能保持数小时。一般在液体中培养细菌，每毫升培养液内菌体个数只能达10^8~10^9。微生物的高速繁殖特性，为工业发酵生产等实际应用提供了产量高、周转快等有利条件。例如生产单细胞蛋白的酵母菌，每隔8~12h就可“收获”一次，每年可“收获”数百次。这是其他任何农作物不可能达到的；一个占地20m^2的发酵罐一天生产的优质单细胞蛋白量相当于一头牛生产的蛋白质量。这在畜牧业是无法想象的。

1.4　微生物易变异、适应性强

微生物繁殖快、数量多，可在短时间内出现大量的变异后代。因此，微生物的变异性使其具有极强的适应能力，如抗药性、抗盐性、抗热性、抗寒性、抗干燥性、抗酸性、抗氧性、抗高压、抗毒性及抗辐射等能力。这是微生物在漫长的进化历程中所经受各种复杂环境条件影响和选择的结果。

微生物对各种环境条件都有惊人的适应能力。有些微生物能在温度达300℃的高温条件下正常生长(如硫细菌)；有些嗜盐菌能在约32%的饱和盐水中正常生活；许多微生物尤其是产芽孢的细菌可在干燥环境中保存几十年、几百年甚至上千年；氧化硫杆菌(*Thiobacillus thiooxidans*)是耐酸菌的典型，它的一些菌株能生长在5%~10%的硫酸中。而脱氮硫杆菌(*Thiobacillus denitrificans*)生长的最高pH值为10.7，有些青霉和曲霉也能在pH值=9~11的碱性条件下生长；在抗辐射方面，人和其他哺乳动物的辐射半致死剂量低于1000R，大肠杆菌是10 000R，酵母菌为30 000R，原生动物100 000R，抗辐射能力最强的生物——耐辐射微球菌(*Micrococcus radiodurans*)则可达到750 000R；在抗静水压方面，酵母菌为50MPa，某些细菌、霉菌为300MPa，植物病毒可抗500MPa。

青霉素产生菌产黄青霉(*Penicillium chrysogenum*)的产量变异说明了微生物变异的潜力很大。1943年，每毫升青霉发酵液中只分泌约20单位的青霉素，经几十年育种工作者的努力，该菌产量变异逐渐积累，至今，在最佳的发酵条件下，其发酵水平可达每毫升含5万单位以上，甚至有的接近10万单位。利用变异使产量大幅度提高，这在动植物育种工作中是很难达到的。这也就是几乎所有微生物发酵工厂都特别重视菌种选育工作的一个主要原因。

1.5 微生物种类多、分布广

微生物在地球上已存活了38亿年，漫长的历史进化使它们具备了近乎无限的代谢能力。它们无处不在，构成了约地球生物量的60%。其生物多样性还没有被深入研究。不少人都认为，目前至多只开发利用了其中的1%。如此众多的微生物充满整个地球，它们的分布可谓无处不在。从生物圈、土壤圈、水圈直至大气圈、岩石圈，到处都有微生物。

微生物代谢类型和代谢产物的多样性也是其他任何动植物无法比拟的，因此，微生物领域是一个亟待开发和利用的宝地。

微生物的这些特性也为生物学基本理论的研究带来了极大的便利—使科研周期大大缩短，效率提高。当然，对于危害人、动植物的病原微生物，使物品霉变的霉腐微生物，它们的这个特性也给人类带来了极大的不利。

2 工业化菌种的要求

微生物工业发酵所用的微生物称为菌种。不是所有的微生物都能作为菌种，即使是同属于一个种的不同株的微生物，也不是所有的株都能用来进行发酵生产。例如，发酵生产碱性蛋白酶(洗涤剂的重要用酶)的生产菌种—地衣芽孢杆菌(*Bacillus licheniformis*)，只有经过精心选育，达到生产菌种的要求的菌株才可作为菌种。对菌种一般有以下要求：

(1)菌种能够利用廉价的原料，简单的培养基，大量高效地合成产物。如许多发酵工业都是用农副产品配制成发酵培养基，不仅能满足菌种发酵所需求的营养成分，转化率高，而且发酵原料易得，价格低廉。这样可大大降低发酵成本，获得高的经济效益。

(2)菌种的有关合成产物的途径尽可能地简单，或者说菌种改造的可操作性要强。这样菌种易于进行代谢调控，使微生物工业产品优质、高产和低耗。

(3)遗传性能要相对稳定。这不仅可以保障发酵工业高产、稳产，而且为菌种的进一步改良，产品质和量的增加，成本的下降，应用基因工程技术创造了很好的条件。

(4)菌种不易感染其他微生物或噬菌体。防止菌种之外的杂菌大量繁殖，和菌种争夺营养成分和影响发酵产物的质量和产量。

(5)菌种及其产物对人、动物、植物和环境不造成危害，还应注意潜在的、长期的危害，要充分估计，严格防护。

(6)菌种在发酵过程中不产生或少产生与目标产品性质相近的副产物及其他产物。这样不但可以提高营养物质的有效转化率，还会减少分离纯化的难度，降低成本，提高产品的质量。

(7)菌种可以在易于控制的培养条件下(糖浓度、温度、pH值、溶解氧、渗透压等)迅速生长和发酵，而且在发酵过程中产生的泡沫要少，这对提高装料系数、提高单罐产量、降低成本有重要意义。

第2节 发酵菌种的应用

微生物在工业上用途广泛，包括化工、医药、食品、水产、国防、纺织、石油勘探及石油化工等方面。有的是直接利用微生物的菌体细胞，制备重要的化工医药物质、化工生化等科研试剂，以及人造蛋白质、脂肪和糖类；有的是利用它的代谢产物，如抗生素、氨基酸、柠檬酸、酒精、味精及甘油；还有的是利用它的酶，催化化学反应或制成酶制剂，用于加工某些产品。

1　抗生素生产有关的微生物

抗生素是菌种次级代谢产物，需要生物体进行复杂的代谢，目前发现的生物来源如下：

1.1　芽孢杆菌属(*Bacillus*)

芽孢杆菌属的共同特点是当环境条件不利时会形成内生孢子。它们是一类单细胞、杆状菌的总称，好氧或兼性厌氧，属于革兰氏阳性菌，一般可以借助侧生或有缘毛的鞭毛运动。芽孢杆菌通常作为腐生菌生活在土壤中，但是也有例外，如：*B. anthracis* 是人类病原菌，而 *B. thuringiensis* 是昆虫的病原微生物等。

芽孢杆菌产生的抗生素一般都属于多肽类抗生素，与链霉菌合成的多肽有显著的差别，芽孢杆菌合成的多肽不含缩酚酸肽，肽链的起始是一个酰基，而且肽链中没有甲基化的氨基酸残基。芽孢杆菌也能产生非肽类抗生素，如：*B. circulans* 产生氨基糖苷类抗生素丁酰苷菌素 Butirocin，*B. megaterium* 能够产生安沙霉素类的 Lucomycotrienin。虽然丁酰苷菌素并不用于医药，但是其结构特点却引起人们的关注，受其启发而产生了各种氨基糖苷类抗生素的化学改性方法，在对付细菌对抗生素耐药性方面开辟了新的途径。

抗生素发展的历史中，芽孢杆菌产生的多肽抗生素曾起过重要的作用。早在 1939 年就从 *B. brevis* 培养液中分离得到了短杆菌肽，至今仍用于外用抗菌剂的配制；短杆菌肽是 1945 年从 *B. licheniformis* 分离得到的，曾用于治疗链球菌的严重感染，现在则限于外用抗菌剂及饲料添加剂；多粘菌素 B 和 E 曾经是治疗严重的假单胞菌感染用药，由于毒性较大，目前停止使用。

芽孢杆菌在工业发酵中主要用于胞外蛋白酶类的生产，如枯草芽孢杆菌 AS. 398 是生产中性蛋白酶的菌种。苏云金杆菌 *B. thuringiensis* 芽孢中的毒蛋白晶体则可用作生物杀虫剂，是一种广泛使用的生物农药。

1.2　假单胞菌属(*Pseudomonas*)

假单胞菌是杆状、革兰氏阴性菌，好氧生长，能够借助鞭毛运动。许多菌株具有降解有机物的能力。假单胞菌一般从土壤中分离得到，也有一些生活在植物的根系和叶子上。

能产生抗生素的假单胞菌只有 *P. aeruginosa* 和 *P. fluorescens* 两种。所产生的抗生素一般是含氮的杂环化合物，在氨基酸分解代谢的过程中被生物合成，如吩嗪衍生物碘菌素(Iodinin)和绿脓菌素(Pyocyanine)。从假单胞菌中分离得到的抗生素在其他微生物中也曾获得过，如环丝氨酸、磷霉素及氨霉素等。真正首次从假单胞菌分离得到并已经用于医药的只有两种抗生素：吡咯菌素(Pyrrolnitrin)和拟摩尼酸 A(PseudomonicacidA)。

假单胞菌发酵产生维生素 B12、丙氨酸、谷氨酸、葡萄糖酸、色素、果胶酶、α－酮基葡萄糖酸、一些抗生素及其他产品，也能进行类固醇(淄体)的转化，有些菌株可利用烃类生产菌体蛋白(SCP)。

1.3　链霉菌(*Streptomyces*)和链轮丝菌(*Streptoverticillium*)

链霉菌和链轮丝菌都属于放线菌，两者都是革兰氏阳性菌、专性好氧、化学异氧型，以菌丝状生长。链霉菌的分布非常广泛，主要存在于土壤中，而且与土壤中的有机大分子，如几丁质、淀粉和纤维素等的降解有着十分密切的关系。链霉菌也是几种重要的工业用酶的生产菌，如葡萄糖异构酶、链霉蛋白酶及胆固醇氧化酶等。链霉菌是抗生素生产的主要菌株，它产生的次级代谢产物数以千计，大多数都具有抗菌能力，这些次级代谢产物的化学结构千差万别，反映了各种链霉菌代谢途径的多样性。

1.4 其他防线菌生产的抗生素

其他生产的抗生素的防线菌有：诺卡氏菌形放线菌(*Nocardioform Actinomycetes*)、游动放线菌(*Actinoplanetes*)及足分枝菌(*Maduromyetes*)。

1.5 青霉属(*Penicillum*)

青霉菌属于腐生菌，广泛生存于土壤和腐败的水果和蔬菜中。由于第一个工业化生产的抗生素青霉素是由青霉属中的 *Penicillum notatum* 中发现的，至今青霉素极其半合成抗生素仍是产量最大、用途最广的抗生素，因此青霉素在抗生素工业中具有特别重要的地位。

1.6 粘细菌(*Myxobacteria*)

粘细菌次级代谢产物中抗菌活性物质的检出率非常高，并且许多都是新发现的抗生素。如纤维素堆囊菌(*Sorangium cellulosum*)产生的大环内酯类抗生素堆囊菌素(Sorangicin)、*M. coralloides* 产生的珊瑚粘菌素(Corallopyronin)等。具有抗真菌能力的琥苍菌素(Ambruticin)也是由纤维素堆囊菌产生的。

1.7 生产抗生素的其他微生物

除了上面列举的能够生产抗生素的主要微生物种属外，其他微生物也能够产生一些重要的抗生素。在细菌中，从葡萄杆菌 *Gluconobacter* SQ26445 分离得到了磺胺净素(Sulfazecin)，属于磺酰基单环 β－内酰胺类抗生素。以后发现农杆菌 *Agrobacterium*、色杆菌 *Chromobacterium*、纤维粘细菌 *Cytop* h 值 *age* 和曲挠杆菌 *Flexibacter* 的一些种也能产生磺胺净素。黄杆菌 *Flavobacterium* 和黄单胞菌 *Zanthomonas* 的某些菌株则能产生头孢菌素 C。木霉属的 *Trichodermainflatum* 是环孢 A 的产生菌，环孢 A 具有抗霉菌活性，更重要的用途是作为器官移植的免疫抑制剂。

2 氨基酸生产有关的微生物

任何微生物在培养时都能产生氨基酸，维持细胞生长所必需的营养成分，在野生型微生物中，细胞中合成的各种氨基酸含量由于受到反馈调节而保持一定的水平，积累的氨基酸量很少，因此不能直接用于工业发酵。在氨基酸的工业生产中，一般应使用调节工艺方法和改造野生型微生物来使氨基酸大量积累。

氯基酸生产工艺的调节方法如下：

(1)控制发酵环境条件。例如谷氨酸发酵必须严格控制菌体生长的环境条件，否则就几乎不积累谷氨酸，当溶解氧、NH_4^+、pH 值、磷酸和生物素等因子改变时，谷氨酸发酵就会转换为乳酸、琥珀酸、α－酮戊二酸、谷氨酰胺、N－乙酰谷酰胺、缬氨酸和脯氨酸等发酵。

(2)控制细胞渗透性。如谷氨酸发酵中影响谷氨酸产生菌细胞透性的物质有两大类：一类是生物素、油酸和表面活性剂，它们的作用是引起构成细胞膜的脂肪酸成分的改变，尤其是改变油酸含量，从而改变细胞膜通透性；另一类是青霉素，它的作用是抑制细胞壁的合成，由于膜内外的渗透压的差异使谷氨酸泄漏出来。

(3)控制代谢旁路。例如L－异亮氨酸的生物合成是通过L－苏氨酸的，但是L－苏氨酸脱氨酶受L－异亮氨酸的反馈抑制，当L－异亮氨酸积累到某种程度时反应停止。为了绕过此调节途径，使之积累L－异亮氨酸，采用粘质赛氏杆菌以D－苏氨酸为底物进行发酵，D－苏氨酸脱氨酶不受L－异亮氨酸的抑制，反应能顺利进行，并可大量积累L－异亮氨酸，见图2－1。

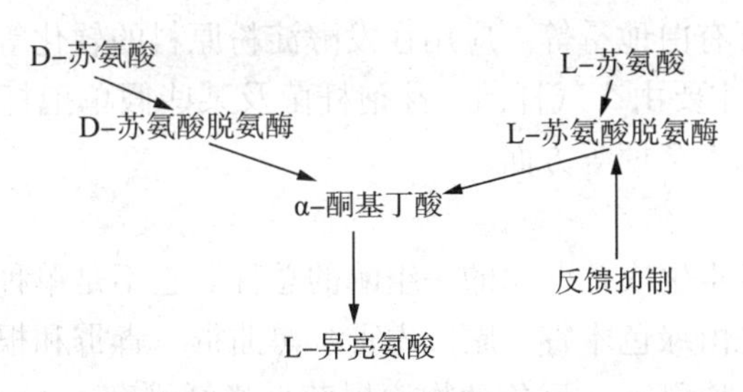

图2－1　粘质赛氏杆菌由D－苏氨酸生成L－异亮氨酸的代谢机制

改造野生型微生物可以采用传统的诱变育种方法，也能应用现代的基因重组技术。如利用诱变育种方法选育的营养缺陷型突变株，运用此菌株进行氨基酸发酵限制所要求的氨基酸量，这样就将反馈作用物浓度控制在反馈机制起作用的浓度之下；利用诱变育种方法选育的抗反馈抑制和抗反馈阻遏突变菌株可以消除终产物的反馈抑制与阻遏作用。使氨基酸的生成不受反馈调节的作用，从而大量积累氨基酸。

发酵生产氨基酸的微生物有谷氨酸棒杆菌、黄色短杆菌、积累DL－丙氨酸的嗜氨微杆菌及产生L－缬氨酸的乳酸发酵短杆菌。谷氨酸棒杆菌和黄色短杆菌是产生谷氨酸的菌种。最初筛选得到的菌种积累谷氨酸的能力都不强，不超过30g/L。经过不断的诱变育种，现在工业用的菌种产谷氨酸能力已经超过100g/L，有的甚至达到了150g/L以上，大大提高了生产效率，降低了生产成本。

3　酶制剂生产有关的微生物

从生物界发现的酶约有25000多种，目前工业上生产的酶有60多种，达到工业化规模的只有有限的几种，一般根据酶的习惯命名将常见的酶制剂产品分为不同种类。

3.1　蛋白酶

按水解作用的最适pH值，又可分为：

(1)酸性蛋白酶。常采用黑曲霉、米曲霉、根霉、微小毛霉、似青霉、青霉、血红色螺孔菌等菌株经深层发酵，提取精制而成。在生产上常用于毛皮软化、果汁澄清、啤酒去浊、蛋白质水解液制备、羊毛染色、饲料添加剂等。

(2)中性蛋白酶。采用枯草芽孢杆菌、巨大芽孢杆菌、蜡状芽孢杆菌、米曲霉、栖土曲霉、灰色链霉菌、微白色链霉菌、耐热性解蛋白质杆菌等菌株通过发酵而成。此酶可用于毛皮软化、蛋白质水解液制备、羊毛染色等。

(3)碱性蛋白酶。由枯草芽孢杆菌、蜡状芽孢杆菌、米曲霉、栖土曲霉、灰色链霉菌、镰刀菌经深层发酵提取精制而成。可用于皮革脱毛、丝绸脱胶、加酶洗涤剂等。

3.2　淀粉酶

淀粉酶是一类水解淀粉、糖原酶类的总称。按水解淀粉方式的不同可以分为4类，分别为α－淀粉酶、β－淀粉酶、糖化酶和异淀粉酶。

(1)中温α-淀粉酶。生产此酶的微生物主要由枯草杆菌BF7658等菌株生产。应用于食品制造、制药、纺织等许多方面。

(2)β-淀粉酶。此酶主要由巨大芽孢杆菌生产。应用于啤酒酿造等方面。

(3)糖化酶。此酶产生菌主要是曲霉(佐美曲霉、泡盛曲霉)、根霉(雪白根霉、德氏根霉)、拟内孢霉、红曲霉等。主要应用在葡萄糖工业、酿酒工业和氨基酸工业等领域。耐高温淀粉酶：生产菌种主要有白地霉等。应用在发酵淀粉原料的软化等方面。

(4)异淀粉酶。此酶主要由产气杆菌、芽孢杆菌及某些假单孢杆菌等细菌菌株产生。主要应用于制造直链淀粉和麦芽糖等方面。

3.3 纤维素酶

纤维素酶是降解纤维素生成葡萄糖的一组酶的总称。它不是单种酶，而是起协同作用的多组分酶系。纤维素酶是由绿色木霉、康氏木霉、黑曲霉、青霉和根霉等菌株经深层发酵制成的酶制剂产品。此外，漆斑霉、反刍动物瘤胃菌、嗜纤维菌、产黄纤维单孢菌、侧孢菌、黏细菌、梭状芽孢杆菌等也能产生纤维素酶。该酶广泛应用于纺织工业、饲料工业、食品工业、石油工业和其他需分解纤维素的领域。

(1)葡萄糖异构酶。葡萄糖异构酶可使葡萄糖异构化为果糖。葡萄糖异构酶采用米苏里放线菌等菌种，经发酵制得。葡萄糖异构酶用于制造果糖。

(2)脂肪酶。此酶由毕赤酵母、假丝酵母及扩展青霉等菌株深层发酵制成。该酶广泛应用于洗涤剂工业、皮革工业、食品工业等行业。

4 有机酸产生微生物

有机酸是一类含有羧基的有机物，是微生物的初级代谢产物。包括柠檬酸、乳酸、苹果酸、衣康酸、抗坏血酸、葡萄糖酸、透明质酸、植酸、古龙酸、曲酸、长链二元酸、乙醛酸、十二碳二元酸。其中柠檬酸、乳酸、苹果酸、衣康酸等是目前几种重要的有机酸。有机酸应用极其广泛，在食品、医药、化工等领域都有着重要的用途。是发酵工业中历史最悠久、价格最低的产品。目前已经达到了较高水平，在国际上具有一定的竞争力。

自然界中的微生物能产生并积累有机酸的种类很多，但具有工业生产价值的则有限，目前用于发酵生产柠檬酸、乳酸、苹果酸、衣康酸等主要有机酸的微生物见表2-2

表2-2 有机酸产生菌

有机酸	产生菌
柠檬酸	黑曲霉(*Aspergillus niger*)
	酵母
	解脂假丝酵母(*Candida lipolytica*)
	解脂复膜孢酵母(*Saccharomycopsis lipolytica*)
	季也蒙假丝酵母(*Candida guilliermondii*)
乳酸	德氏乳杆菌(*Lactobacillus delbrueckii*)
	赖氏乳杆菌(*Lactobacillus leichmannii*)
	植物乳杆菌(*Lactobacillus plantarum*)
	米根霉(*Rhizopus oryzae*)

续表

有机酸	产生菌
苹果酸	黄曲霉(*Aspergillus flavus*)
	米曲霉(*Aspergillus oryzae*)
	寄生曲霉(*Aspergillus parasiticus*)
	华根霉(*Rhizopns chinensis*)
	无根根霉(*Rhizopns arrhizus*)
	膜醭毕赤酵母(*Pichia membranaefaciens*)
衣康酸	土曲霉(*Aspergillus terrus*)
	衣康酸曲霉(*Aspergillus itaconicus*)
	假丝酵母 S-10(*Candida species* S-10)

5 有机溶剂产生微生物

有机溶剂是微生物的初级代谢产物，长期以来使用微生物发酵生产。自20世纪50年代以来，有机溶剂发酵工业受到了来自石油化工业的竞争，但是由于它们的原料是可再生物质资源(如淀粉、纤维素等等)，与化学合成相比，发酵获得的产品更适用于食品、医药工业等领域，这些传统的发酵工业仍发挥其优势。近年来，在微生物育种和生产工艺等方面的进步，赋予了传统发酵工业新的活力，使这些传统发酵工业具有强大的生命力。

下面主要介绍酒精、丙酮以及甘油有机溶剂产生的微生物：

5.1 酒精发酵生产菌种。

酒精发酵是由酵母菌的作用引起的，常用菌种有。

(1)拉斯2号(Rasse Ⅱ)酵母。又叫德国二号酵母，细胞长卵形。发酵葡萄糖、蔗糖、麦芽糖，不能利用乳糖。在玉米醪中发酵特别旺盛，适用于淀粉质原料发酵生产酒精。

(2)拉斯12号(Rasse Ⅻ)酵母。细胞圆形或近卵圆形，细胞间连接较多。能发酵葡萄糖、果糖、蔗糖、麦芽糖、半乳糖，不发酵乳糖。

(3)K字酵母。是从日本引进的菌种，细胞卵圆形，个体较小，但生长迅速。能利用高粱、大米、薯类原料生产酒精。目前，我国多数企业使用该种酵母。

(4)南阳五号酵母(1300)。是南阳酒厂选育的菌株。细胞呈椭圆形，少数腊肠形。能发酵葡萄糖、蔗糖、麦芽糖，不能利用乳糖、菊糖、蜜二糖。

(5)南阳混合酵母(1308)。细胞圆形，少数卵圆形。能发酵葡萄糖、蔗糖、麦芽糖，不能利用乳糖、菊糖、蜜二糖。

另外，还有日本发研1号、卡拉斯伯酵母、耐高温 WVHY8 酵母、浓醪粟酒裂殖酵母、呼吸缺陷型突变株 Sb724 酵母。

5.2 丙酮、丁醇生产菌种

丙酮、丁醇菌在分类法中属裂殖菌纲，真细菌目，真亚细菌亚目，芽孢杆菌科，梭菌属的细菌，是厌氧性有鞭毛的杆状菌，在生芽孢时会呈纺锤体或鼓槌状体。能发酵玉米、山芋、马铃薯、大米等淀粉原料，也能发酵葡萄糖、蔗糖、废糖蜜等糖质原料，生成丙酮、正丁醇和乙醇。主要菌种有乙酪酸梭状芽孢杆菌(*Clostridium acetobutyricum*)、糖丁基丙酮梭菌(*C. saccharobutylacetonicum*)等。

5.3 甘油发酵生产菌种

国内外已有多种微生物应用于发酵生产甘油，绝大多数为酵母菌。例如产酸结合酵母、柳氏结合酵母、木兰球拟酵母 I_2B_2（只产甘油而无其他副产物）、耐高渗透压毕赤氏酵母。

6 核苷酸类物质生产菌

目前，核酸类物质的生产方法有酶解法、半合成法和微生物直接发酵法。酶解法一般是以酵母菌体为原料，采用水解酶进行酶解制成各种核苷酸；半合成法即微生物发酵和化学合成并用的方法，例如用发酵法先生成肌苷，再利用化学和微生物的磷酸化作用，使肌苷转化成肌苷酸；微生物直接发酵法是指利用生产菌种一步发酵直接产生大量生产的某种核苷和核苷酸，如用产氨短杆菌腺嘌呤缺陷型突变株直接发酵生产肌苷酸。

一些常见的微生物菌体含有丰富的核酸资源，如啤酒酵母、纸浆酵母、石油酵母、面包酵母、白地霉以及青霉菌等；直接发酵法生产核酸的产生菌主要有：枯草芽孢杆菌、短小芽孢杆菌、产氨短杆菌及其变异株。肌苷产生菌及其遗传特性见表 2-3。

表 2-3 肌苷酸产生菌的遗传特征

菌名	遗传特征（培养特征）
枯草芽孢杆菌 C-30	Ade^-，His^-，Tyr^-
枯草芽孢杆菌 K 菌株的变异株	AMP-脱氨酶阴性，　8-AG^r
枯草芽孢杆菌 C_3-46-22-6	Ade^-，　Xan^-　8-AG^r
枯草芽孢杆菌 C_3-46-22-6 的变异株	Ade^-，Xan^-　8-AG^r 但为莽草酸缺陷型不能利用 D-葡萄糖酸等
枯草芽孢杆菌变异株	对磺胺哒嗪抗性
短小芽孢杆菌	培养基中含有不溶性的磷酸钙
短小芽孢杆菌变异株 NO.148-SS	Ade^-，$Biot^-$，GMP 还原酶阴性
短小芽孢杆菌 148-SS-105	Ade^-，$Biot^-$，GMP 还原酶阴性，但为双氢链霉素抗性
短小芽孢杆菌 NO.160-4-3	对腺嘌呤系化合物抗性
产氨杆菌变异株 KY13714	Ade^-（渗漏型），6-MG^r
产氨杆菌变异株 KY13761	Ade^-（渗漏型），6-MG^r，6-甲硫嘌呤　Gua^-
产氨短杆菌 ATCC6872 变异株 41021	6-MG^rIMP 生物合成的酶系不被 AMP ATP 和 GMP 阻遏，不被腺嘌呤、鸟嘌呤抑制，Ade^-，Gua^-

注：营养缺陷型：Ade^-：腺苷；$Biot^-$：生物素；His^-：组氨酸；Tyr^-：酪氨酸；Gua^-：鸟嘌呤；Xan^-：黄嘌呤
类似物抗性：8-AG^r：8-氮鸟嘌呤；6-MG^r：6-巯基鸟嘌呤

目前，人们对微生物特性的认识还是十分不够的，已经初步研究的占自然界中微生物总数的10%左右。微生物的代谢产物据统计已超过一千三百多种，而大规模工业生产的总计不超过一百种；微生物酶有近千种，而已在工业化利用的不超过四五十种。可见，微生物资源不仅十分丰富，而且可挖掘的潜力还是很大的。

第3节　自然界中发酵菌种的分离

工业生产上应用的菌种，无论是产酶微生物菌种，还是抗生素生产菌种，大多来自自然界，经过分离、筛选、纯化、诱变、遗传改造等研究才得到工业上应用的优良菌种。

自然界是微生物存在的场所，无论土壤、高空，还是动植物及其腐败残骸都栖居着微生物。不同环境条件下生长的微生物的种类不同。同一环境条件下微生物的种类是不同的，许多微生物混杂生长在一起，要想得到理想的菌株，必须要有快速而准确的新种分离和筛选方法。

1　菌种的来源

菌种的获得一般通过以下几个途径：一是向菌种保藏机构索取有关的菌株，从中筛选所需菌株；另一途径是从自然界采集样品，如土壤、水、动植物体等这些样品中分离目标微生物；三是对于已获得生产菌种若不慎污染了杂菌，重新进行分离纯化，筛选、鉴定步骤，选得优良菌种。也可以从生产产量高的批次中分离自然突变的菌株作为发酵菌种。

菌种的分离和筛选一般可分为确定方案、采样、富集、分离、筛选、产物鉴定几个步骤。

2　新种分离与筛选的步骤

新菌种的分离是要从混杂的各类微生物中依照生产的要求、菌种的特性，采用各种筛选方法，快速、准确地把所需要的菌种挑选出来。分离步骤如图2-2。

2.1　方案

首先要查阅资料，了解所需菌种的营养类型、生理特性和生长培养特性。

确定取样的地点、时间、样品的处理方法及分离方案。生产中一般要分离能产生人类所需产物的菌种，在对目标微生物一无所知的情况下，就需查阅有关方面的研究资料，根据可能产生产物的微生物类型来定分离筛选方案。例如，欲分离能产抗生素的菌种，通过查阅资料可知，一般能够富集抗生素的微生物为放线菌，那么，就可以根据放线菌的营养类型、生长特性来确定取样对象、样品预处理方法、分离及筛选方法。

2.2　采样

2.2.1　采样对象

自然界中含菌样品相当丰富，为了提高分离效率，一般选取含菌量多的土壤为采样对象。取何处的土壤作为样品，一方面根据土壤的性质和植被情况选择方位；另一方面根据微生物的营养类型和生理特性来考虑目标微生物可能存在的方位。

不同土质和不同植被下的土壤所含微生物类型是不一样的。一般园田土和耕作过的沼泽土中有机质含量丰富，营养充足，且土壤成团粒结构，通气保水性能好。因而微生物生长旺盛，数量多，尤其以细菌和放线菌为主。山坡上的森林土，植被厚、枯枝落叶多、有机质丰富、阴暗潮湿，适合酵母和霉菌生长。沙土、无植被的山坡土、新垦的生土及贫瘠的薄土

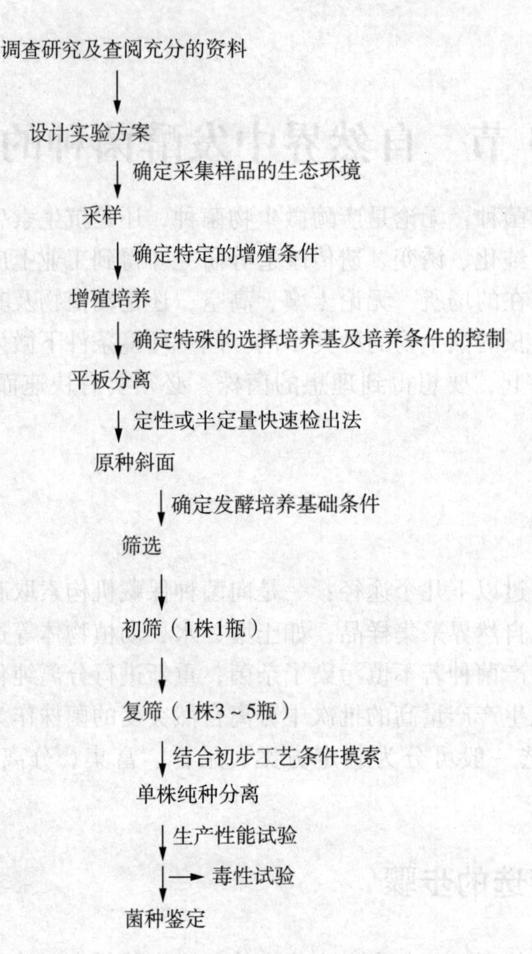

图 2－2　菌种筛选主要步骤

等，有机质含量少，微生物的数量也比较少。土壤的酸碱度也影响微生物的分布，碱性土壤中，细菌和放线菌的数量占优势地位；酸性环境条件下，霉菌、酵母菌生长旺盛。

植物根部的分泌物不同，对土壤中微生物的分布也有一定的影响。如番茄地或腐烂番茄堆积处有较多维生素 C 产生菌。豆科植物的植被下，根瘤菌的数量比其他植被下的土壤要多。在菜园和果园土壤中，酵母菌数量占优势。

微生物的生长环境影响其营养需求与代谢类型。如在肉类加工厂附近和饭店排水沟的污水、污泥中，由于有大量腐肉、豆类、脂肪存在，在此处采样能分离到产生蛋白酶和脂肪酶的菌株；森林中有很多枯枝落叶和腐烂的木质材料，富含纤维素，在此处采样能分离到纤维酶产生菌；在面粉加工厂、淀粉加工厂、糕点加工厂及酒厂等场所，容易得到淀粉酶和糖化酶的产生菌，在草莓、柑橘及山芋等果蔬生长的土壤中可分离到果胶酶产生菌；如要分离以糖质为原料的酵母菌，一般以甜果、蜂蜜及含糖量高的植物汁液为采样对象。

筛选一些具有特殊性质的微生物时，需根据该微生物的生理特性选择相应的采样地点。如筛选低温酶产生菌时，通常到寒冷的地方，如南北极地区、冰窑及深海中采样；分离高温酶产生菌时，可到温度较高的南方，或温泉、火山爆发处采集样品；筛选耐压菌则到海洋深处采样，因为深海中生活的微生物能耐很高的静水压；分离耐高渗透压酵母菌时选择糖分高、酸性的环境，通常到甜果、蜜饯及甘蔗渣堆积处采样。

采土的深度一般取 5～25cm。1～5cm 的表层土由于阳光照射，蒸发量大水分少，且有紫外线的杀菌作用，所含的微生物数量较少；25cm 以下土层土粒紧密，空气量不足，养分与水分缺乏，含菌量较 5～25cm 土层的少。一般来说，酵母、霉菌和好氧芽孢杆菌分布在浅土层。

2.2.2 采样季节

不同的季节微生物数量有明显的差别，冬季温度低，气候干燥，微生物生长缓慢，数量最少。到了春天随着气温的升高，微生物生长旺盛，数量逐渐增加。经过夏季到秋季，土壤中微生物数量最多，因此，秋季采土样最为理想。

2.2.3 采样方式

在选好适当地点后，用小铲子除去表土，取离地面 5～15cm 处的土约 10g，盛入清洁的牛皮纸袋或塑料袋中，扎好，标记，记录采样时间、地点、环境条件等，以备查考。为了使土样中微生物的数量和类型尽少变化，宜将样品逐步分批寄回，以便及时分离。

2.2.4 样品的预处理

为了提高菌种分离的效率，有时对含微生物材料的标本进行预处理。目前的预处理方法如表 2－4 所示。

表 2－4 材料的预处理方法

方法	处理方式	材料	分离出的菌株
物理方法	加热：55℃，6min	水、土壤、粪肥	嗜粪红球菌、小单孢菌属
	100℃、1h，40℃、2～6h	土壤、根土	链霉菌属、马杜拉菌属、小双孢菌属
	膜过滤法	水	小单孢菌属、内孢高温放线菌
	离心法	海水、污泥	链霉菌属
	在沉淀中搅拌	发霉的稻草	嗜热放线菌
化学法	养料中加 1% 几丁质培养基	土壤	链霉菌属
	用碳酸钙提高 pH 值进行培养	土壤	链霉菌属
诱饵法	用涂石蜡的棒置于碳源培养基中	土壤	诺卡氏菌
	花粉	土壤	游动放线菌属
	蛇皮	土壤	小瓶菌属
	人的头发	土壤	角质菌属

采用热处理方法可减少材料中的细菌数。在筛选放线菌时，放线菌的繁殖体，孢子和菌丝片段比革兰氏阴性细菌细胞耐热。采用加热的方法能减少样品中细菌同放线菌的比例，但是也常常减少放线菌的数目。

如果样品不是土壤，而是液态的水、海水或者污泥，可以采用膜过滤法浓缩水中的细胞。滤膜膜孔的大小对收集菌的类型有重要的影响。如处理放线菌繁殖体含量很低的海水，有人先将样品离心然后用滤膜孔较小的滤膜过滤。

如预在腐烂的稻草和其他植物材料中分离嗜热放线菌孢子可在空气搅动下进行，并可用一风筒或一简单的沉淀室收集孢子。然后，用 Anderson 取样器将空气撞击在培养基的平板上。这样可以减少分离平板中的细菌数目。

采样时也可于分离前在土壤中加固体基质或喷洒一些可溶性养分来强化培养基，这种方法称为诱饵技术。有人使用石蜡棒来分离诺卡氏菌、耐酸放线菌、游动放线菌科的某些属产生游动的孢子。近来，有些研究人员用花粉诱饵从土壤中分离出许多小瓶菌，其中有新种或亚种。

2.3 增殖培养

在采集到的样品中，如果目标微生物含量少时，为了容易分离到所需的菌种，让无关的微生物至少是在数量上不要增加，可以通过配制选择性培养基，选择一定的培养条件，使目标微生物在最适的环境条件下快速地生长繁殖，相对于非目的微生物数量增加，由原来的劣势菌转变为人工环境中的优势菌，便于目标微生物的分离。这种培养方法称为增殖培养（或富集培养）。

增殖培养从培养基的成分和培养条件使目标微生物富集。

2.3.1 培养基成分的选择

选择培养基成分的目的是用来选择性支持混合微生物样品中特定微生物生长繁殖，以达到分离混合样品中数量较少的微生物。选择方式可以从以下两方面考虑：

（1）选择性支持目标微生物的生长，对非目标微生物不进行抑制。具体做法是在培养基中加入一种可被目标微生物利用的含特定营养成分的物质，营养物质对于目标微生物可以不是完全专一的，但必须对目标微生物的生长更加有利，使其处于生长竞争优势。而这种物质对非目标微生物没有抑制作用，但不能被非目标微生物利用的培养基成分，以达到只让目标微生物生长繁殖的目的。例如要分离β-半乳糖苷酶产生菌，可在富集培养基中以相应的底物—乳糖为唯一碳源，加入含菌样品，于最适的培养条件下培养。能分解利用乳糖的微生物得以繁殖，而其他微生物则得不到碳源无法生长，菌数逐渐减少，因而目标微生物得到了富集。由于微生物对环境因子的耐受范围具有可塑性的特点，可通过连续富集培养的方法分离目标微生物。如以乳糖为唯一碳源对样品进行富集培养，待乳糖完全利用后，再以一定接种量转接到新鲜的含乳糖的培养液中，如此连续多次移接培养，就可以得到产生β-半乳糖苷酶菌占优势的培养液。然后采用平板划线法和稀释涂布的方法进一步分离，即可得到产生β-半乳糖苷酶菌。这样一来，能在该种培养基上生长的微生物并非单一微生物，而是营养类型相同的微生物群。

（2）在选择性抑制非目标微生物的同时，使得目标微生物生长。具体做法是在培养基中加入一种对所有或大多数非目标微生物具有抑制生长作用的组分，这种组分称为选择性抑制。如要分离的目标微生物是革兰氏阴性菌，则可在选择培养基中加入一定浓度的抑制革兰氏阳性菌的成分，如胆盐、十二烷基磺酸钠、曙红（四溴荧光素）、亚甲蓝、结晶紫和亮绿等，使革兰氏阴性菌的生长占优势，以利于进一步分离筛选。在此种选择培养基上生长的是所有的革兰氏阴性菌，不是单一的微生物。

2.3.2 培养条件的控制

利用不同微生物间生长条件的不同，设计独特的培养条件，使其仅适合于目标微生物的快速生长，达到有效分离的目的。可采取控制温度、pH 值、氧气分压等培养条件。如要分离嗜冷菌时，可将样品中的微生物于低温下培养。分离嗜热菌时，则要于高温条件下培养。培养基的 pH 值也是有效的选择条件。如乳酸细菌生长所需的 pH 值低于其他细菌，可以生长在 pH 值为 5 的培养基中，这个 pH 值条件抑制了大多数其他细菌的生长，因此可以用于选择乳酸细菌。而霍乱弧菌可以生长在碱性条件下，为了从粪便中分离到霍乱弧菌，将粪便样品培养在 pH 值为 8.4 的碱性蛋白胨水中。在此条件下，霍乱弧菌生长良好，而其他的粪便细菌不能生长增殖，这样一来，就很容易的增加霍乱弧菌的数量，有利于下一步的分离。

氧气分压也是一个良好的选择条件。好氧微生物生长需不断供应氧气；严格厌氧微生物则在氧气存在时死亡；兼性厌氧微生物和耐氧微生物可以生长在有氧或无氧的条件下，因此可以和好氧微生物以及厌氧微生物一起培养生长。

通过培养基成分的选择和培养条件的控制的增殖培养，获得了和目标微生物的营养和性质的一类菌，要得到单一的菌通过分离来实现。

2.4 培养分离

尽管通过增殖培养效果显著，但还是处于微生物的混杂生长状态。即使占了优势的一类微生物中，也并非纯种。因此，经过增殖培养后的样品，还必须进一步分离纯化，把最想要的菌株从增殖样品中分离出来。在这一步，增殖培养的选择性控制条件还应进一步应用，而且控制得细一点、好一点。

纯种分离的方法有划线分离法、稀释涂布分离法、组织分离法、单细胞或单孢子分离法、生化反应分离法等。工业生产中应用较多的是常规分离法(包括划线分离法、稀释涂布分离法)和生化反应分离法。

2.4.1 常规分离法

常规分离法包括划线分离法、稀释涂布分离法。划线分离法有连续划线分离法和分区划线分离法。具体做法是用接种环取部分样品或菌体，在事先准备好的培养基平板上划线，如在整个平板上连续划称为连续划线分离法；如把培养基平板分隔成几个区域，在每个区域连续划线的方法称为分区划线分离法。将划线的培养基于适宜的条件下培养，当长出单个菌落后，将菌落移入斜面培养基上，培养后保藏备用。该分离方法快捷、操作方便、效果也较好。

稀释涂布分离法是将样品经一系列10倍稀释，取某一稀释度的悬浮液少许，涂布于分离培养基的平板上，经过培养，长出单个菌落，挑取需要的菌落移到斜面培养基上培养。样品的稀释倍数根据其含菌量而定，样品含菌量大，稀释倍数高些，反之稀释倍数低些。采用该方法得到单菌落的机会较大，尤其适合于分离易蔓延的微生物。

2.4.2 生化反应分离法

生化反应分离法是采用特殊的分离培养基对大量混杂微生物进行分离的方法。分离培养基是根据目的微生物的生理特性或某些代谢产物生化反应来设计的。通过观察微生物在选择性培养基上生长状况或产物的生化反应进行分离，可显著提高菌株的分离效率。

(1)透明圈法。在固体分离培养基中加入溶解性差可被特定菌利用的营养成分，造成浑浊、不透明的培养基背景。由于特定菌利用了引起浑浊的底物，在该菌的周围形成了和培养基背景不同的亮度圈，我们把它称为透明圈。有时为了肉眼观察方便，用适当的试剂处理培养基。如在分离淀粉酶产生菌时，培养基以淀粉为唯一碳源，待样品涂布到平板上，经过培养形成单个菌落后，再用碘液浸涂，产生淀粉酶菌株周围形成透明圈。透明圈的大小反应了该菌株利用底物的能力。这种方法一般用于水解酶产生菌和有机酸产生菌的分离。如淀粉酶、脂肪酶、蛋白酶及核酸酶产生菌均会在含有相应底物的培养基上形成肉眼可见的透明圈。在培养基中加入碳酸钙可用来分离产酸的菌株。

(2)变色圈。对于一些不易产生透明圈产物的产生菌，可在固体分离培养基掺入指示剂，使所需的微生物被快速鉴别出来。如分离果胶酶产生菌时，用含0.2%果胶为唯一碳源的培养基分离含微生物的样品，菌落长出后，加入0.2%刚果红溶液染色4h，具有分解果胶能力的菌落周围便会出现绛红色变色圈。

有些菌株既可以用透明圈法分离，也可用变色圈法鉴别。如分离内肽酶产生菌时，在分离培养基中加入吲羟乙酸酯底物，产生内肽酶的菌落由于水解吲羟乙酸酯为3-羟基吲哆，后者能氧化生成蓝色产物，根据呈色圈可选出平板上产内肽酶的菌落。

(3)生长圈法。首先配制缺乏某一营养的固体培养基，在此培养基上涂布对该营养有特别要求的工具菌，由于缺乏此营养，工具菌在此培养基不能生长。如果要分离的样品涂布于含工具菌并却少某一营养的培养基中，培养后，若在菌落周围形成混浊的生长圈，说明该菌落能合成工具菌所需的营养。也就是平板中缺乏的营养。这种方法用于分离氨基酸、核苷酸和维生素等的产生菌。如嘌呤营养缺陷型的大肠埃希氏菌(*E. coli*P64 或 *E. coli* B94)与不含嘌呤的琼脂混合倒平板，在其上涂布含菌样品培养，周围出现生长圈的菌落即为嘌呤产生菌。同样，只要是筛选微生物所需营养物的产生菌，均可采用生长圈法，工具菌用相应的营养缺陷型菌株，由于能得到所需营养，工具菌生长在产生该营养产生菌的周围。

(4)抑菌圈法。用于筛选能产生抑菌物质的的微生物，如抗生素产生菌的分离筛选。具体操作时，需选好工具菌，通常用金黄色葡萄球菌和枯草芽孢杆菌作为工具菌来检验抗生素的抗性。待筛选的菌株能分泌产生某些抑制工具菌生长的物质，或分泌某种酶并将无毒的物质水解成对工具菌有毒的物质，使在该菌落周围的工具菌不能生长，形成抑菌圈。抑菌圈的大小反映了菌株生产抗菌物质的能力。

采用抑菌圈法，不仅能筛选抗生素，还能筛选某些酶类。如青霉素酰化酶产生菌的筛选。工具菌为一种对 6 - 氨基青霉烷酸(6 - APA)敏感，但对苄青霉素有抗性的黏性沙雷氏菌。这种菌只有当苄青霉素尚未被别种微生物的青霉素酰化酶转化为 6 - APA 时才能生长。试验时可将工具菌和苄青霉素混合于平板培养基中，将被检菌涂布于平皿上，适温培养，周围出现抑菌圈的菌落即为青霉素酰化酶产生菌。

这些分离方法较粗，一般只能在定性或半定量时用，如用选择目的产物合成能力相对高的菌株，需进一步筛选。

2.5 筛选

某些目的微生物分离时就已结合筛选，如在平皿上通过与指示剂、显色剂或底物等生化反应的定性分离，这种方法本身就包含筛选内容的一部分。但并非所有产生菌均能应用平皿定性方法分离，而是需要经过常规生产性能测定，即初筛和复筛过程才能确定。

2.5.1 初筛

初筛是从大量分离到的微生物中选出具有合成目的产物菌株的过程。由于菌株多，筛选工作量大，通常设计一些快速、简便又较为准确的筛选方法。常用的方法平板筛选和振荡培养筛选。

(1)平板筛选。在分离阶段没有采用平皿定性法筛选的菌落，也就是在固体平板随机挑选的菌株，由于数量很大，又不知是否具有目的产物的生产能力，这时只能首先采取较粗放的检测方法。例如筛选产生碱性蛋白酶的菌株时，可以将分离的菌株点种在含有 0.3% ~ 0.4% 酪蛋白的琼脂平板上，适温培养后，测量形成水解圈直径和菌落直径的比值来表示酶活力的强弱。挑选其中产酶能力强的菌株进一步摇瓶振荡培养进行筛选。

使用平皿快速检测法，将复杂而费时的化学测定法改为平皿上肉眼可见的显色或生化反应，大幅度提高工作效率，减少工作量。但由于它是固体培养，与液体培养的条件差距较大，筛选效果不一定令人满意。因此采用了平皿测定法，最好和摇瓶培养法作一些对比试验，比较两种方法结果之间的差距，如果能找到一个效果较为一致的方法，那是可以提高筛选效率的。

(2)振荡培养筛选。摇瓶振荡培养法更接近于规模生产发酵罐的培养条件，得到的结果可直接用于生产。经过平皿定性筛选的菌株可以进行摇瓶培养。一般一个菌株接一瓶，经摇瓶振荡培养，得到的发酵液过滤后进行活性测定。发酵液活性测定方法可采用平板测定。具体操作方法是准备 16cm×26cm 或 18cm×28cm 的玻璃板，制备含有工具菌（测抗生素）或底物的琼脂平板。琼脂厚约 3cm，用内径 5mm 钢圈打孔，取过滤后的发酵液 10μL 逐个加入，放在鉴定菌生长或酶作用最适温度下温育一定时间后，孔周围出现透明圈或水解圈。根据活性圈的大小决定取舍。

2.5.2 复筛

平板活性测定法的优点是简便、快速，因而当筛选工作量很大时具有相当的优越性。该法的不足是产物活性只能相对比较，难以得到确切的产量水平，只适用于初筛。通过该方法淘汰 85%~95% 不符合要求的微生物，剩下较好的菌株则需要进行振荡培养，进行复筛。复筛时一个菌株通常要重复 3~5 瓶，培养后的发酵液采用精确分析方法测定，如蛋白质和酶采用分光光度法，脂肪酶用氢氧化钠电位滴定法。精确测定方法可信度大，但操作时间长，影响筛选进度。因而有时把摇瓶复筛的发酵液用琼脂平板法和精确经典方法结合使用。具体步骤是把所有摇瓶复筛菌株的发酵液，用琼脂平板法测定一遍，将其中活性圈大而清晰的菌株发酵液进一步采用精确检测法测定，选出较优良的菌株 2~3 株。这种直接从自然界样品中分离出来，且经初筛和复筛得到的具有一定生产性能的菌株，称为野生型菌株。

在复筛过程中，结合各种培养条件，如培养基、温度、pH 值、供氧量等进行筛选，也可对同一个菌株的各种培养因素加以组合，构成不同培养条件进行试验，以便初步掌握这种优良菌株适合的培养基和培养条件。

2.6 毒性试验

自然界的一些微生物是在一定条件下产毒的，将其作为生产菌种应当十分当心，尤其与食品工业有关的菌种，更应慎重。据有的国家规定，微生物中除啤酒酵母、脆壁酵母、黑曲霉、米曲霉和枯草杆菌作为食用无须作毒性试验外，其他微生物作为食用，均需通过两年以上的毒性试验。

从自然界中分离培养微生物是菌种选育的重要和基础的步骤。到目前为止，还没有一种分离培养方法能揭示一个试样中所包含的所有微生物总数和种类。在任一试样中所存在的微生物仅为极少数特定种类的菌株；在工业微生物筛选过程中，应及时调整检测方法，以与各种不同类型的生长和代谢之微生物相适应。因此，建立一更为科学的和针对性不强的分离方法是必要的。

3 自然界中细菌的分离

为了从一特定生态系统中分离出具有代表性的细菌菌群，特别是分离那些在唯一微环境区域中出现的菌群时，必须十分重视样本的采集。样本采集时所需的工具通常有无菌刮铲、土样采集器、镊子、解剖刀、手套、无菌小塑料袋和塑料瓶等。

3.1 采样的注意事项

（1）采样时应尽可能保持相对无菌；

（2）所采集的样本必须具有某种代表性；

（3）采好的样必须完整地标上样本的种类及采集日期、地点以及采集地点的地理、生态参数等；

(4)应充分考虑采样的季节性和时间因素，因为真正的原地菌群的出现可能是短暂的；

(5)采好的样应及时处理，暂不能处理的也应贮存于4℃下，但贮存时间不宜过长。这是因为一旦采样结束，试样中的微生物群体就脱离了原来的生态环境，其内部生态环境就会发生变化，微生物群体之间就会出现消长。

3.2 培养基的组成原则

(1)加入培养基中的天然提取物种类和用量、环境生物物理学参数以及用于平板涂布分离样本的溶剂都会影响实验中所要分离的细菌的数量和种类。

(2)就分离培养基的组成而言，部分培养基中必须含有10%～50%的天然提取物。加入培养基中的天然提取物，部分培养基中则应含有多种碳、氮源，如几丁质、纤维素或果胶。

(3)所有分离培养基中都应含有抗真菌剂(如放线菌酮和制霉素)，掺加浓度一般为50μg/mL，以抑制真菌的生长。

(4)琼脂平板在使用前应置于37℃培养箱中孵育1～2天。

(5)培养基的生物物理学参数，如pH值及盐分也应调节到与试样的生态系统参数值相近。

目的微生物不纯，需分离纯化。采用简便迅速，有一定准确性的检出方法，提高筛选效率。常用平皿反应法有透明圈法、变色圈法、生长圈法、抑制圈等方法。

4 放线菌的分离培养基的组成原则

大多数放线菌的分离培养是在贫脊或复杂底物的琼脂平板上进行的。除嗜温性放线菌外，其他放线菌一般在培养4～20天内在分离平板上缓慢形成菌落。在放线菌分离琼脂中通常都加入抗真菌剂制霉菌素或放线菌酮，以抑制真菌的繁殖。分离琼脂平板制备好后，一般皆应在37℃培养箱中存放3天。

土样中放线菌的非选择性分离：土样风干，磨碎，无菌海绵压印土样后压印平板后培养；植物体上放线菌的分离：无菌取植物组织，干燥以减少细菌数量，剪碎植物材料后植入平板表层后培养；也可洗下微生物后振荡培养；水中放线菌的分离：为使所要分离的放线菌的数量种类增多，一般将水样离心或滤纸过滤，取离心沉积或滤纸表面沉积进行系列稀释和涂布。

菌落形成后可根据肉眼可见的菌落形态上的差异，作初步的鉴定和区分。通过高倍放大进行镜检，可了解气生和营养孢子形成情况。成功地分离出各种不同的放线菌属及种的关键是所采集样本的本身及其分离用的琼脂培养基；而肉眼识别不同的生长形态，从而初步地加以鉴定，在分离放线菌时显得尤为重要。将分离平板上所形成的菌落用经火焰灼烧灭菌的钩形针或无菌牙签挑取，点接到琼脂平板上进行影印培养，以进一步筛选和分离。

5 真菌分离

5.1 真菌分离注意事项

(1)利用低碳/氮比的培养基可使真菌生长菌落分散，利于计数，分离和鉴定。这里主要是利用营养成分的减少而使生长减慢，并由此限制真菌的迁徙生长。

(2)改变培养温度将有利于不同嗜温区真菌的分离。

(3)有时，真菌子实体形成必须有光线，这在分离培养时应加以考虑。

(4)选择性富集：是通过一定的方式使样本中一种或一群微生物数量上的增加而利于分离的一种技术。

富集可以是种水平的，如通过营养要求的改变来富集分离镰刀菌；也可以是组成群水平的，如以纤维素为唯一碳源的选择性培养基可选择性富集所有能降解纤维素的纤维素裂解微生物。

(5)在分离培养基中加入一定的抗生素即可有效地抑制细菌生长及菌落形成。

5.2 真菌的分离方法

(1)土中真菌的分离：稀释法，混入法，压贴法，黏附法，浮选法，注射器采集法，土过筛法，蔗糖密度梯度离心法。

(2)植物材料中真菌的分离：植入法，压贴法，洗涤法，浸泡法。

(3)水中真菌的分离：水样稀释后涂布分离。饵诱技术常用于水中真菌的富集。

(4)子实体直接分离培养担子菌：新采集的子实体组织植入平板内或在放于液体培养基表面放一小块无菌滤纸上培养。

作业与思考

如何从土壤中分离筛选具有抑菌功能的微生物？设计分离方案。

第3章 发酵菌种的选育

来源于自然界的微生物菌种，在长期的进化过程中形成了一整套的代谢控制机制，微生物细胞内具有反馈抑制、阻遏等代谢调控系统，不会过量生产超过其自身生长、代谢需要的酶或代谢产物。所以，从自然界得到的野生菌株，不论在产量上或质量上，均难适合工业化生产的要求。育种工作者的任务是设法在不损及微生物基本生命活动的前提下，采用物理、化学或生物学以及各种工程学方法，改变微生物的遗传结构，打破其原有的代谢控制机制，使之成为"浪费型"菌株。同时，按照人们的需要和设计安排，进行目的产物的过量生产，最终实现产业化的目的。

一个菌种能否满足工业生产的实际需要，是否有工业生产价值是极为重要的。工业生产实际对生产菌种自身的特性提出许多要求，这些也就成为了评价生产菌种优劣的标准和菌种选育工作的研究目标。一般来说，优良的生产菌种应该具备如下基本特性：

(1)生产菌种应具有在较短的发酵周期内产生大量发酵产物的能力。高产菌株的运用，可以在不增加投资的情况下，大幅度提高发酵企业的生产能力。

(2)在发酵过程中不产生或少产生和目标产品性质相近的副产物及其他产物。这样不但可以提高营养物质的有效转化率，还会减少分离纯化的难度，降低成本，提高产品的质量。

(3)生长繁殖能力强，有较高的生长速率，产生孢子的菌种应该具有较强的产孢子能力。这样有利于缩短发酵周期，减少种子罐的级数，最终得以减少设备投资和运转费用。同时，还可以减少菌种在扩大生产过程中可能发生的生产性能下降，或杂菌污染的可能性。

(4)能够高效的将原料转化为产品，这样可以降低成本，提高产品的市场竞争力。

(5)对需要添加的前体物质有耐受力，并且不能将这些前体物质作为一般碳源利用。

(6)有利用来源广泛原材料的能力，并对发酵原料成分波动敏感性较小。使发酵可采用价格便宜、来源广泛的原料。

(7)在发酵过程中产生的泡沫要少，这对提高装料系数、提高单罐产量、降低成本有重要意义。

(8)具有抗噬菌体感染的能力。

(9)遗传特性稳定，这样才能保证发酵过程能够长期、稳定地进行，同时有利于实施最佳的工艺控制。

一般来说，野生型的菌种生产目标产物的能力较低，为了提高生产效率，降低生产成本，需要选育优良的菌种。工业菌种改良途径有以下几条：

(1)解除或绕过代谢途径中的限速步骤：通过增加特定基因的拷贝数或增加相应基因的表达能力来提高限速酶的含量；在代谢途径中引伸出新的代谢步骤，由此提供一个旁路代谢途径；

(2)增加前体物的浓度，从而增加目标产物的产率；

(3)改变代谢途径，减少无用副产品的生成以及提高菌种对高浓度的有潜在毒性的底物、前体或产品的耐受力；

(4)抑制或消除产品分解酶；

(5)改进菌种外泌产品的能力；

(6)消除代谢产品的反馈抑制。如诱导代谢产品的结构类似物抗性。也可通过基因工程的手段提高特定基因的表达水平。具体方法是：①引入强转录及翻译信号，可通过在一高效表达载体上克隆靶基因；在靶基因的上游引入强启动子；修改现有表达信号，提高基因效力等；②诱导解除基因表达抑制的突变。另外提高菌株对底物的利用率方法：首先通过确定并改变代谢中的耗能部分；其二，由另一菌株的高效低能代谢途径代谢来实现；其三，赋予菌种对多种底物，特别是价廉而丰富的底物的利用能力，由此可降低操作费用。

工业菌种的育种是运用遗传学原理和技术对某个用于特定生物技术目的的菌株进行的多方位的改造。通过改造，可使现存的优良性状强化，或去除不良性质或增加新的性状。工业菌种育种的方法：自然选育，诱变育种，杂交育种、原生质体融合技术，基因工程技术。自然选育和诱变育种带有一定的盲目性，尚属经典的育种方法，后三种为定向的育种方法。但目前这些方法成功的例子还不很不多。

第1节　自然选育

不经人工处理，利用微生物的自然突变进行菌种选育的过程称为自然选育。这类突变没有人工参与并非是没有原因的，一般认为自然突变有两种原因引起，即多因素低剂量的诱变效应和互变异构效应。多因素低剂量的诱变效应，是在自然环境中存在着低剂量的宇宙射线、各种短波、低剂量的诱变物质和微生物自身代谢产物的诱变物质等的作用引起的突变。互变异构效应是指四种碱基第六位上的酮基或氨基的瞬间变构引起碱基错配。例如胸腺嘧啶T和鸟嘌呤G可以酮式或烯醇式出现，胞嘧啶C和腺嘌呤A可以氨基或亚氨基式出现。平衡倾向于酮式和氨基式的，因此DNA双链中以AT和CG碱基配对为主。但偶然的情况，当T以烯醇式出现的一瞬间，DNA链正好合成到这一位置上，与T配对的就不是A，而是C；若C以亚氨基式出现时的一瞬间，DNA链正好合成到这一位置上，与C配对的就不是G，而是A。在DNA复制过程中发生的这种错误配对，就有可能引起自然突变。这种互变异构现象是无法预测的，对这种偶然现象作了统计得出，这种碱基对错误配对引起自然突变的几率为10^{-8}~10^{-9}。自然突变的结果有两种情况：一种是我们生产上所不希望看到的，表现为菌株的衰退和生产质量的下降，这种突变称为负突变；另一种是我们生产上希望看到的，对生产有利，这种突变成为正突变。

在工业生产上，由于各种条件因素的影响，自然突变是经常发生的，也造成了生产水平的波动，所以技术人员很注意从高生产水平的批次中，分离高生产能力的菌株再用于生产。

经诱变或杂交选育获得的突变株，往往会继续发生变异，导致不同生产能力菌株的比例改变，这种情况下，自然选育可以有效地用于高性能突变株的分离。选出的高产菌株在传代的过程中，由于自然突变导致高产性状的丢失，生产性能下降，这种情况我们称为回复突变。因此我们在生产过程中不断地检测菌种的生产能力。

自然选育操作步骤：单细胞(孢子)悬液的制备→平板分离→挑选单菌落(注意形态的观察)→发酵试验。

一般习惯上将自然选育称为菌种的分离纯化。由于自然选育操作简单易行，是工厂保证稳产高产的重要措施。

第2节　诱变育种

以微生物的自然变异作为基础的生产选种的机率并不很高，一个基因的自然突变频率仅$10^{-6}\sim10^{-10}$左右。需和诱变育种交替使用，以提高育种效率。以诱发突变为基础的育种，是迄今为止国内外提高菌种产量、性能的主要手段。诱变育种就是利用物理或化学诱变剂处理均匀分散的微生物细胞，提高基因突变频率，然后采用简便、快速和高效的筛选方法，获得所需要的高产优质菌种的方法。常用的诱变剂为物理、化学或生物诱变方法。诱变育种的理论基础是基因突变。突变主要包括染色体畸变和基因突变两大类。染色体畸变指的是染色体或DNA片段发生缺失、易位、逆位、重复等，基因突变指的是DNA分子结构中某一部位发生变化。

1　诱变剂和诱变处理

1.1　物理诱变剂

物理诱变剂有射线（如紫外线、X－射线、γ－射线）和快中子。物理因素中目前使用得最方便而且十分有效的是紫外线。许多高产菌株的选育都用过紫外线，对于一般实验室、中小型工厂都适用，也很安全。紫外线诱变的机理是它会造成DNA链的断裂，或使DNA分子内或分子之间发生交联反应。它会引起DNA复制错误，正常的碱基无法配对，造成错义或缺失。其他的几种射线都是电离性质的，有一定的穿透力，一般都由专业人员在专门的设备中使用，否则有一定危险性。

1.2　化学诱变剂

根据化学诱变剂对DNA的作用方式，可分为与核酸碱基直接作用的诱变剂和碱基类似物和移码突变的诱变剂三种。

（1）核酸碱基直接作用的诱变剂：主要有烷化剂、亚硝酸和羟胺。诱变作用是其与DNA中的碱基和磷酸直接作用，而导致基因发生变化。化学诱变剂中使用最多、最有效的是烷化剂。

（2）碱基类似物：5－氟尿嘧啶、5－溴尿嘧啶、8－氮鸟嘌呤等。它们与碱基的结构类似，在DNA复制时，可被错误地掺入DNA，引起诱变效应，它是通过DNA合成来达到诱变效应的，只对正在进行新陈代谢和繁殖的微生物起作用，对于休眠细胞，脱离菌体的DNA或噬菌体则没有作用。

（3）移码突变的诱变剂：移码突变是指由一种诱变剂引起DNA分子中的一个或少数几个核苷酸的插入或缺失，从而使该部分后面的全部遗传密码产生转录和翻译错误的一类突变。由移码突变产生的突变体称为移码突变体。如吖啶类化合物。

使用化学诱变剂是很经济的，因为只需要少量的合适的诱变剂，设备是实验室的一般玻璃器皿和蒸气罩。而用电离辐射试行工作时，设备费用大，并需注意安全性；其次，大多数情况下，化学诱变突变数量比电离辐射多而有效；其三，大部分诱变剂是致癌剂，所以在使用中必须非常谨慎，要避免化学诱变剂与皮肤接触，且切勿吸入其蒸气，有人对某些诱变剂极其敏感，甚至未直接接触就会过敏，这就更要当心。

诱变剂的诱变结果不同。碱基类似物和羟胺具有很高的特异性，但很少使用，回复突变率高，效果不大。亚硝酸和烷化剂应用的范围较广，造成的遗传损伤较多。其中亚硝基胍和甲基磺酸乙酯常被称为“超诱变剂”，甲基磺酸乙酯是毒性最小的诱变剂之一。吖啶类诱变剂可以造成生化代谢途径的完全中断。紫外线仍十分有效。电离辐射是造成染色体巨大损伤的最好诱变剂，它能造成不可回复的缺突变。但它可能影响邻近基因的性能。

2 诱变育种步骤

首先选择要诱变的菌株(出发菌株)，制成菌悬液后诱变处理，通过中间培养，分离和筛选所需菌株。

2.1 出发菌株的选择

选择出发菌株时从下述的几方面考虑：

(1)自然界新分离的野生型菌株，对诱变处理较敏感，容易达到好的效果。

(2)在生产中经生产选种得到的菌株与野生型较相像，也是良好的出发菌株。

(3)每次诱变处理都有一定提高的菌株，往往多次诱变能积累较多的提高。

(4)出发菌株开始时可以同时选2~3株，在处理比较后，将更适合的出发菌株留作继续诱变。

(5)要尽量选择单倍体细胞、单核或核少的多细胞体来作出发诱变细胞，这是由于变异性状大部分是隐性的，特别是高产基因。

(6)根据采用的诱变剂或根据细胞生理状态选择诱变剂，因为同一诱变剂的重复处理会使细胞产生抗性，使诱变效果下降。有的诱变剂是作用于营养细胞，就要选对数期的细胞；有的作用于休止期，就可选用孢子。

2.2 处理菌悬液的制备

这一步骤的关键是制备单细胞和单孢子状态的、活力类似的菌悬液，为此要进行合适培养基的培养，并要离心，洗涤，过滤。具体操作是将出发菌株放入带玻璃珠的三角瓶内(玻璃珠三角瓶是无菌的)，加无菌水，反复的振荡摇匀，制成单细胞和单孢子状态的菌悬液。

2.3 诱变处理

根据前面有关诱变剂及诱变处理的介绍，结合诱变对象的实际，设计诱变处理方案。

诱变剂的使用方法有单一诱变剂处理和复合诱变剂处理。复合诱变剂处理是指两种以上的诱变剂处理菌种。对野生菌株单一诱变剂处理有时也能取得好的效果。但经多次诱变处理的老菌株，单一诱变因素重复处理，效果甚微，可以采用复合诱变剂处理来提高诱变效果。复合诱变剂处理包括同一诱变剂多次处理，两种以上诱变剂先后分别处理和两种以上诱变剂同时多次处理。例如，青霉素的选育中先用不足以引起突变的氮芥短时间处理，再用紫外线处理，可使诱变频率大大提高。

诱变剂剂量选择因不同的微生物使用的剂量不同，诱变剂的剂量与致死率有关，而致死率又与诱变率有一定关系。因此可用致死率作为诱变剂剂量选择的依据。一般来说，诱变率随诱变剂剂量的增加而提高，但达到一定程度以后，再提高剂量反而使诱变率下降。因此，近年来已将处理剂量从过去的致死率99%~99.9%降至70%~80%，甚至更低。但诱变剂剂量也不宜太低。高剂量诱变可导致一些细胞的细胞核发生变异，也可使另一些细胞的细胞核破坏，引起细胞死亡，形成较纯的变异菌落。并且高剂量会引起细胞遗传物质发生难以恢复的巨大损伤，促使变异菌株稳定，不易产生回复突变。

2.4 中间培养

由于在发生了突变尚未表现出来之前，有一个表现延迟的过程，即细胞内原有酶量的稀释过程(生理延迟)，需3代以上的繁殖才能将突变性状表现出来。此过程称为中间培养，这个过程对今后的筛选和获得稳定菌株都是极为重要的。具体的操作方法：让变异处理后细胞在液体培养基中培养几小时，以让细胞的遗传物质复制，让细胞繁殖几代，以得到纯的变异细胞。若不经液体培养基的中间培养，直接在平皿上分离就会出现变异和不变异细胞同时存在于一个菌落内的可能，形成混杂菌落，以致造成筛选结果的不稳定和将来的菌株退化。

2.5 分离和筛选

诱变处理后，正向突变的菌株通常为少数，须进行大量的筛选才能获得高产菌株。筛选分初筛和复筛。初筛以迅速筛出大量的达到初步要求的分离菌落为目的，以量为主。复筛则是精选，以质为主，也就是以精确度为主。因此在具体方法上就有差异。初筛可以在平皿上直接以菌落的代谢产物与某些染料或基质的作用形成的变色圈或透明圈的大小来挑取参加复筛者，而将90%的菌落淘汰。在数量减少后就要仔细比较参加复筛和再复筛的菌株，最后才能选得优秀菌株。在以后的复筛阶段，还应不断结合自然分离，纯化菌株。通过初筛和复筛后，还要经过发酵条件的优化研究，确定最佳的发酵条件，才能使高产菌株的生产能力充分发挥出来。

3 突变菌株的筛选

3.1 营养缺陷型突变株的筛选

营养缺陷型菌株在生产上和科学研究上用途很大。目前生产氨基酸、核苷酸的菌种都是各种类型的缺陷型。如果研究菌株代谢途径，育种技术都必须有营养缺陷型的菌株为材料。营养缺陷型属代谢障碍突变株，常由结构基因突变引起合成代谢中一个酶失活直接使某个生化反应发生异常性障碍，使菌株丧失合成某种物质的能力，导致该菌株在培养基中不添加这种物质就不能生长。但是缺陷型菌株常常会使发生障碍的前一步的中间代谢产物得到累积，育种过程中可以利用营养缺陷型菌株这一特性来累积有用的中间代谢产物

营养缺陷型是指通过诱变而产生的缺乏合成某些营养物质如氨基酸、维生素和碱基等的能力，必须在其基本培养基中加入相应的营养成分才能正常生长的变异株。

筛选营养缺陷型的步骤首先淘汰野生型菌株，其次检出缺陷型菌株，然后确定出缺陷型菌株生长谱

3.1.1 淘汰野生型

与筛选营养缺陷型有关的三类培养基为：

(1)基本培养基(MM., minimal medium)：能满足某一菌种的野生型或原养型菌株营养要求的最低成分的合成培养基。

(2)补充培养基(SM., supplemental medium)：在基本培养基中有针对性地补加某一种或几种营养成分，以满足相应的营养缺陷型菌株生长需要(其他营养缺陷型仍不能生长)的培养基。

(3)完全培养基(CM., complete medium)：可满足该菌各种营养缺陷型菌株营养需要的天然或半合成培养基。

淘汰野生型菌株的常用的方法有下列两种：

(1)抗生素法：野生型能在MM中生长，而缺陷型不能，于是将诱变处理液在MM中培养短时让野生型生长，处于活化阶段，而缺陷型无法生长，仍处于休眠状态。由于细菌或酵母对一些抗生素敏感，于是就相应加入一定量的抗生素，结果活化状态的野生型就被杀死，保存了缺陷型。一般细菌可以采用青霉素，酵母可采用制霉菌素。

(2)菌丝过滤法：对于霉菌，因孢子生长后会长出菌丝体，就可用滤纸过滤法将菌丝滤去，而缺陷型孢子却因未发芽而不能滤过。

3.1.2 检出缺陷型

检出缺陷型依据的原理：在固体基本培养基和完全培养基上，生长情况完全不同，缺陷型在CM上生长良好，而在MM上则不生长，野生型都能生长。具体方法：影印法、点种法、夹层法。

3.1.2.1 影印法

(1)将一较平皿直径小1cm的金属圆筒蒙上一层灭菌的丝绒，用金属夹夹住，灭菌。

(2)将完全培养基上长出的全部菌落在丝绒上轻轻一压，使之成为印模，标记方位。

(3)将基本培养基平皿和完全培养基平皿在标记的同一方位上先后轻轻一压，此菌印模即复印于上。

(4)将CM和MM在恒温箱中培养。

(5)二平皿相同方位进行比较，即可发现在MM平皿上长出的菌落少于CM平板上的。MM上未长而相应于CM上长出的那几个菌落就可能是缺陷型。

此法要求平皿上菌落不能太多，菌落之间应有一定间隔。

3.1.2.2 点种法

用接种针或牙签将CM上长出的菌落在MM和CM两副平板上接种，依次在相应位置点种，然后一起培养，观察其生长情况。此法也就是任意法。此法结果明确，但工作量大。

3.1.2.3 夹层法

先在培养皿上倒一层基本琼脂培养基，凝固后涂上一层含菌的MM，凝固后再倒一薄层MM琼脂培养基，培养24h，将出现的菌落标记，然后倒上一层CM琼脂培养基，再培养。这时第二批长出的菌落就可能是缺陷型。

此法缺点是，结果有时不明确，而且将缺陷型菌落从夹层中挑出并不很容易。

3.1.2.4 营养缺陷型生长谱的确定

验证确定是缺陷型后，就需确定其缺陷的因子，用生长谱法测定。

为了使微生物生长、繁殖，必须供给所需要的碳源、氮源、无机盐、微量元素、生长因子等，如果缺少其中一种，微生物便不能生长。根据这一特性，可将微生物接种在一种只缺少某种营养物的完全合适的琼脂培养基中，倒成平板，再将所缺的营养物(例如各种碳源)点植于平板上，经适温培养，该营养物便逐渐扩散于植点周围。该微生物若需要此种营养物，便在这种营养物扩散处生长繁殖，微生物繁殖之处便出现圆形菌落圈，即生长图形，故称此法为生长谱法。这种方法可以定性、定量的测定微生物对各种营养物质的需要。在微生物育种和营养缺陷型的鉴定中也常用此法。

生长谱测定的方法先将缺陷型菌株培养后，收集菌体，制备成细胞悬液，与MM培养基(融化并凉至50℃)混合并倾注平皿。待凝固后，分别在平皿的5~6个区间放上不同的营养组合的混合物或吸饱此组合营养物的滤纸圆片。培养后会在某组合区长出，就可测得所需营养。一个平皿测一个菌。其二以不同组合的营养混合物与融化凉至50℃的MM培养基混合铺成平皿，然后在这些平皿上划线接种各个缺陷型菌株于各相应位置，培养后根据在这些组合长出可推知其营养因子。在5~6个平皿上可测20株菌以上。

3.2 抗反馈阻遏和抗反馈抑制突变菌株的筛选

在微生物的代谢调控系统中，末端产物的反馈调节在生物合成途径中是普遍存在的。采用营养缺陷型突变株作为生产菌株，通过降低末端产物的浓度可以解除末端产物对代谢的抑制和阻遏作用，累积中间代谢产物。如果欲累积终产物，其方法是筛选抗反馈阻遏和抗反馈抑制突变菌株作为菌株。抗反馈阻遏和抗反馈抑制突变有共同的表型，即在细胞中已经有了大量的末端产物时，仍不断合成这一产物。但其代谢失调的原因不同。反馈阻遏失调的原因是因为调节基因或操纵基因发生突变，使产生的阻遏蛋白不再能和终产物结合或结合后不能作用于已突变的操纵基因，因此不再起反馈阻遏作用；反馈抑制失调的原因是由于编码酶的结构基因发生突变，使变构酶不再具有结合终产物的能力但仍具有催化活性，从而解除了反馈抑制。

筛选抗反馈阻遏和抗反馈抑制突变菌株一般是通过抗结构类似物突变的方法进行的。结构类似物和末端产物的结构相似，也能与阻遏蛋白或变构酶结合，从而发生阻遏或抑制作用。但它们不能作为末端产物参与生物合成，或能合成无活性的生物活性物质。当结构类似物达到一定浓度后，一方面结构类似物能起反馈控制作用，阻止末端产物的正常合成，另一方面结构类似物又无法代替末端产物参与生物活性物质正常的合成，从而造成正常的细胞因缺乏末端产物而饥饿死亡。

但如果突变株解除了反馈控制，即末端产物无法与原阻遏物或调节亚基结合，那么结构类似物也就无法起反馈调节作用，结构类似物的毒害作用就表现不出来。我们说该菌株对结构类似物有抗性而得以生存下来。在含有结构类似物的平板上形成菌落。根据以上原理，只要选取结构类似物抗性突变株，就有可能得到解除了反馈调节的突变株。

另外也可从营养缺陷型的回复突变菌株获得抗反馈突变株。营养缺陷型突变株是因为对反馈调节作用敏感的酶钝化或缺失等原因所致，发生回复突变后，虽然酶的催化活性恢复了，但酶的结构发生了改变，对反馈调节作用不敏感，因此可过量积累末端产物。

3.3 组成型突变株的筛选

生物体内的酶有组成酶和诱导酶，在发酵生产诱导酶制剂时，需在发酵过程中分批限量加入诱导物的方法，提高诱导酶的活性。为了解除对诱导物的依赖，通过诱变改变菌株的遗传特性，筛选组成型突变株。组成型突变可发生调节基因或操纵基因。筛选组成型突变株的方法是设计某种有利于组成型菌株生长，并限制诱导型菌株生长的培养条件，造成组成型菌株生长的优势或适当的分辨两类菌落的方法，选出组成型突变菌株。

组成型突变株筛选常用方法有三种。

(1)在培养基中加入抑制诱导酶合成的物质，使组成型菌株处于优势地位。如以β-半乳糖苷酶为例，邻硝基-β-D-岩藻糖苷是此酶的抑制剂，将诱变处理后的菌种培养在含有邻硝基-β-D-岩藻糖苷和乳糖的培养液中，β-半乳糖苷酶的合成被抑制，因此诱导型菌株不能利用乳糖，则不能生长。组成型菌株含有β-半乳糖苷酶，可利用乳糖生长，使组成型菌株被富集。

(2)交替培养法是把诱导型菌株经诱变处理后，先在加有诱导剂如乳糖的培养液中培养。由于组成型菌株不需要诱导物就能合成β-半乳糖苷酶，可以利用乳糖，先于诱导型生长，一段时间内，它们的菌数增加很快。当诱导型在诱导物的诱导下合成β－半乳糖苷酶，开始利用乳糖生长时，将菌株全部转入葡萄糖培养基中。在葡萄糖培养基中两类菌株同样生长繁殖，但是组成型菌株仍能够合成β－半乳糖苷酶，而诱导型菌株的β－半乳糖苷酶合成停止，并且酶活力渐渐变小，并丧失酶活。这时候，在将全部菌株转入乳糖培养基，组成型菌株又获得一次优势生长。如此反复多次后，组成型菌株的数量大大超过诱导型菌株，然后再用平板培养基分离出组成型菌株的菌落，即得到组成型突变株。

(3)用显色反应在平板上筛选组成型突变株。具体方法是在不含诱导物的平板上进行培养，由于组成型突变株能产生酶，培养后加入适当的底物反应，表现出明显的特征以供人们选择。常常采用经酶解后有颜色变化的底物，以便快速选出组成型菌落。如用邻硝基苯半乳糖苷来筛选β－半乳糖苷酶组成型突变株。纤维素酶水解纤维素露出还原基团被刚果红染上色，而用于筛选纤维素酶组成型突变株。

3.4　抗性突变株的筛选

抗性突变株是指对抗生素、噬菌体、温度和金属离子等因素具有抗性或敏感的菌株。常用来提高某些代谢产物的产量。

3.4.1　抗生素抗性突变

在抗生素产生菌的选育中，筛选抗生素抗性突变株，可明显提高抗生素的产量。

例如解烃棒杆菌产生的棒杆菌素是氯霉素的类似物，抗氯霉素的解烃棒杆菌突变株比亲株产生的棒杆菌素要高出3倍。在α－淀粉酶发酵生产中，使用枯草芽孢杆菌的衣霉素抗性突变株，可使α－淀粉酶的产量比亲株提高5倍。这时因为衣霉素抑制细胞膜糖蛋白的合成，改变细胞的分泌能力，有助于胞内物质分泌到胞外，解除了产物的反馈阻遏和反馈抑制作用。

3.4.2　抗噬菌体菌株的选育

噬菌体的感染常给工业生产造成巨大的损失，而且噬菌体很容易发生变异，对噬菌体具有的抗性的菌株因噬菌体变异失去抗性，所以需要不断选育抗性菌株。诱变处理后，用高浓度的噬菌体平板筛选抗性菌株。噬菌体感染的筛选过程也可以反复多次，使敏感菌株裂解，从中筛选出抗性菌株。

3.4.3　条件抗性突变

条件抗性突变也称为条件致死突变，发酵生产中使用温度敏感突变株，提高发酵产物的产量。适于在中温(如37℃)条件下生长的菌株，经诱变后获得的温度敏感突变只能在低于37℃的温度下生长，那么该突变株在高温下的表型就是营养缺陷型。这是因为某一酶蛋白结构改变后，在高温条件下丧失了活力。如果此酶是蛋白质、核苷酸合成途径中所需的酶，抑制了菌株的生长，该突变株在高温下的表型就是营养缺陷型。谷氨酸产生菌—乳糖发酵短杆菌2256经诱变后获得的温度敏感突变，在30℃条件下培养能正常生长，40℃温度下死亡，能在含生物素的培养基中积累谷氨酸，而野生型的谷氨酸合成却受生物素的反馈抑制。

3.4.4　敏感突变

在柠檬酸的发酵生产中，通常选育对氟乙酸敏感的菌株。微生物代谢中，柠檬酸经顺乌头酸酶催化形成异柠檬酸。为了大量积累柠檬酸，必须抑制顺乌头酸酶的活性，防止异柠檬酸的产生。用氟乙酸抑制顺乌头酸酶活性。通过诱变处理造成顺乌头酸酶结构基因的突变，有可能造成酶活力下降，那么此菌株必然对氟乙酸更加敏感，即不足以抑制野生菌顺乌头酸酶活力的某一氟乙酸浓度，会对突变型产生抑制作用。例如解脂假丝酵母用亚硝基胍诱变处理，获得的突变株对氟乙酸表现出极大的敏感性，其顺乌头酸酶活力仅为野生型菌株的1/100。产柠檬酸与异柠檬酸的比例为97：3，柠檬酸的产量提高了很多。

4 诱变事例

4.1 紫外线的诱变育种

紫外线诱变一般采用15W紫外线杀菌灯，波长为2537Å，灯与处理物的距离为15~30cm，照射时间依菌种而异，一般为几秒至几十分钟。一般我们常以细胞的死亡率表示，希望照射的剂量死亡率控制在70%~80%为宜。被照射的菌悬液细胞数，细菌为10^6个/mL左右，霉菌孢子和酵母细胞为10^6~10^7个/mL。由于紫外线穿透力不强，要求照射液不要太深，0.5~1.0cm厚，同时要用电磁搅拌器或手工进行搅拌，使照射均匀。由于紫外线照射后有光复活效应，所以照射时和照射后的处理应在红灯下进行。

具体操作步骤如下：

(1)将细菌培养液以3000r/min离心5min，倾去上清液，将菌体打散加入无菌生理盐水再离心洗涤。

(2)将菌悬液放入一已灭菌的，装有玻璃珠的三角瓶内用手摇动，以打散菌体。将菌液倒入有定性滤纸的漏斗内过滤，单细胞滤液装入试管内，一般处于浑浊态的细胞液含细胞数可达10^8个/mL左右，作为待处理菌悬液。

(3)取2~4mL制备的菌液加到直径9cm培养皿内，放入一无菌磁力搅拌子，然后置磁力搅拌器上、15W紫外线下30cm处。在正式照射前，应先开紫外线10min，让紫外灯预热，然后开启皿盖正式在搅拌下照射10~50s。操作均应在红灯下进行，或用黑纸包住，避免白炽光。

(4)取未照射的制备菌液和照射菌液各0.5mL进行稀释分离，计数活菌细胞数。

(5)取照射菌液2mL于液体培养基中(300mL三角瓶内装30mL培养液)，120r/min振荡培养4~6h。

(6)取中间培养液稀释分离、培养。

(7)挑取菌落进行筛选。

4.2 亚硝基胍诱变曲霉菌

N—甲基—*N'*-硝基-*N*-亚硝基胍(NGN，MNNG或TG)对真核或原核微生物都有强烈的诱变作用。其精确的作用机制尚不很清楚，据认为是伴随着重氮甲烷的生成及在酸性条件下生成亚硝酸，直接作用于细胞内的DNA复制系统，从而诱发了变异。MNNG的诱变作用随pH值的升高而增强。

具体操作步骤如下：

(1)单孢子悬液制备　取斜面，加入6mL浓度为0.1mol/L、pH值为6.0的磷酸缓冲液，用接种环刮下孢子，振荡试管，立即通过带滤纸漏斗过滤，由此制得单孢子悬液，若孢子液浑浊状，其孢子浓度可达10^6个/mL，此为待处理孢子悬液。

(2)MNNG溶液的制备　用分析天平称取2mg，加入2mL浓度为0.1mol/L、pH值为6.0磷酸缓冲液，于暗处振荡溶解。

(3)诱变处理　吸取MNNG溶液lmL，加入到1mL孢子悬液中，30℃振荡30min，立即稀释1000倍停止作用，然后以10^{-2}，10^{-4}两个稀释度分离培养，30℃下培养3天后计数。

(4)死亡率计算　将未处理的孢子液 1mL 加入 1mL 磷酸缓冲液中，同上逐级稀释分离，30℃下培养 3 天。根据处理前后的活孢子数可计算出死亡率。

(5)挑取菌落进行糖化酶及蛋白酶产量筛选

野生菌株经诱变后，菌株的性能有可能发生各种各样的变异，如营养变异、抗性变异、代谢变异、形态变异、生长繁殖变异和发酵温度变异等。这些变异的菌株可用各种方法筛选出来。

第 3 节　原生质体育种

通过基因突变和重组两种手段可以改变、更新微生物的遗传性状。控制遗传性状的基因可通过自发突变和诱发突变而改变。有些对微生物有害的突变却有利于工业发酵。可以从群体中筛选得到这种突变类型，经过反复考验而用于生产。重组可以使基因组成发生较大改变，随之使生物的性状发生变化。但对微生物育种来说，有性重组的局限性很大。因为迄今发现的有性杂交现象的微生物为数不多，而且即使发生杂交，遗传重组的频率亦不高，这就妨碍了基因重组在微生物工业中的应用。另外如转化、转导等现象在微生物中亦不普遍，但是，近年来由于在微生物中引入了原生质体融合技术，从而打破了这种不能充分利用遗传重组的局面。

原生质体融合是通过人工方法，使遗传性状不同的两个细胞的原生质体发生融合，并产生重组子的过程，亦可称为“细胞融合”。原生质体融合技术始于 1976 年，最早是在动物细胞实验中发展起来的。原生质体融合技术首先应用于动植物细胞，以后才应用于真菌、细菌和放线菌。原生质体融合育种是基因重组的一种重要方法。由于该技术能大大提高重组频率，并扩大重组幅度，故越来越引起人们的注意，并开始为发酵工业所重视。所以，在微生物育种工作中，原生质体融合作为一种新的育种技术具有很大潜力。

1　原生质体融合育种的特点

原生质体融合方法是先用酶分别酶解两个出发菌株的细胞壁，在高渗环境中释放原生质体，将它们混合，在助融剂或电场作用下，使它们互相凝集，发生细胞融合，实现遗传重组。原生质体融合技术有以下优点：

(1)杂交频率较高。细胞壁是微生物细胞之间物质、能量和信息交流的主要屏障，同时也阻碍了细胞遗传物质的交换和重组，原生质体去除了细胞壁，解除了细胞间物质交换的主要障碍，也避免了修复系统的制约，加上融合过程中促融剂的诱导作用，重组频率显著提高。

(2)二亲株中任何一株都可能起受体或供体的作用，因此有利于不同种属间微生物的杂交。

(3)遗传物质传递更为完整。原生质体融合是二亲株的细胞质和细胞核进行类似的合二为一的过程。

(4)存在着两株以上亲株同时参与融合形成融合子的可能性。

(5)有可能采用产量性状较高的菌株作融合亲株。

(6)提高菌株产量的潜力较大。

2 原生质体融合原理和育种步骤

原生质体融合本质是二亲本菌株去除细胞壁后的一种体细胞杂交育种方法。其遗传本质和杂交原理与常规杂交育种是相同的。两个具有不同基因型的细胞，采用适宜的水解酶，去除细胞壁后，在促溶剂诱导下，两个裸露的原生质体接触，融合成为异核体，经过繁殖复制进一步融合，形成杂合二倍体或杂合系，再经过染色体交换产生重组体，达到基因重组目的。最后对重组体进行生产性能、生理生化和遗传特性分析。

原生质体融合育种一般分成六大步骤：包括标记菌株的筛选和稳定性验证、原生质体制备、等量原生质体加聚乙二醇促进融合、涂布于再生培养基、再生出菌落、选择性培养基上划线生长、分离验证、挑取融合子进一步试验、保藏、生产性能筛选等。原生质体融合过程见图 3－1。

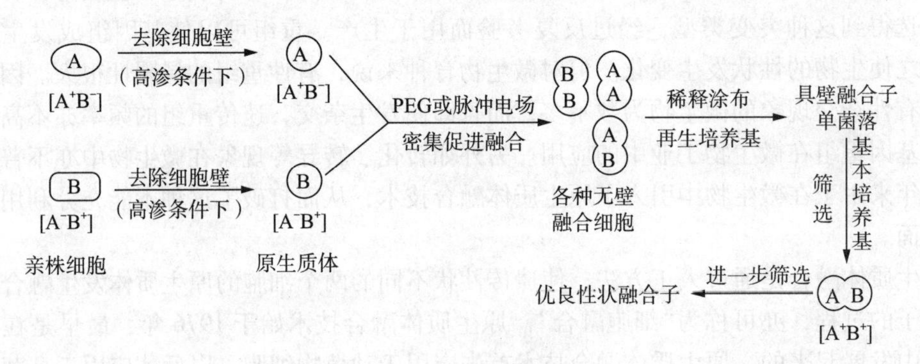

图 3－1 原生质体融合过程示意图

3 原生质体融合育种的要点

3.1 亲本选择

原始亲本是微生物原生质体融合育种中具有不同遗传背景的优质出发菌株，根据杂交目的选择。通常选择具有优良性状如产量高、代谢快、泡沫少、无色素、黏性小、产孢子能力强的等发酵性能好的菌株为原始亲本。它们可以来自生产用菌或诱变过程中的某些符合要求的菌株，也可以是自然分离的野生型菌株。原始亲本还应该具有野生型遗传标记，如具有一定的孢子颜色、可溶性色素或抗性标记等明显不同的性状。

在原生质体融合育种中可以使用直接亲本。所谓直接亲本是将具有遗传标记的菌株直接用于融合杂交配对，它是由原始亲本菌株经诱变剂处理后具有营养缺陷型标记、抗性标记或其他遗传标记的菌株。如果不采用缺陷型和抗性标记，而具有其他遗传标记的也可以将原始亲本直接进行融合育种。

融合的目的是使双亲或多亲的遗传物质重新组合，以获得综合双亲优良形状的新品种。因此，选择直接亲本菌株时要求各自的优良性状突出，经过重组后两亲本之间优良性状能集中于一体，而不良性状能全部或部分排除，使新菌株产生杂种优势。同时两亲本间遗传特性差异要大，这样遗传物质重组后相应变异也大，有利于达到菌种选育目的。

据育种专家的研究，如果获得高产的重组体，最好采用具有明显遗传性状差异的近亲菌株为亲本。远缘亲株间融合杂交虽然同样也能得到重组体，但它们的后代产生严重的遗传分离现象，筛选高产、稳定的新变种难度较大。

3.2 遗传标记

原生质体融合后的体系中除了少数重组体外，还存在大量的未融合的亲本及无效的后代，增加了重组体筛选的难度。为了快速地筛选重组体，让亲本带上不同的遗传标记是十分有效的。原生质体融合育种中常用的遗传标记有下面几种：

3.2.1 营养缺陷型标记

这是原生质体融合育种中经常使用的方法。通过人工诱变使双亲本分别带上不同的营养缺陷型标记，融合后于基本培养基上培养，其中未融合的两亲本由于不能合成某种营养因子而无法再生，只有经融合的后代因遗传物质互补而能够在基本培养基上生长。营养缺陷型标记。

可选择单缺、双缺或多缺，为了避免回复突变干扰，常常选用双营养缺陷型标记。

获得标记菌种的方法是采用常规诱变育种，筛选出营养缺陷型或/和抗药性菌株。这里最重要的是标记必须稳定。采用抗药性菌株除可作标记外，在实验室中还可排除杂菌污染的干扰。为的是确证融合的成功，可以采用多标记菌种。

3.2.2 抗性标记

选择具有不同抗性的亲本融合，利用菌株的抗性差异选择重组体。抗性标记有抗逆性（如高温、高盐、高 pH 值）和抗药性等，其中抗药性常用。不同微生物对某一药物的抗性程度不一，这是由遗传物质决定的。利用这种差异能在相应药物的选择性培养基上获得重组体。有时也把抗性标记与营养缺陷型标记结合使用，能提高育种效率和消除不利影响。

3.2.3 灭活标记

把预融合的双亲中任何一方的原生质体通过热、紫外线或药物灭活，使细胞内的某些酶和代谢途径钝化，造成细胞不能合成某些营养，当和另一方具有正常活性的原生质体融合后所得到的重组体可在基本营养培养基上生长。这样一来可以省去营养缺陷型标记。

3.2.4 温度敏感性标记

在选育耐盐酵母时，有人用耐高温而不耐高渗的酿酒酵母 UCD522 和耐高渗而对温度敏感的德巴利酵母（*Debaryomyces* sp.）融合，利用高渗培养基在高温下就能检出两者融合后的重组体。

3.2.5 荧光染色标记

荧光染色标记是最近几年发展起来的一种新的标记方法。是非人工遗传标记。具体操作是在双亲原生质体悬浮液中分别加入不同的荧光色素。离心除去多余染料后，将带有不同荧光色素的亲本原生质体进行融合，然后筛选同时染有双亲两种荧光色素的融合体。

其他形状标记有孢子颜色、菌落形态结构、可溶性色素含量、代谢产物产量高低和代谢速度快慢，以及利用的碳、氮源种类、杀伤力等形状都可以作为重组体检出的辅助性标记。应用中采用那种标记，要根据实验目的确定。如果原生质体融合目的是为了遗传分析，应选择带隐性基因的营养缺陷型菌株或抗性菌株；如果从育种角度进行原生质体融合，由于多数营养缺陷型菌株会影响代谢产物的产量，选择标记时，应尽量避免采用对正常代谢有影响的营养缺陷型，最好选用灭活或荧光染色法作标记。

3.3 原生质体的制备

制备大量具有活性的原生质体是微生物原生质体融合育种的前提。活性原生质体制备过程包括原生质体分离、收集、钝化、活性鉴定和保存等操作步骤。

制备原生质体时必须有效地去除在细胞外面的细胞壁。细胞去壁后，原生质体从中释放出来，此过程为原生质体分离。细胞去壁的方法有 3 种：机械法、非酶分离法和酶法。采用前两种方法制备的原生质体效果差，活性低，仅适用于某些特定菌株，因此很少使用。酶法是最有效和最常用的去壁方法，适合于原生质体分离的各种酶类已经得到开发和应用。酶法作用时间短，效果好。具体操作主要是在高渗压溶液中加入细胞壁分解酶，将细胞壁分离剥离，结果剩下由原生质膜包住的类似球状的细胞，它保持原细胞的一切活性。

3.3.1 影响原生质体制备的因素

3.3.1.1 菌体的前处理

为了使酶作用的效果好一些，可将菌作一些前处理。如细菌加入亚抑制剂量的青霉素，以抑制细胞壁中黏肽等大组分的合成。

3.3.1.2 菌体的培养时间

为了使细胞易于原生质体化，一般选择增殖期的菌体。丝状真菌一般用年轻的菌丝来分离原生质最佳。

3.3.1.3 酶浓度

各种微生物细胞壁的组成不同，用于水解细胞壁的酶种类也不同，原核微生物中的细菌和放线菌细胞壁的主要成分是肽聚糖，可以用溶菌酶水解细胞壁。真菌类细胞壁组成较为复杂，霉菌主要为纤维素、几丁质，酵母菌为葡聚糖、几丁质。目前用于水解真菌类细胞壁的酶类有蜗牛酶、纤维素酶、β－葡聚糖酶等。其中最常用的是蜗牛酶，它是以纤维素酶为主的混合酶，含有 20 多种酶类，30 多种成分，适合水解真菌细胞壁中的多种组分。对于不同种属的微生物，不仅对酶的种类要求不同，就是对酶的浓度也有差异。另外，最佳酶浓度还随不同的生长期的菌体而变化。

3.3.1.4 酶处理温度和 pH 值

不同的酶具有不同的最适温度和 pH 值，这在水解细胞壁时是首先考虑的。同时还要注意菌株生长最适温度，以避免因温度不当而导致原生质体活性降低，甚至被破坏。确定酶破壁温度以二者均要兼顾。酶解时的最适 pH 值也随着酶和菌种的特性而异。

3.3.1.5 渗透压稳定剂

微生物细胞在破壁酶的作用下失去了具有保护作用的细胞壁，对外界环境变得十分敏感，如果把它悬浮在蒸馏水或等渗溶液中，会吸水膨胀并破裂，因此必须在一定浓度的高渗溶液中进行酶解、破壁，才能形成和保持稳定的原生质体。渗透压稳定剂多采用甘露醇，山梨醇，蔗糖等有机物和 KCl 和 NaCl 等无机物。

3.3.2 原生质体鉴定

破壁酶作用菌体后，定时取样观察原生质体分离的程度，以确定酶反应终点。常用的方法是在普通光学显微镜或相差显微镜下直接观察计数。如果进一步鉴定原生质体时，可用如下方法：

3.3.2.1 低渗爆破法

在显微镜下直接观察原生质体在低渗溶液中吸水膨胀、破裂的过程。细胞壁去除完全的原生质体吸水破裂后细胞彻底解体，没有残骸；如果原生质体破壁不完全，还有部分剩余细胞壁，则原生质体从无细胞壁处吸水，膨胀破裂并留下一个残存的细胞形态；对于那些正常细胞或酶解程度不彻底的细胞，吸水后由于细胞壁的保护作用，不会胀裂，能维持正常形态。

3.3.2.2 荧光染色法

原生质体悬液用0.05%～0.1%的荧光增白剂(VBL)染色，离心弃染料，洗涤后在荧光显微镜下观察(波长用3600～4400Å)，如发出红色光则为完全原生质体，如发出绿光则表明还有细胞壁成分存在。

3.3.3 原生质体收集和纯化

大量原生质体从菌体细胞中释放后，酶解结束，必须将原生质体与酶液和未酶解的残余菌体碎片分开，通常采用离心的方法。以提高原生质体纯度，满足融合的要求。纯化方法有以下几种：

3.3.3.1 过滤法

使用于丝状微生物(如放线菌、霉菌及丝状微藻等)，根据细胞大小，选用孔径略小于细胞的砂芯漏斗，过滤。原生质体由于细胞壁柔软可变形，可以由比它小的微孔中穿过，而未酶解细胞或细胞团却不能，由此原生质体和正常细胞分离而得到纯化。对一些细胞较大的微生物，也可采用微孔网筛来过滤原生质体。

3.3.3.2 密度梯度离心法

用蔗糖或氯化铯等制成浓度梯度溶液，由于密度差别，经离心后原生质体漂浮于上部，未酶解细胞和细胞碎片沉于溶液下部。

3.3.3.3 界面法

将原生质体分离液置于两种液体的混悬液中，这两种液体的密度有区别，上层密度小于下层密度，离心后原生质体就集中在两层液面交界处而得到纯化。

3.3.3.4 漂浮法

适用于一些细胞较大的微生物，原生质体与细胞比重不同，原生质体的比重小于细胞，能在一定渗透浓度的溶液中漂浮在液面上，从而得到纯化。

3.3.4 原生质体活力测定

作为再生和融合等育种出发材料的原生质体，必须具有活力及再生能力，因此，需要进行活力鉴定。原生质体活力鉴定方法很多，常用的方法有如下三种：

(1)荧光素双醋酸盐(FDA)染色法。FDA本身不发荧光，被细胞吸收脂解后产生具有荧光的极性物质，存在活细胞中，这样就可通过观察原生质体是否发生荧光来判断其活性有无，能发出荧光的原生质体具有活性；

(2)酚藏花红染色法。用0.01%浓度的染料染色，活性原生质体能吸收酚藏花红染料而成红色，无活性的原生质体不能吸收染料呈白色；

(3)伊文思蓝染色法。用浓度为0.25%的伊文思蓝染色，活性的原生质体不吸收染料为无色，死的无活性细胞吸收染料呈蓝色。

3.3.5 原生质体保存

原生质体新鲜度与其活性有关，一般都是将新制备的原生质体立即进行融合或其他方式育种。如果不立即使用，则必须在低温下保存。在一般冷藏条件下保存时间短，有些种类几小时就失活。在液氮中超低温状态保存时间可长些，方法是加5%的二甲基亚砜(DMSO)或甘油等其他保护剂，迅速降温保藏。

3.4 原生质体融合

两个出发菌株制备好的原生质体可以通过化学因子或电场诱导的方法进行融合。化学因子诱导多采用聚乙二醇(PEG)4000和6000作为融合剂，并加入钙和镁等阳离子。电融合过程是原生质体在电场中极化成偶极子，并沿电力线方向排列成串，再加直流脉冲击穿原生质体膜，导致原生质体发生融合。具体操作是把两个直接亲本菌株进行培养并收集菌体，加酶水解后获得原生质体。以 $1\times10^7\sim1\times10^8$ 的浓度混合，加入30%～50%PEG及适量的氯化钙、氯化镁，维持在一定pH值的渗透压稳定剂中，适温处理(20～30℃)1～10min，立即用再生培养基稀释4～5倍。以低速离心(1000r/min或2000r/min)数分钟，除去PEG，沉淀重新悬浮。然后分离在各种选择性培养基上，使之再生细胞壁，或分离在完全培养基上，先再生细胞壁，然后分离到各种选择性培养基上进行检出。电场诱导融合和此类似。

细胞融合的生物学过程：以霉菌为例，两亲株原生质体混合于高渗透压的稳定剂中，在PEG的诱导下，两个或两个以上凝聚成团，相邻原生质体紧密接触的质膜面扩大，相互接触的质膜消失，细胞质融合，形成一个异核体细胞，异核体细胞在繁殖过程中发生核融合，形成杂合二倍体，通过染色体交换，产生各种重组体，称融合子或重组体。对其中融合过程中产生的异核体、杂合二倍体及重组体统称为融合体。杂合二倍体及重组体称为融合子。

3.5 融合体的再生

融合体的再生包括细胞壁合成、重建和再生。当完成融合体再生后，进而发育形成菌落。整个过程称为复原。复原的含义不仅指融合体本身形成细胞壁，而且还能从融合体细胞长出有细胞壁的菌丝体。融合体复原后，细胞的生理和生物学特性可恢复正常状态。但其中对一些质粒是有影响的，尤其对该菌某些代谢功能调节方面不是必需的质粒，如控制合成抗生素的质粒等，在细胞中可能消除。

融合后的原生质体具有生物活性，但由于缺少细胞壁，不是正常的细胞，不能在普通培养基上生长。所以要涂布在高渗培养基上令其再生，可以增加高渗培养基的渗透压或添加蔗糖来增加再生率。

3.6 融合子的检出

融合子是在选择培养基上检出的，即通过两个遗传标记互补确定。例如利用营养缺陷型互补，在基本培养基上识别融合子。

原生质体融合后会出现两种情况：一种是真正的融合，即产生杂核二倍体；另一种只是质配，不核配，形成异核体。它们都能在再生基本培养基平板上形成菌落，但前者是稳定的，而后者是不稳定的，在传代中将会分离为亲本类型。所以要获得真正的融合子，应该进行几代的分离、纯化和选样。

4 原生质体融合技术在微生物育种中应用

由于目前应用于生产的菌种，大多数是经过反复诱变处理获得的，对许多诱变剂已经不敏感，效果也不明显。采用原生质体融合技术，获得了不少有工业利用价值的菌株。

4.1 用于选育高产优质菌株

如酿酒酵母可以利用葡萄糖产生酒精，但不能利用淀粉和湖精，糖化酵母能利用淀粉和糊精，将这两个菌株进行原生质体融合，可得到利用淀粉和糊精直接产生酒精的融合子。

产生蛋白酶的地衣芽孢杆菌对噬菌体敏感，很容易被噬菌体感染，将产蛋白酶对噬菌体敏感的菌株与抗噬菌体菌株进行融合，获得了抗噬菌体的高产的蛋白酶菌株。

4.2 产生新的产物

有效的种间原生体融合，有可能发生不同菌种的调节基因和结构基因的重组，诱发原处于抑制状态的沉默基因的表达。特别是在抗生素产生菌中可以产生新的杂种抗生素。例如庆丰霉素产生菌庆丰链霉菌和井岗霉素产生菌的原生质体种间融合，得到的重组子中有的产生聚醚类抗生素，有的产生环状多肽类新的抗生素。

第4节　基因育种

基因重组育种是运用体外 DNA 各种操作或修改手法获得目的基因，再借助于病毒、细菌质粒或其他载体，将目的基因转移至新的宿主细胞并使其在新的宿主细胞系统内进行复制和表达，或者通过细胞间的相互作用，使一个细胞的优秀性状经其间遗传物质的交换而转移给另一个细胞的方法。一个完整的基因克隆过程包括以下步骤：

(1)获得待克隆的 DNA 片段(基因)；

(2)目的基因与载体在体外连接；

(3)重组 DNA 分子导入宿主细胞；

(4)筛选、鉴定阳性重组子；

(5)重组子的扩增与/或表达。

1　目的基因的获取

1.1　通过建立基因文库分离靶基因

基因文库包括基因组文库和 cDNA 文库两类。

所谓基因组文库是应用 DNA 重组技术，可以很容易地将各种生物体的全部基因组的遗传信息，贮存在可以长期保存的重组体中，以备需要时应用。这好像将文献资料贮存于图书馆一样，所以称基因组文库。

cDNA 文库指用 mRNA 反转录成单链 DNA，再经 DNA 聚合酶的作用产生双链 DNA。然后按照建基因组文库的方法建 cDNA 文库。

1.2　化学合成法制备 DNA 片段

从蛋白质肽链的氨基酸顺序可以知道它的遗传密码，再依照密码合成基因。

1.3　聚合酶链反应法扩增基因片段

对于已知全部或部分核苷酸序列的基因，可以通过聚合酶链式反应(PCR)，以基因组 DNA 或 cDNA 模板扩增得到目的基因片段。

2　目的基因与载体在体外连接

2.1　载体

载体(Vector)是携带外源 DNA 进入宿主细胞进行扩增和表达的 DNA；一般是通过改造质粒、噬菌体或病毒等构建的。

载体应具备以下条件：

(1)能在适当的宿主细胞中复制；

(2)具有多种限制酶的单一切点(即所谓多克隆位点)以便外源 DNA 插入；

(3)具有筛选标志以区别阳性与阴性重组分子；

(4)载体分子较小，以便体外基因操作，同时载体 DNA 与宿主 DNA 便于分离；

(5)对于表达型载体还应具有与宿主细胞相适应的启动子、增强子、加尾信号等基因表达元件。

质粒是一种独立于染色体外，能进行自主复制的细胞质遗传因子，主要存在于各种微生物细胞。质粒是常用的载体，因为质粒有如下的特点：

(1)质粒的存在并非微生物生命活动必需，和微生物的抗性有关，如抗生素的产生；大肠杆菌素的产生；肠毒素的产生；复杂有机化合物的降解；限制性核酸内切酶和修饰酶的产生；杀伤性能。

(2)每个细胞中存在的质粒数称为该质粒的拷贝数。不同类型的质粒其拷贝数各异，同一质粒在不同条件下，拷贝数也可能差异很大，有严紧型和松弛型两种。

(3)质粒 DNA 分子常呈现三种形态：常见的一种是共价、闭环状 DNA(CCC DNA)；其次是由于一条链有缺口而产生的开环 DNA(ocDNA)；第三种是由双环分子两段均断裂而产生的线性 DNA。

(4)在自然条件下，许多质粒可经细菌接合或相似方式在宿主间相互转移。在实验室条件下，质粒也可经人工手段将其转化入宿主细胞内。

DNA 片段的体外连接是重组 DNA 技术的关键。DNA 连接是由 DNA 连接酶催化完成的。

2.2 DNA 连接酶

DNA 连接酶催化两条双链 DNA 片段相邻的5′-磷酸和3′-羟基间形成磷酸二酯键。在分子克隆中最有用的的 DNA 连接酶是来自 T4 噬菌体的 DNA 连接酶。

T4 DNA 连接酶在分子克隆中主要用于：

(1)连接具有同源互补黏性末端的 DNA 片段；

(2)连接双链 DNA 分子间的平端；

(3)在双链平端的 DNA 分子上添加合成的人工接头或适配子。、

3 重组 DNA 导入宿主菌

宿主细胞必须符合以下条件：

(1)对载体的复制和扩增没有严格的限制；

(2)不存在特异的内切酶体系降解外源 DNA；

(3)在重组 DNA 增殖过程中，不会对它进行修饰；

(4)重组缺陷型，不会产生体内重组；

(5)容易导入重组 DNA 分子；

(6)符合重组 DNA 操作的安全标准。

体外连接的重组 DNA 分子必须导入适当的受体细胞中才能大量的复制、增殖和表达。根据所采用的载体的性质，将重组 DNA 分子导入受体可有不同的方法。

3.1 转化

指以细菌质粒为载体，将外源基因导入受体细胞的过程。转化时，细菌必须经过适当的处理使之处于感受态，即容易接受外源 DNA 的状态，然后利用短暂热休克使 DNA 导入细菌宿主中。

此外还可用电穿孔法转化细菌，它的优点是操作简便、转化效率高、适用于任何菌株。

3.2 转染和感染

利用噬菌体 DNA 作为载体时可经两种方式导入受体菌。一种是感染，即在体外将噬菌体 DNA 包装成病毒颗粒，然后使其感染受体菌；另一种方式是转染，即在 DNA 连接酶作用下使噬菌体 DNA 环化，再像重组质粒一样转化进受体菌。但习惯上常把以噬菌体 DNA 为载体构建成的重组子导入细胞的过程统称为转染。

4 重组克隆的筛选与鉴定

基因克隆的最后一步是从转化细菌菌落中筛选出含有阳性重组子的菌落，并鉴定重组子的正确性。通过细菌培养以及重组子的扩增，获得所需的基因片段的大量拷贝。进一步研究该基因的结构、功能，或表达该基因的产物。

4.1 抗药性标志的筛选

如果克隆载体带有某种抗药性标志基因如 ampr 或 tetrr，转化后只有含这种抗药基因的转化子细菌才能在含该抗菌素的平板上幸存并形成菌落，这样就可将转化菌与非转化菌区别开来。如果重组 DNA 时将外源基因插入标志基因内，该标志基因失活，通过有无抗菌素培养基对比培养，还可区分单纯载体或重组载体(含外源基因)的转化菌落。

4.2 β－半乳糖苷酶系统筛选

很多载体都携带一段细菌的 lacZ 基因，它编码 β－半乳糖苷酶 N－端的 146 个氨基酸，称为 α－肽，它表达 β－半乳糖苷酶的 N－端肽链。宿主含有可为 β－半乳糖苷酶 C－端序列编码，此酶的 N－端和 C－端序列通过 α 互补产生具有酶学活性的蛋白。当载体与宿主细胞同时表达两个片段时，宿主细胞才有 β－半乳糖苷酶活性，使特异的底物 X－gal(5－溴－4－氯－3－吲哚基－b－D 半乳糖)变为兰色化合物，这就是所谓的 α－互补。而重组子由于基因插入使 α－肽基因失活，不能形成 α－互补，在含 X－gal 的平板上，含阳性重组子的细菌为无色菌落或噬菌斑。

4.3 菌落快速裂解鉴定法

从平板上直接挑选菌落裂解后，直接电泳检测载体质粒大小，判断有无插入片段存在，该法适于插入片段较大的重组子初筛。

4.4 内切酶图谱鉴定

经初筛鉴定有重组子的菌落，小量培养后，再分离出重组质粒或重组噬菌体 DNA，用相应的内切酶切割，释放出插入片断；对于可能存在双向插入的重组子，还要用内切酶消化鉴定插入的方向。

5 基因表达系统

基因表达系统有原核表达系统和真核表达系统。

5.1 原核表达系统

原核基因和许多真核基因都能够在原核生物中获得表达。对于需要转录或翻译后加工处理的真核基因，则不能用原核表达系统表达。这是因为原核细胞缺乏像真核细胞那样的转录和翻译后加工系统，如不能切除 mRNA 的内含子，不能进行蛋白质的糖基化，不能对氨基酸进行修饰等。

5.1.1　大肠杆菌

基因表达产物的形式多种多样，有细胞内不溶性表达、细胞内可溶性表达、细胞周质表达等，极少数情况还可分泌到细胞外表达。

大肠杆菌中的表达不存在信号肽，故其产物多为胞内产物，不能分泌至胞外。产物纯化须破碎细胞，而细胞质内其它蛋白质也一起释放出来，造成分离纯化的困难。由于分泌能力不足，真核蛋白质常形成不溶性包涵体，必须经过变形和复性处理才能恢复生物活性。

大肠杆菌中的表达不存在翻译后修饰作用，表达的蛋白质不能糖基化和氨基酸修饰，因此只使用表达不经糖基化等翻译后修饰作用仍具有生物功能的真核蛋白质。由于翻译常从甲硫氨酸的 AUG 密码子开始，所以产生目的蛋白质 N 端多余一个甲硫氨酸残基，容易引起免疫反应。此外，大肠杆菌会产生很难除去的内毒素，还会产生蛋白酶而破坏目的产物。

5.1.2　枯草芽孢杆菌

枯草芽孢杆菌分泌能力强，可以将蛋白质产物直接分泌到胞外，不会形成包涵体。它也不能使蛋白质产物糖基化。另外它有很强的胞外蛋白酶，会对产物进行不同程度的降解，因此在表达系统的应用中受到限制。

5.1.3　链霉菌

链霉菌不致病、使用安全，分泌能力强，可将表达产物分泌到细胞外，具有糖基化能力等特点。是一个理想的受体菌。

5.2　真核表达系统

在真核表达系统中生产的蛋白质，会与天然蛋白质具有一致的生理生化和生物学功能。

5.2.1　酵母

酵母基因组小、世代周期短，有单倍体、双倍体两种形式。生长迅速，不产生有毒物质，基因工程操作方便，与原核生物相似，表达产物能够糖基化，因而被认为是表达蛋白质，特别是真核生物蛋白的最适表达系统。现在在酵母中成功地建立了几种分泌功能的表达系统，能够将表达产物分泌之细胞外。在各种酵母中，酿酒酵母的研究和应用最为广泛。目前已有不少真核基因在酵母中成功地表达，如干扰素、乙肝表面抗原基因等。

5.2.2　丝状真菌

丝状真菌有很强的蛋白质分泌能力，能正确进行翻译后加工，包括肽剪切和糖基化等。糖基化方式与高等真核生物相似。丝状真菌又确认是安全菌株，并有成熟的发酵和后加工工艺。

5.2.3　利用大肠杆菌的表达系统

应用最广泛和成功率最高的外源基因表达宿主。

5.3　表达载体

5.3.1　表达载体的特点

表达载体必须具备以下特点：

(1)能独立复制。有严密型和松弛型。

(2)具有灵活的多克隆位点和方便的筛选标记便于外源基因的克隆、鉴定和筛选。而且克隆位点位于启动子序列之后，以使外源基因表达。

(3)具有很强的启动子，能被大肠杆菌的 RNA 酶识别。

(4)具有使启动子受到抑制的阻遏子，只有在受到诱导时才能进行转录。阻遏子的阻遏作用可以由物理、化学[如异丙基 - β - D - 硫代半乳糖苷(IPTG)]因素进行调节，这样可人为地选择启动子启动转录 mRNA 的时机。因外源基因的高效表达往往会抑制宿主细胞的生长、增殖，而阻遏子可使宿主细胞免除此不良影响。例如可先使宿主细胞快速生长增殖到相当量，再通过瞬时消除阻遏，使表达的蛋白质在短时间内大量积累，同时也减少表达产物的降解。

(5)具有很强的终止子，以便使 RNA 聚合酶集中力量转录克隆的外源基因，而不转录其它无关的基因。同时强终止子所产生的 mRNA 较为稳定。诱导表达时，由于强启动子所致的高水平转录反过来会影响质粒 DNA 自身的复制，从而引起质粒的不稳定或脱质粒现象。因此在外源基因的下游安置强终止子可以克服由质粒转录引起的质粒不稳定。

(6)所产生的 mRNA 必须具有翻译的起始信号，即起始密码 AUG 和 SD 序列。SD 序列是 mRNA 上的 AUG 起始附近的碱基序列，与核糖体 RNA 上的序列互补，以利于密码子的识别。

5.3.2 影响目的基因在大肠杆菌表达的因素

外源基因的表达产量与细胞浓度和每个细胞平均表达产量是正相关的。要想获得最高产量，必须了解影响这两者的各种因素。如外源基因的拷贝数、基因的表达效率、表达产物的稳定性、细胞的代谢负荷。

(1)外源基因的拷贝数

一般来说细胞内基因拷贝数增加，基因表达产物的产量也会增加。克隆在高拷贝数表达载体上的外源基因，会因表达载体拷贝数的增加而增加，因此使用高拷贝数的表达载体。

(2)外源基因的表达效率

①启动子是一种能被依赖于 DNA 的 RNA 多聚酶所识别的碱基顺序，它既是 RNA 多聚酶的结合部位，也是转录的起始点。是在转录水平上影响基因表达。转录的最大频率取决于启动子的碱基组成，往往因一个碱基的不同，启动子效率可能提高上千倍。启动子有强弱之分。真核基因启动子不能被大肠杆菌 RNA 酶识别，因此必须将真核基因编码区连接在大肠杆菌 RNA 聚合酶能识别的强启动子控制下。常用的强启动子有 lac、trp、tac、bla 等。如果启动子太强，RNA 酶有时超过了终止信号，引起过度转录和杂蛋白的生成，对宿主细胞的正常生长和基因工程产物纯化不利。同时影响载体的稳定性。所以一般在多克隆位点的下游要插入一段转录终止子。

②SD 序列和起始密码子之间的距离及序列对 mRNA 翻译成蛋白质的效率有明显影响。

③密码子组成是影响翻译的另一重要因素。这主要是因为真核基因和原核基因对编码同一氨基酸所偏爱性使用的密码子不尽相同的缘故，或可能是与不同的宿主系统中不同种类的 tRNA 浓度有关。应选择大肠杆菌偏爱的密码子。

5.3.3 表达产物的稳定性

真核基因在原核细胞中表达时，可以产生融合型和非融合型表达蛋白，非融合蛋白质是不与细菌的任何蛋白和多肽融合在一起的表达蛋白，这类蛋白质具有近似于真核蛋白的结构，生物学功能也更接近于生物体内天然蛋白质的性质。但当非融合蛋白表达时，细胞内降解该蛋白质的酶由于应急反应，其活性增加，降解目标蛋白。所以即使原始表达量很高，也会被产生的蛋白酶降解。而实际产量仍然不高。

可以采用一些方法来提高表达产物在细菌体内的稳定性。如将外源基因构建在融合蛋白表达载体中，产生融合蛋白。也可以选用定点突变的方法改变真核蛋白二硫键的位置，来增加蛋白的稳定性。此外选用大肠杆菌蛋白酶缺陷型作为宿主菌，有可能减弱表达产物的降解。

5.3.4 细胞的代谢负荷

大量的外源基因表达产物可能打破宿主细胞的正常生长代谢平衡，如大量的氨基酸被用于合成与细胞生长无关的蛋白质，就会影响细胞的正常代谢过程。有的表达产物对宿主细胞有害，其大量积累可能导致细胞生长缓慢甚至死亡。减轻宿主细胞代谢负荷的措施是将宿主细胞的生长和外源基因的表达分成两个阶段，首先使宿主细胞的生物量达到饱和，在这一阶段中采用一定的方法抑制重组质粒的复制或不诱导基因产物的合成，以减少宿主细胞的代谢负荷；在第二阶段再诱导细胞重组质粒的复制或诱导基因产物表达。

5.3.5 在大肠杆菌中真核基因的表达形式

在大肠杆菌中真核基因的表达形式有融合蛋白、非融合蛋白、分泌型表达蛋白。

融合蛋白是指蛋白质的N段是一段原核DNA编码的序列，C端接上真核基因编码的序列。表达融合蛋白的优点是基因操作简便，表达蛋白质在细菌体内比较稳定，容易实现高效表达；但因融合蛋白中含有一段原核多肽序列，可能会影响真核蛋白的免疫原性。所以不能作为人体注射用药，只作抗原用。

非融合蛋白是在大肠杆菌中以真核蛋白mRNA的AUG密码子为起始表达的蛋白质，因此可以很好地保持蛋白质原有的生物活性，但其最大的缺点容易被蛋白酶降解。此外非融合蛋白N末端常带有甲硫氨酸，在人体内用药可能引起人体免疫反应。

分泌表达是通过将外源基因连接到编码原核蛋白信号肽的下游来实现的。也可以利用细菌的信号肽，构建分泌型表达质粒。外源基因连在信号肽之后，可在胞内有效地转录和翻译，当翻译后的蛋白质进入细胞内膜和细胞外膜之间的周质时，被信号肽酶识别而切掉信号肽，释放出有生物活性的外源基因表达产物。

目前，基因工程的应用已不是理想，而是已经从实验室研究进入中试阶段，有大量的基因工程产品已经商品化生产。微生物育种进入了崭新的时代。基因工程为微生物育种带来了革命，它不同于传统的育种方法，所创造的新物种是自然演化中不可能发生的组合；这时一种自觉的、能像工程一样事先设计和控制的育种技术，可以完成超远缘杂交，是最有前途的育种方法。然而基因工程的应用仍存在着很大的局限性，近年来，基因工程产品主要集中在一些较短的多肽和小分子蛋白质。基因工程的实施首先需要对生物的基因结构、顺序和功能有充足的认识，才能进行有目的的改造生物体。目前，除了几类模式生物外，对基因的了解还十分有限，蛋白质类以外的发酵产物(如糖类、有机酸、核苷酸及次级代谢产物)产生往往受到多个基因的控制，尤其是还有许多发酵产物的代谢途径还没有弄清楚，所以，对于这些产物，基因工程还难以完全取代传统的菌种选育方法。

作业与思考

1. 微生物诱变育种的基本步骤有哪些？各步骤需要注意哪些问题？
2. 如何提高诱变育种效率？
3. 原生质体融合育种原理及高效融合的技术关键。
4. 填空题

(1)提取目的基因：采用的方法是根据正常人的胰岛素的________序列，推测出________的序列，再根据________原则，推测出________序列，用化学的方法，合成目的基因。

(2) 目的基因与运载体结合：从大肠杆菌的细胞中提取________，并用________酶切割质粒，使其露出________。用同一种酶切割目的基因使其露出相同的________，再将________插入到质粒切口处，加入适量的________酶，这样就形成了一个________和________的重组 DNA。

(3) 将目的基因导入受体细胞：将大肠杆菌用________处理，以增大________的通透性，让重组 DNA 进入大肠杆菌体内。

(4) 目的基因的检测与表达：在用一定的方法检测出目的基因已导入大肠杆菌细胞内并能________后，再对该种大肠杆菌扩大培养。

(5) 配制适合大肠杆菌的培养基，并对培养基进行________处理并装入发酵罐，将上述大肠杆菌接种到发酵罐发酵，并控制________条件。

(6) 发酵完毕后，从培养基中________并________胰岛素，经过一定的加工成为药用胰岛素，经________合格后，可投入使用。

第4章 发酵菌种保藏的原理和方法

微生物具有生命活动能力，其世代时期一般是很短的，在传代过程中易发生变异甚至死亡，因此常常造成工业生产菌种的退化，并有可能使优良菌种丢失。所以如何保持菌种优良性状的稳定是研究菌种保藏的重要课题。可靠的保藏条件可保证菌种的高产稳产。在基础研究中，菌种保藏可保证研究结果获得良好的重复性。

微生物保藏原理都是根据微生物的生理生化性质，人为地创造条件，使微生物处于代谢不活泼，生长繁殖受到抑制的休眠状态，以减少菌种的变异。一般可以通过降低培养基营养成分、低温、干燥和缺氧等方法，达到防止突变、保持纯种的目的。

水分对生化反应和一切生命活动至关重要，因此干燥尤其是深度干燥，在菌种保藏中占有首要地位。五氧化二磷、无水氯化钙和硅胶是良好的干燥剂，高度真空可以同时达到驱氧和深度干燥的双重目的。

低温是微生物保藏的另一重要条件。微生物生长的温度底限约在-30℃，而在水溶液中能进行酶促反应的温度低限则在-140℃左右。这就是为什么在有水分的条件下，即使把微生物保藏在低温条件下，还是难以较长期地保藏它们的一个主要原因。在低温保藏中，细胞体积较大者一般比较小的对低温敏感，无细胞壁者比有细胞壁的敏感。其原因是低温会使细胞内的水分形成大的冰晶，从而引起细胞结构尤其是细胞膜的损伤。如果放到低温-70℃下进行冷却时，适当采用速冻的方法，可使产生的冰晶小而减少对细胞的损伤。当从低温移出并开始升温时，冰晶又会长大，此时如快速升温也可减少对细胞膜的损伤。不同微生物的最适冷冻速度和升温速度是不同的。例如，酵母菌冷冻速度以每分钟10℃为宜，而红细胞则相应地为20℃。另外，在加入适宜的介质中冷冻，可以减少对细胞的损伤。例如，0.5mol/L左右的甘油或二甲基亚砜可透入细胞，并通过强烈的脱水作用而保护细胞；大分子物质如糊精、血清白蛋白、脱脂牛奶或聚乙稀吡咯烷酮(PVP)虽不能透入细胞，但可能是通过与细胞表面结合的方式而防止细胞受冻伤。在实践中，发现极低的温度进行保藏时效果更为理想，如液氮温度-195℃比干冰温度-70℃好，-70℃又比-20℃好，而-20℃比4℃好。

由于各种微生物遗传特性不同，适合采用的保藏方法也不一样。一种良好的有效保藏方法，首先应能长期保持菌种原有的优良性状不变，同时还需考虑到方法本身的简便和经济，以便生产上能推广使用。

第1节 斜面保藏法和穿刺保藏法

1 斜面保藏法

斜面保藏法是一种短期、过渡保藏法，一般保存期为3~6个月。用新鲜斜面接种后，置最适条件下培养到菌体或孢子生长丰满后，放在4℃冰箱保存。每隔一定时间进行移植培养，再将转入新斜面继续保藏。使用范围是各类微生物。

斜面保藏法操作简单，不需特殊设备。但这种方法多次传代易引起菌种变异，杂菌污染的机会也随之增多。保存时间短。操作过程中在可能的范围内减少碳水化合物的含量，或者将试管口更好地密封，减少培养基失水和杂菌污染，以延长保藏期。

2　穿刺保藏法

穿刺保藏法是斜面保藏法的改进，常用于各种好气性细菌的保藏。其方法是配制1%的软琼脂培养基，装入小试管或螺口小管内，高度1~2cm，121℃灭菌后，不制成斜面而使其凝固，用接种针将菌种穿刺接入培养基的1/2处。经培养后，微生物在穿刺处和培养基表面均可生长，然后覆盖2~3cm的无菌液体石蜡，放入冰箱中保藏，可保藏6~12个月。加入的液体石蜡能够防止培养基失水并隔绝氧气，降低微生物的代谢作用，因此保藏效果比斜面要好。如果直接将液体石蜡加入生长好的斜面上，也可以得到相似的效果。在保藏期间如果发现液体石蜡减少，应及时补充。这种方法也可用于放线菌和真菌的保藏。而不适用那些能够利用石蜡为碳源的微生物，例如，固氮菌、分枝杆菌、沙门氏菌、毛霉、根霉等。

第2节　干燥保藏法

干燥保藏法保藏产孢子的放线菌类、霉菌类和产芽孢的细菌类微生物，因为这些微生物产生的孢子或芽孢在干燥环境中抵抗力强，不易死亡。干燥能使这些微生物代谢活动水平降低但不会死亡，而处于休眠状态。因此，把菌种接到一些适宜的载体上，人为创造一个干燥环境，就能达到菌种保藏的目的。能作为干燥保藏的载体材料有细砂土、滤纸片、麦麸、硅胶等。把接有菌种的孢子或芽孢的载体置于低温下保藏，或抽真空密封保藏，效果更好。下面介绍几种常用干燥保藏法。

1　沙土管干燥保藏法

沙土管干燥保藏法适用于产生孢子的丝状真菌和放线菌、或形成芽孢的细菌。其原理是造成干燥和寡营养的保藏条件。保藏期一般为两年，有的微生物可保藏达10年。具体操作方法：首先将沙和土分别洗净烘干并过筛(沙用80目过筛，土用100目过筛)，按沙与土的比例为1~2∶1混合均匀，分装于小试管中，分装高度约为1cm，121℃高压间歇灭菌2~3次，无菌实验合格后烘干备用，也有只用土或沙作载体进行保藏的。菌种可制成浓的菌或饱子悬液加入，放线菌和真菌也可直接刮下孢子与载体混匀。接种后置于干燥器真空抽干封口(熔封或石蜡封口)，放在干燥器中5℃冰箱内保藏。除了用沙、土作为载体外，还可用硅胶、磁珠获多孔玻璃珠来代替。使用与这些载体的微生物不多，包藏期亦较短，所以不及沙土更为实用。

2　麸皮保藏法

麸皮保藏法是以麸皮作载体，吸附接入的孢子，然后在低温干燥条件下保存的方法。制作方法：麸皮和水以1:(0.8～1.5)比例混合后，装入试管体积的2/5左右，塞上棉塞，高压蒸气灭菌。待冷却后，接入新鲜培养的菌种搅动均匀，适宜条件培养至孢子成熟。放入装有变色硅胶干燥剂的干燥器内，先于室温干燥7～10天，移入到冰箱内保藏。

此外，还有大(小)米保藏法。一些能大量产生孢子的曲霉、青霉等生产菌种，如灰黄霉素、青霉素生产菌种，都是采用大(小)米制备孢子保藏的。

第3节 真空冷冻干燥保藏法

真空冷冻干燥保藏法保藏期长、变异小、适用范围广，也是目前较理想的保藏方法，是各保藏机构广泛采用的主要保藏方法。例如，曾报道美国标准菌种保藏所(ATCC)保藏的6 500多株菌种中，仅有不到100株无法采用这个方法保藏。病原菌中98.5%用这一方法保藏。真空冷冻干燥保藏法原理是创造干燥和低温的保藏环境。基本方法是在较低的温度下快速将微生物细胞或孢子冻结，保持菌种的细胞完整，然后在减压情况下使水分升华，这样使细胞的生长代谢等生命活动处于停止状态，得以长期保藏。

真空冷冻干燥保藏法操作程序：

(1)安瓿管的处理。洗净烘干，加棉塞并用纸包上，121℃灭菌30min，在60℃烘箱中烘干备用。

(2)保护剂。保持菌种的生命状态，尽量减少冷冻干燥时对微生物引起的冻结损伤。还可以起支持作用，使微生物疏松地固定在上面。保护剂有氨基酸、有机酸、糖类、蛋白质、多糖、脱脂牛奶、和血清，保护剂使用之前采用适当方法灭菌。

(3)菌悬液制备。应该用最适的培养条件(如温度、培养基、培养时间等)培养菌种，以获得良好的培养物用于长期保藏。一般取生长后期的菌，因为对数生长期的细胞对冷冻干燥的抵抗力较弱，产孢子的微生物需适当延长培养时间以获得成熟的孢子。一般细菌培养24～48h，酵母培养72h。放线菌和丝状真菌培养7～10天。操作时，在无菌条件下先将少量保护剂加入斜面，轻轻刮下菌苔或孢子，制成菌悬液。用毛细管取0.1～0.2mL菌悬液加进灭好菌的安瓿管中，塞好棉塞。

(4)冷冻干燥。冷冻温度达-15～30℃，装入菌悬液的安瓿管应尽快冷冻，以防菌体沉淀为不均匀的菌悬液以及微生物再次生长或萌发孢子。达到冷冻温度后，立即启动真空泵，在15min内真空度达到66.66Pa。真空度上升至13.33Pa以上，可以升高温度至20～30℃。此时由于升华还在继续，样品不会融化。干燥完毕后，关闭真空泵，排气，取出安瓿管在多孔管道上再抽真空并封口。

(5)安瓿管的保藏。安瓿管在4～5℃温度下可保藏5～10年，室温下保藏效果不佳。影响保藏效果的因素除菌种、菌龄外，还与样品中的含水量直接有关，通常含水量在1%～3%时保藏效果较好，5%～6%时保藏效果相应降低，含水量达到10%以上，样品就很难保藏。

第4节 液氮保藏法

液氮保藏法效果好、方法简单、对象广泛。保藏方法是将浓的菌悬液加入无菌的保护剂中，如细菌以浓度为10%的甘油或二甲基亚砜(DMSO)作为防冻保护剂。每个安瓿管分装2～10mL菌悬液，立即封口。封口后要严格检查安瓿管，不能有裂纹，确保液氮不致渗入安瓿管，以免取用时安瓿管破裂。经过检验的安瓿管开始以每分钟降低1℃的速度冷却至－25℃左右，再放入液氮罐。安瓿管保藏在－150℃或－196℃的液氮中，保藏期一般为2～3年，长的可达9年之久。液氮每周的蒸发量大约为1/10，所以保藏期中要注意液氮的补充，使液氮面保持在固定的水平。从液氮罐中取出的安瓿管放入38～40℃温水中振荡1～2min，使之完全融化。这样有利于细胞的复苏。保藏经验认为这样处理后再移种比自然融化的存活率要高。

第5节　悬液保藏法

悬液保藏法的基本原理是寡营养保藏。即将微生物悬浮在不含养分的溶液中，如蒸馏水、0.25mol/L磷酸缓冲溶液(pH值6.5)或生理盐水中保藏。悬液保藏法适用于丝状真菌、酵母状真菌及肠道科细菌，在10℃或室温(18～20℃)保藏比在低温保藏更好。大部分保藏一年或更长。操作时注意试管应密封好，以防水分蒸发。

第6节　低温保藏法

大多数微生物可在－20℃以下的低温中保藏。在密封性能好的螺口小管中加入1～2mL菌液，一般应用浓度高的菌悬液为宜，但因微生物不同而异。封口后直接放入低温冰箱保藏即可。保藏期1年左右，有的长达10年。对容易死亡的无芽孢厌气菌特别适用，大多能存活数年。对放线菌也有效。低温保藏法的应用比冷冻干燥法方便，但要注意低温冰箱的故障和停电事故，可以在低温槽内留有一定的空间，如果发生停电或故障可加入干冰以防止培养物的融化。融化后的菌种不能再用低温保存，重新移种后再冷藏。

第7节　常见菌的保存方法

1　常见菌的保存方法

1.1　酵母菌

一般采用定期移植斜面低温保藏法，将酵母接种于曲汁或麦芽汁琼脂斜面上，放置低温处，每隔几个月移植一次。酒精酵母经过数十年的移植没有发现变异和衰退现象。也可采用石蜡油封藏法。

1.2　曲霉菌

过去也是采用定期移植斜面低温保藏法，但用此法保藏曲霉时，往往发生变异现象。产生柠檬酸的黑曲霉连续移植多次，甚至不分生孢子或不产生柠檬酸。自改用沙土保藏法后，变异现象不再发生。

1.3 真菌

据报道，菌丝型真菌特别是担子菌中只长菌丝不生孢子的菌株，可采用液氮超低温冻结法保藏，但需要专门液氮冰箱。

1.4 细菌与放线菌

乳酸菌可用麦壳保藏，随用随取，甚为方便。能生孢子的丙酮丁醇菌，可用沙土保藏法，亦甚方便。一般细菌以采用冷冻干燥法为佳。放线菌可用沙土或冷冻保藏法保藏。

2 菌种保藏的注意事项

2.1 菌株在保藏前所处的状态

绝大多数微生物的菌种均保藏其休眠体，如孢子或芽孢。保藏用的孢子或芽孢等采用新鲜斜面上生长的丰满培养物。菌种斜面的培养时间和培养温度影响其保藏质量。培养时间过短，保存时容易死亡；培养时间长，生产性能衰退。一般以稍低于生长最适温度培养至孢子成熟的菌种进行保存，效果较好。

2.2 菌种保藏所用的基质

斜面低温保藏所用的培养基，碳源比例应少些，营养成分贫乏些较好。否则易产生酸，或使代谢活动增强，影响保藏时间。

沙土保藏需将沙和土充分洗净，以防其中含有过多的有机物，影响菌的代谢或经灭菌后产生一些有毒的物质。

冷冻干燥所用的保护剂，有不少经过加热就会分解或变性的物质，如还原糖和脱脂乳，过度加热往往形成有毒物质，灭菌时应特别注意。

2.3 操作过程对细胞结构的损害

冷冻干燥时，冷冻速度缓慢易导致细胞内形成较大的冰晶，对细胞结构造成机械损伤。

真空干燥程度也将影响细胞结构，加入保护剂就是为了尽量减轻冷冻干燥所引起的对细胞结构的破坏。细胞结构的损伤不仅使菌种保藏的死亡率增加，而且容易导致菌种变异，造成菌种性能衰退。

3 国内外菌种保藏机构

3.1 我国主要的微生物菌种保藏机构

(1)普通微生物保藏管理中心(CCGMC)

中科院微生物所，北京(AS)，真菌、细菌

中科院武汉病毒研究所，武汉(AS-IV)，病毒

(2)农业微生物菌种保藏管理中心(ACCC)

中国农业科学院土壤肥料研究所，北京(ISF)

(3)工业微生物菌种保藏管理中心(CICC)

中国食品发酵工业科学研究所，北京(IFFI)

(4)医学微生物菌种保藏管理中心(CMCC)

中国医学科学院皮肤病研究所，南京(ID)，真菌

卫生部药品生物制品检定所，北京(NICPBP)，细菌

中国医学科学院病毒研究所，北京(IV)，病毒

(5)抗生素微生物菌种保藏管理中心(CACC)

中国医学院抗生素研究所，北京(IA)

四川抗生素工业研究所，成都(SIA)

华北制药厂抗生素研究所，石家庄(IANP)

(6)兽医微生物菌种保藏管理中心(CVCC)

农业部兽医药品检察所，北京(CIVBP)

3.2 国外主要的微生物菌种保藏机构

(1)美国标准菌种收藏所(ATCC)

(2)美国冷泉港研究室(CSH)

(3)美国国立卫生研究所(NIH)

(4)美国农业部北方开发利用研究所(NRRL)

(5)日本大阪发酵研究所(IFO)

(6)日本东京科研化学有限公司(KCC)

(7)日本东京大学应用微生物研究所(IAM)

(8)英国国立标准菌种收藏所(NCTC)

作业与思考

1. 简述菌种保藏的原理。
2. 简述细菌、放线菌、真菌及酵母菌等的有效保存方法。

第5章　发酵过程的调控原理

微生物有着一整套可塑性极强和极精确的代谢调节系统，以保证上千种酶能正确无误、有条不紊地进行极其复杂的新陈代谢反应。也就是说微生物体内复杂的代谢过程是互相协调和高度有序的，并对外界环境的改变能够迅速作出反应。微生物生存原则是经济合理地利用和合成所需的各种物质和能量，使细胞处于平衡生长状态。由于经济的原则，细菌通常并不合成那些在代谢上无用的酶，因此一些分解代谢的酶类只在有关的底物或底物类似物存在时才能被诱导合成；而一些合成代谢的酶类在产物或产物类似物足够量存在时，其合成被阻遏。微生物内外环境的统一是通过代谢调节的方式来实现的。代谢调节的方式多种多样，主要包括反馈抑制、反馈阻遏、酶的诱导调节、酶的共价修饰等。

微生物工业生产中，往往必需高浓度地积累某一代谢产物，而这个浓度又常常超过细胞正常生长和代谢所需范围。因此要达到超量积累这种产物，提高生产效率，必须打破微生物原有的代谢调控系统，在适当的条件下，让微生物建立新的代谢方式，高浓度地积累人们所期望的产物。为达到这一目标，可以采用两种方式：一种是通过各种育种方法，选育基因突变株，从根本上改变微生物的代谢；另一种是控制微生物的各种培养条件，影响其代谢过程。

第1节　微生物的代谢类型和自我调节

1　代谢类型

代谢是指发生在活细胞中的各种分解代谢(catabolism)和合成代谢(anabolism)的总和。分解代谢是指复杂的有机物分子通过分解代谢酶系的催化，产生简单分子、腺苷三磷酸(ATP)形式的能量和还原力(或称还原当量，一般用[H]来表示)的作用。合成代谢与分解代谢正好相反，是指在合成代谢酶系的催化下，由简单小分子、ATP形式的能量和[H]形式的还原力一起合成复杂的大分子的过程。分解代谢的功能在于保证正常合成代谢的进行，而合成代谢又反过来为分解代谢创造了更好的条件，两者相互联系，促进了生物个体的生长繁殖和种族的繁荣发展。

2　微生物自我调节

微生物之所以能保证上千种酶能正确无误、有条不紊地进行极其复杂的新陈代谢反应，是由于体内存在的调节系统严格控制着各种代谢过程按照一定的顺序、协调有效地进行着，维持体内代谢平衡。对单细胞微生物而言，由于一系列复杂的代谢过程都是在单个的细胞内完成的，因此微生物的代谢调节实际上属于细胞内的自我调节。通过自我调节，微生物能够在一定条件范围随着环境条件的变化相应地改变机体内的代谢过程，进而改变细胞的组成与结构，使机体在不同的环境条件下能够进行生长繁殖。

微生物自我调节主要包括细胞膜透性的调节、代谢途径区域化、代谢流向及代谢速度的调节。

(1)细胞膜透性的调节。细胞膜对大多数亲水分子起一种屏障作用，但又存在着某些输送系统通道。控制营养物的吸收和代谢产物的分泌，从而影响到细胞内代谢的变化。

(2)代谢途径区域化调节。细胞的不同区域进行不同代谢反应，这就是代谢活动的区域化，如真核生物有不同的细胞器，这些细胞器中包裹了各种代谢库，细胞中的基质可存在于位于不同细胞器的各个分隔的代谢库中。划分出不同的代谢区域。例如在链孢菌属中发现有两个动力学性质不同的精氨酸代谢库，一个在细胞质中，另一个在液泡中。这两个地方参与精氨酸代谢的酶量相差很远。这类控制方式在原核生物中也存在，但各种酶以酶复合物或与细胞膜结合成整体的形式存在。

(3)代谢流向的调控。微生物在不同条件下可通过控制各代谢途径中某个酶促反应的速度来控制代谢物的流向，从而保持机体代谢的平衡。这种控制按下述两种方式进行：

①由一个关键酶控制的可逆反应。同一个酶可以通过不同辅基(或辅酶)控制代谢物的流向，因而微生物可以通过不同的辅基来控制代谢物的流向。例如，谷氨酸脱氢酶以 $NADP^+$ 为辅酶时，主要是催化谷氨酸的合成，当以 NAD^+ 为辅酶时，则催化谷氨酸的分解；

②由两种酶控制的逆单向反应。逆单向反应是在生物体代谢的关键部位的某些反应，是由两种各自不同的酶来催化的一个“可逆”反应，其中一种酶催化正反应，而另一种酶催化逆反应，这类反应被称为逆单向反应。每单个反应从本质上看是不可逆的，但微生物能通过一种专一酶催化正反应，而通过另一专一酶催化逆反应。即微生物利用两种完全不同的酶能十分精确地控制正反应和逆反应。

(4)代谢速度的控制。在不可逆反应中，微生物通过调节现有酶量和改变酶分子的活性。来控制代谢物的流量。即调节代谢流的方式，它包括两个方面，一是“粗调”，即调节酶的合成量；二是“细调”，即调节现成酶分子的催化活力，两者往往密切配合和协调，以达到最佳调节效果。

微生物自我调节的四个类型，都涉及到酶促反应调节。酶的调节是最基本的代谢调节。酶促反应调节方式包括酶活性调节和酶合成调节两大类。

第2节　酶活性调节

通过改变酶分子的活性来调节代谢速度的调节方式称为酶活性的调节。包括酶的激活和酶的抑制。这种调节方式应答速度快，并且见效快。是发生在蛋白质水平上的调节。酶活性调节受多种因素的影响，如底物和产物的性质、浓度，环境因子(如温度、压力、pH 值等)以及其他酶的干扰。

某些酶的活性受到底物或产物或其结构类似物的影响，这些酶称为调节酶(Regulatory enzyme)。这种影响可以是激活、也可以是抑制酶的活性。我们把底物对酶的影响称为前馈，产物对酶的影响称为反馈。前馈作用一般是激活酶的活性。在分解代谢中，后面的反应可被较前面反应的中间产物所促进，如粪链球菌(*Streptococcus feacalis*)的乳酸脱氢酶活性可被 1，

6－二磷酸果糖所激活；又如在粗糙脉孢霉（*Neurospora crassa*）培养时，柠檬酸会促进异柠檬酸脱氢酶活性。

酶活性调节的机制

（1）变构调节理论

调节酶通常是变构酶，一般具有多个亚基，包括催化亚基和调节亚基。变构酶的激活和抑制过程如图5－1所示。激活过程的效应物称为激活剂（activator），而抑制过程的效应物称为抑制剂（inhibitor）。在微生物代谢调节中更常见的是反馈调节，尤其是末端产物对酶活的反馈抑制。抑制剂与调节亚基结合引起酶构象发生变化，使催化亚基的活性中心不再能与底物结合，酶的催化性能随之消失。调节酶的抑制剂通常是代谢终产物或其结构类似物，作用是抑制酶的活性。效应物的作用是可逆的，一旦效应物浓度降低，酶活性就会恢复。调节酶常常是催化分支代谢途径一系列反应中第一个反应的酶，这样就避免了不必要的能量浪费。

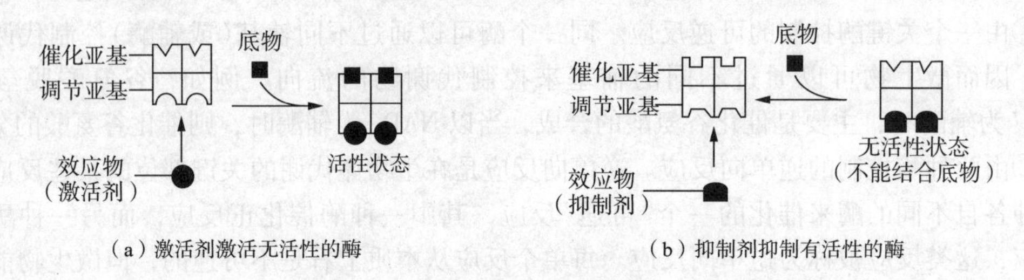

图5－1　变构酶受效应物的调节过程

（2）共价修饰作用

有的变构酶可以通过修饰酶作用与某种物质以共价键结合，导致酶的化学组成发生变化，从而提高或降低酶的活性。当酶不与这种特定的物质结合时，该酶的活性就丧失（或降低），或者获得活性（或提高活性）。例如，胶质红假单胞菌的柠檬酸裂解酶可以通过酶分子的乙酰化和去乙酰化方式来调节酶活性，被乙酰化的柠檬酸裂解酶有催化活性，能够催化柠檬酸生成草酰乙酸和乙酸。去乙酰化的柠檬酸裂解酶则无活性，不能催化上述反应。修饰的基团还有磷酸基、甲基、乙基、腺苷酰基等等。

（3）酶结构亚单位的缔合与解离

有些酶的活性受其亚单位的缔合与解离的影响。这类酶蛋白往往是由多个亚基组成，亚基之间由共价修饰或若干配基的缔合启动了酶蛋白活化和钝化。

第3节　酶合成的调节

微生物细胞的DNA决定了蛋白质的合成和酶的组成。尽管基因组是恒定的，但是微生物随着环境条件的改变，在酶的组成和代谢途径上表现出惊人的可变性。环境并不改变基因组，但是显著影响基因表达的表型特征。即环境可以大幅度地改变很多种酶的合成。

酶合成的调节是通过调节酶合成的量来控制微生物代谢速度的调节机制。主要通过调节酶合成或酶合成的速度来控制代谢过程的，这类调节在基因转录水平上进行，涉及酶量酶蛋白合成，对代谢活动的调节是间接的、也是缓慢的。

酶合成的调节主要有两种类型：酶的诱导（酶合成诱导）和酶的阻遏（酶合成阻遏）。

1　酶的诱导（Enzyme induction）

按照酶的合成与环境影响的不同关系，可以将酶分为两大类，一类称为组成酶（Structural enzymes），它们的合成与环境无关，是不因环境条件变化而影响酶的合成，随菌体形成而合成，是细胞固有的酶，在菌体内的含量相对稳定。如糖酵解途径（EMP）有关的酶；另一类酶称为诱导酶（Inducible enzyme），只有在环境中存在诱导剂（Inducer）时，它们才开始合成，一旦环境中没有了诱导剂，合成就终止。例如，在对数生长期的大肠杆菌（*E. coli*）培养基中加入乳糖，就会产生与乳糖代谢有关的 β－半乳糖苷酶和半乳糖苷透过酶等。这时，细胞生长速度和总的蛋白质合成速度几乎没有改变，见图 5－2。这种环境物质促使微生物细胞中合成酶蛋白的现象称为酶的诱导。

诱导酶普遍地存在于微生物界。例如，曲霉只有生长在含蔗糖的培养基中才能产生蔗糖酶；酵母菌在有氧时才合成细胞色素，无氧时，细胞色素的合成则停止，转入有氧环境中，细胞色素又开始合成；紫色细菌的叶绿素在黑暗中消失，见光又生成；大肠杆菌 β－半乳糖苷酶在乳糖存在时合成。所有这些，均是微生物为了适应环境而生成相应的酶类，因此诱导酶又称适应性酶。

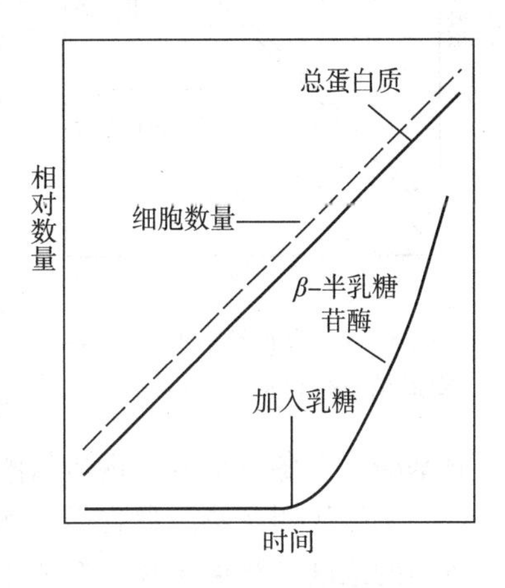

图 5－2　培养基中加入乳糖诱导 β－半乳糖苷酶的合成

诱导酶合成的基因以隐形状态存在于染色体中。能够诱导某种酶合成的化合物称为该酶的诱导剂。诱导剂可以是诱导酶的底物，也可以是底物的结构类似物。例如，乳糖是大肠杆菌 β－半乳糖苷酶合成的诱导剂，也是此酶的作用底物。诱导剂也可以不是该酶的作用底物，如异丙基－β－D－硫代半乳糖苷是 β－半乳糖苷酶合成的诱导剂，但他不是其作用的底物。因此是否是诱导剂主要看能否诱导酶的合成，而不是依据其是否为其底物。即诱导酶是依赖于某种底物或底物的结构类似物的存在而合成的酶。

一种诱导酶的合成可以有一种以上的诱导剂，但不同的诱导剂的诱导能力是不同的。并且诱导能力还与诱导剂浓度有关。如乳糖和半乳糖都是 β－半乳糖苷酶合成的诱导剂，但乳糖的诱导能力要大于半乳糖，半乳糖浓度在 10～5mol/L 下就没有诱导能力了。

引起细胞代谢速率提高可以是激活，亦可以是诱导，这可用酶的定量分析方法来确定。如大肠杆菌在加入乳糖前测定胞内 β－半乳糖苷酶的分子数为 5 个，加入后在 1～2min 内，就增加到 5000 个，这说明其为诱导作用，而非激活作用。

2　酶的阻遏（Enzyme repression）

在微生物某代谢途径中，当末端产物过量时，微生物的调节体系就会阻止代谢途径中包括关键酶在内的一系列酶的合成，从而彻底地控制代谢，减少末端产物生成，这种现象称为酶合成的阻遏。合成可被阻遏的酶称为阻遏酶（repressible enzyme）。阻遏的生理学功能是节约生物体内有限的养分和能量。酶合成的阻遏主要有末端代谢产物阻遏和分解代谢产物阻遏两种类型。

2.1 末端代谢产物阻遏(End－product repression)

在氨基酸、核苷酸和维生素等的合成代谢途径中，由于这些末端产物的过量积累而引起酶合成的(反馈)阻遏称为末端代谢产物阻遏。此现象通常发生在合成代谢中，生物合成末端产物阻遏的特点是同时阻止合成途径中所有酶的合成。

对数生长期的大肠杆菌的培养基中加入精氨酸，将阻遏精氨酸合成酶系(氨甲酰基转移酶、精氨酸琥珀酸合成酶和精氨酸琥珀酸裂合酶)的合成，而此时细胞生长速度和总蛋白质的合成速度几乎不变，见图5－3。

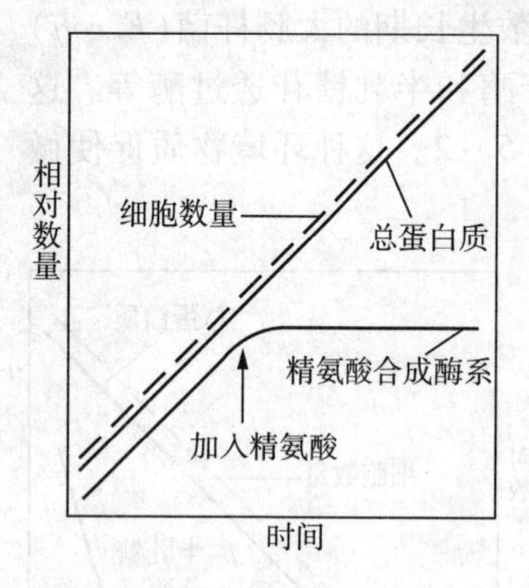

图5－3 培养基中加入精氨酸阻遏精氨酸合成酶系的合成

若代谢途径是直线式的，末端产物阻遏情况较为简单，末端产物引起代谢途径中各种酶的合成终止。如大肠杆菌的蛋氨酸是由高丝氨酸经胱硫醚和高半胱氨酸合成的，在仅含葡萄糖和无机盐的培养基中，大肠杆菌细胞含有将高丝氨酸转化为蛋氨酸的三种酶，但当培养基中加入蛋氨酸时，这三种酶消失。

对于分支代谢途径来说，情况比较复杂。每种末端产物只专一地阻遏合成它自身那条分支途径的酶，而代谢途径分支点前的“公共酶”则受所有分支途径末端产物的共同阻遏。任何一种末端产物的单独存在，都不影响酶合成，只有当所有末端产物同时存在时，才能发挥阻遏作用的现象称为多价阻遏(Multivalent repression)。多价阻遏的典型例子是芳香族氨基酸、天冬氨酸族和丙酮氨酸族氨基酸生物合成中存在的反馈阻遏。

末端代谢产物阻遏在微生物代谢调节中有着重要的作用，它保证了细胞内各种物质维持适当的浓度。当微生物已合成了足量的产物，或外界加入该物质后，就停止有关酶的合成。而缺乏该物质时，又开始合成有关的酶。

2.2 分解代谢物阻遏(Catabolite repression)

在分解代谢过程中，分解代谢物阻遏一些酶的合成的现象称为分解代谢物阻遏。例如当细胞内同时存在两种可利用底物(碳源或氮源)时，利用快的底物会阻遏与利用慢的底物有关的酶合成。现在知道，这种阻遏并不是由于快速利用底物直接作用的结果，而是由这种底物分解过程中产生的中间代谢物引起的，所以称为分解代谢物阻遏。分解代谢物阻遏过去被称为葡萄糖效应。1942年Monod研究大肠杆菌利用混合碳源生长时，发现葡萄糖会阻碍其他糖的利用。在含有乳糖和葡萄糖的培养基中，大肠杆菌优先利用葡萄糖，并只有当葡萄糖耗尽后才开始利用乳糖，这样一来就形成了两个对数生长期中间的第二个生长停滞期，即出现了“二次生长现象”，见图5－4。

这时因为分解葡萄糖的酶类为组成酶，能够迅速地将葡萄糖降解成某种中间产物，这种中间产物阻遏了与乳糖降解有关的诱导酶合成。

酶的诱导、分解代谢物阻遏和末端产物阻遏可以同时发生在同一微生物体内。这样，当某些底物存在时微生物内就会合成诱导酶，几种底物同时存在时，优先利用能被快速或容易代谢的底物；而与代谢较慢的底物有关酶的合成将被阻遏；当末端代谢产物能满足微生物生长需要时，与代谢有关酶的合成又被终止。

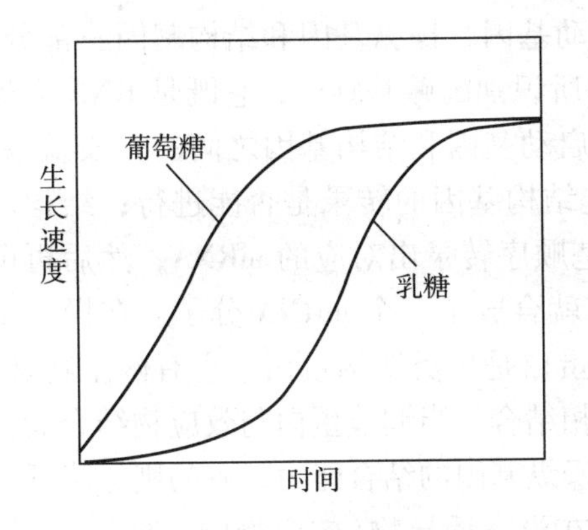

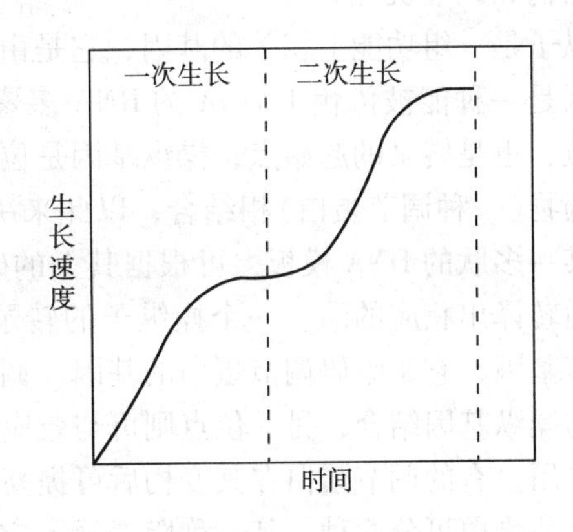

(a) 单独加入葡萄糖时，菌体生长几乎没有延迟期；单独加入乳糖时，菌体生长有明显的延迟期　(b) 同时加入葡萄糖和乳糖时，菌体呈二次生长

图 5－4　培养基中不同糖对大肠杆菌生长速度的影响

在微生物合成代谢过程中，反馈阻遏(feedback repression)和反馈抑制(feedback inhibition)往往共同对代谢起着调节作用，它们通过对酶的合成和酶的活性进行调节，使细胞内各种代谢物浓度保持在适当的水平。反馈阻遏是转录水平的调节，产生效应慢，反馈抑制是酶活性水平调节，产生效应快。此外，前者的作用往往会影响催化一系列反应的多个酶，而后者往往只对一系列反应中的第一个酶起作用。反馈阻遏与反馈抑制的性质对比见表 5－1。

表 5－1　反馈阻遏与反馈抑制的性质比较

	反馈阻遏	反馈抑制
调控对象	酶的合成	酶的活性
调控开关	终产物浓度	终产物浓度
调控的水平	DNA－mRNA－酶蛋白(转录水平)	酶蛋白的构象变化
调控方式	终产物与阻遏蛋白亲和力	终产物与变构部位亲和力
调控动作	阻遏蛋白与操纵基因结合，不能合成 mRNA	通过变构效应，酶的构象变化
对酶的影响	影响催化一系列反应的多个酶	只对是一系列反应中的第一个酶起作用
形成的控制	开、关控制	控制酶活性大小
调控反应速度	迟缓	迅速

3　酶合成调节的操纵子学说

酶合成调节的机理可用操纵子学说来解释。操纵子学说最初是 Jacob 和 Monod(1961 年)在研究大肠埃希氏菌 β－半乳糖苷酶合成的遗传基础上提出用以解释酶合成的假说。其后经过许多实验人员的研究，相继弄清楚了分解代谢的乳糖的操纵子、半乳糖操纵子、阿拉伯糖操纵子、组氨酸利用操纵子，以及属于合成代谢的固氮操纵子、色氨酸和其他氨基酸等的操纵子的结构和调节机理。

操纵子是一组功能上相关的基因，它是由启动基因、操纵基因和结构基因三部分组成。启动基因是一种能被依赖于 DNA 的 RNA 多聚酶所识别的碱基顺序，它既是 RNA 多聚酶的结合部位，也是转录的起始点；操纵基因是位于启动基因和结构基因之间的一段碱基顺序，能与阻遏物(一种调节蛋白)相结合，以此来决定结构基因的转录是否能进行；结构基因则是决定某一多肽的 DNA 模板，可根据其上的碱基顺序转录出对应的 mRNA，然后再可通过核糖体而转译出相应的酶。一个操纵子的转录，就合成了一个 mRNA 分子。在操纵子附近还有调节基因，它是编码调节蛋白的基因。调节蛋白是一类变构蛋白，它有两个特殊位点，其一可与操纵基因结合，另一位点则可与效应物相结合。当调节蛋白与效应物结合后，就发生变构作用。有的调节蛋白在其变构后可提高与操纵基因的结合能力，有的则会降低其结合能力。调节蛋白可分两种，其一称阻遏物，它能在没有诱导物(效应物的一种)时与操纵基因相结合；另一则称阻遏物蛋白，它只能在辅阻遏物(效应物的另一种)存在时才能与操纵基因相结合。效应物是一类低分子量的信号物质(如糖类及其衍生物、氨基酸和核苷酸等)，包括诱导物和辅阻遏物两种，它们可与调节蛋白相结合以使后者发生变构作用，并进一步提高或降低与操纵基因的结合能力。

操纵子分两类：一类是诱导型操纵子，只有当存在诱导物(一种效应物)时，其转录频率才最高，并随之转译出大量诱导酶，出现诱导现象。另一类是阻遏型操纵子，只有当缺乏辅阻遏物(一种效应物)时，其转录频率才最高。由阻遏型操纵子所编码的酶的合成，只有通过去阻遏作用才能启动。

Jacob 和 Monod 提出的操纵子模型说明，酶的诱导和阻遏是在调节基因产物阻遏物或阻遏蛋白的作用下，通过操纵基因控制结构基因或基因组的转录而发生的。由于经济的原则，细菌通常并不合成那些在代谢上无用的酶，因此一些分解代谢的酶类只在有关的底物或底物类似物存在时才能被诱导合成；而一些合成代谢的酶类在产物或产物类似物足够量存在时，其合成被阻遏。在酶诱导时，阻遏物与诱导物相结合，因而失去封闭操纵基因的能力。在酶阻遏时，原来无活性的阻遏蛋白与辅阻遏物，即各种生物合成途径的终产物(或产物类似物)相结合而被活化，从而封闭了操纵基因。

下面以大肠埃希氏菌乳糖操纵子为例说明微生物酶合成调节的机制。

(1)乳糖操纵子的结构。大肠埃希氏菌乳糖操纵子位于大肠埃希氏菌染色体图谱的第 8 分处，长约 6.5kb，由一个启动子(p)、一个操纵基因(o)和三个结构基因 Z、Y 和 a 所组成。位于启动子上游的调节基因(R)也位于操纵子内。三个结构基因分别编码 β - 半乳糖苷酶、乳糖渗透酶和硫代半乳糖苷转乙酰基酶。

(2)乳糖分解酶的诱导合成。在没有诱导剂存在的条件下，由调节基因所产生的阻遏物与操纵基因结合，阻止 RNA 聚合酶进行转录，因而结构基因不能表达，如图 5 - 5 所示。当有诱导剂时，由于诱导剂与阻遏物结合，从而改变了阻遏物的构型，使之不能与操纵基因结合，因此，RNA 聚合酶可以进行转录，结构基因得以表达，如图 5 - 5 所示。当诱导剂浓度下降时，阻遏物将恢复原形，并与操纵基因结合，封闭了操纵基因，使得 RNA 聚合酶无法进行转录，因而酶的合成停止。如果调节基因发生突变，正常的阻遏无法产生，那么，操纵子的"开关"始终开启着，原有的调节机制解除，诱导酶就成了组成酶。

(3)分解代谢物阻遏。为什么葡萄糖能阻遏乳糖的利用呢？研究发现，大肠埃希氏菌利用乳糖酶的合成需要有 cAMP 与它的受体蛋白(CRP)形成的复合物存在，而葡萄糖的分解代谢产物能抑制 cAMP 的合成，从而间接阻遏了乳糖分解酶的合成。

从分子水平上看，分解代谢物阻遏是分解代谢物抑制腺苷酸环化酶的活性，使胞内环状 3′5′-腺苷单磷酸(cAMP)不足所致。一般来说，细胞利用难以异化的碳源时，胞内 cAMP 浓度较高；反之，胞内 cAMP 浓度较低。例如，大肠埃希氏菌分解葡萄糖时胞内 cAMP 浓度比利用难以异化的碳源时低 1000 倍，而利用非阻遏性的乙酸盐作碳源时对其浓度的影响很小。cAMP 是大肠埃希氏菌可诱导酶的操纵子转录所必需的，此核苷酸与一特殊的蛋白质结合成为 cAMP-受体蛋白(CRP)复合物，该复合物在 P 上的结合是 RNA 聚合酶结合到 P 上所必需的，当此复合物和 RNA 聚合酶均结合到启动基因处，RNA 聚合酶可以进行转录。当此复合物浓度低时，RNA 聚合酶不能结合到启动基因处，RNA 聚合酶不能启动转录，如图 5-5 所示。胞内 cAMP 浓度随腺苷酸环化酶与 cAMP 磷酸二酯酶的浓度变化而变化。许多糖需经可诱导的膜渗透系统吸收，而这类系统的生成又是由其特异的基因编码决定的。这类基因的转录受 cAMP 的正向控制，所以缺少腺苷酸环化酶的大肠埃希氏菌突变株不能生长在以乳糖、麦芽糖、阿拉伯糖、甘露糖或甘油为唯一碳源的培养基上。如缺乏 cAMP 磷酸二酯酶的突变株对分解代谢物阻遏不敏感。

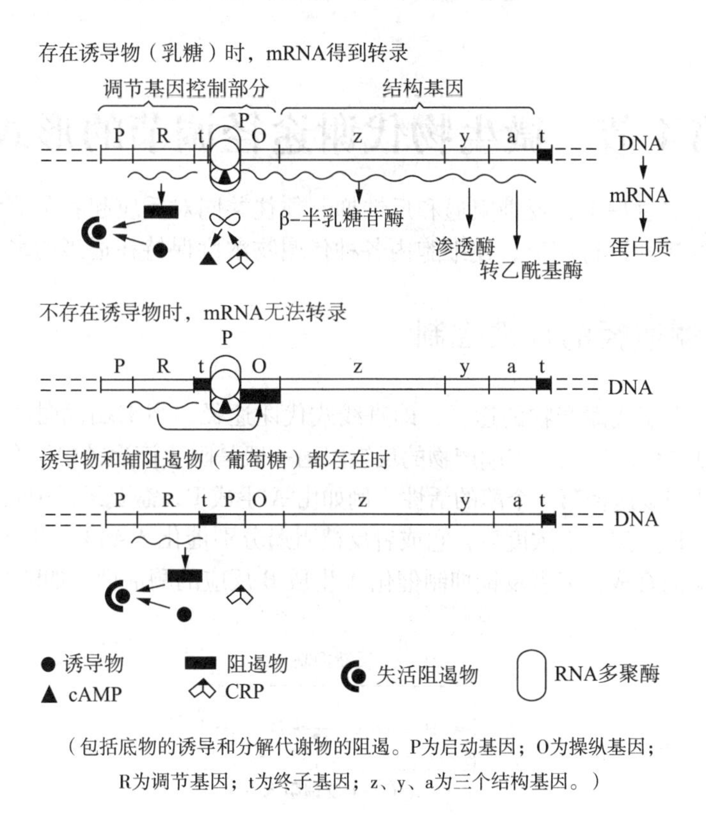

（包括底物的诱导和分解代谢物的阻遏。P为启动基因；O为操纵基因；R为调节基因；t为终子基因；z、y、a为三个结构基因。）

图 5-5　乳糖操纵子的示意图

(4)末端代谢产物阻遏。末端代谢产物阻遏的机制也可以用操纵子学说解释。如图 5-6 所示，其调节基因所表达的调节蛋白不能直接与操纵基因结合，结构基因的表达能顺利进行。这时的调节蛋白称为阻遏物蛋白。当代谢产生末端代谢产物，即辅阻遏物时后，辅阻遏物与阻遏物蛋白结合，使后者发生变构效应，并能与操纵基因结合，从而组止了结构基因的表达。

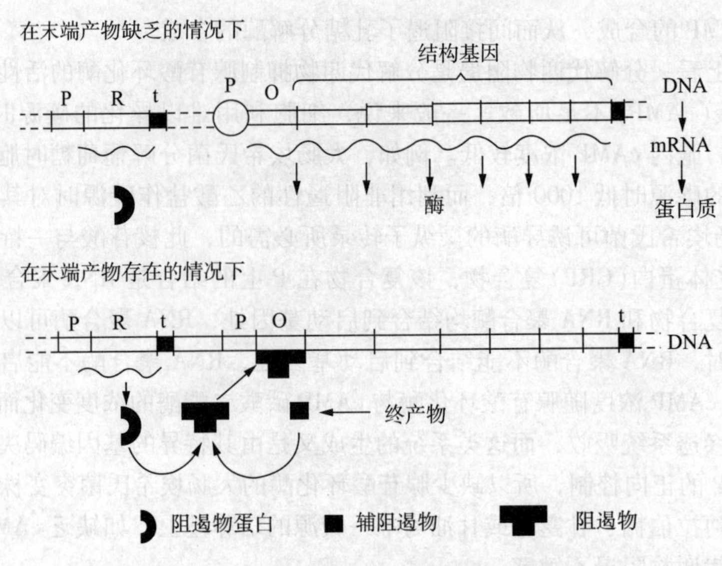

图 5-6　通过末端产物的反馈阻遏对酶合成的调节

第4节　微生物代谢途径调节的形式

微生物生化反应过程中，反馈阻遏和反馈抑制往往共同对反应起着调节作用，它们通过对酶的合成和酶的活性进行调节，使细胞内各种代谢物浓度保持在适当的水平。

1　直线式代谢途径的反馈控制

对于只有一个末端代谢产物的途径，即直线式代谢途径，当末端代谢产物达到一定浓度时，就会反馈控制该代谢途径。末端产物的反馈阻遏一般是阻止该途径中所有酶的合成，末端产物抑制一般是抑制该途径第一个酶的活性。例如由 A 生成 E，需要经过中间代谢产物 B、C、和 D，当末端产物 E 达到一定浓度后，它或者反馈阻遏分别催化 A 到 B、B 到 C、C 到 D 和 D 到 E 反应的所有酶的合成，或者反馈抑制催化 A 生成 B 反应的酶活性，如图 5-7 所示。

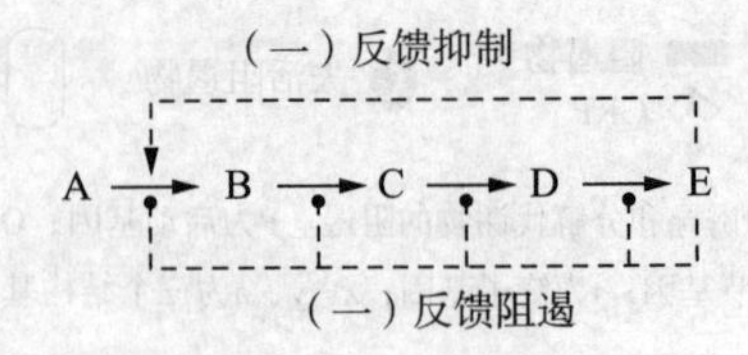

图 5-7　直线式末端产物反馈控制

研究大肠杆菌的异亮氨酸合成途径时，首先发现了直线式代谢途径的反馈抑制。苏氨酸是合成异亮氨酸的前体，在培养基中给苏氨酸缺陷型大肠杆菌补充苏氨酸时，该菌株可以合成异亮氨酸，但若同时在培养基中添加异亮氨酸，就不能利用苏氨酸合成异亮氨酸了。这是因为异亮氨酸抑制了由苏氨酸转化为异亮氨酸途径的第一个酶，即 L-苏氨酸脱氨酶，如图 5-8 所示。其后发现其他氨基酸和核苷酸的代谢途径也有类似的现象，见图 5-9。大肠杆菌中由氨甲酰磷酸和天门冬氨酸合成胞嘧啶核苷三磷酸(CTP)时需要七种酶，当 CTP 达到一定浓度后，便反馈抑制催化第一个反应的酶，即天门冬氨酸转氨甲酰酶。

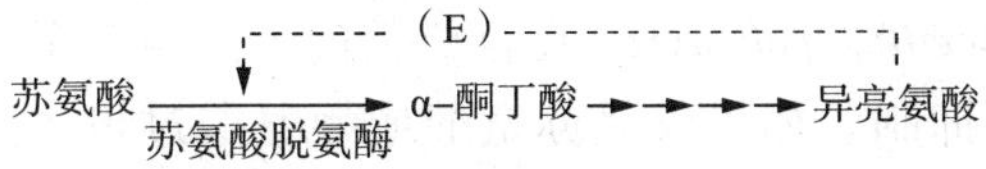

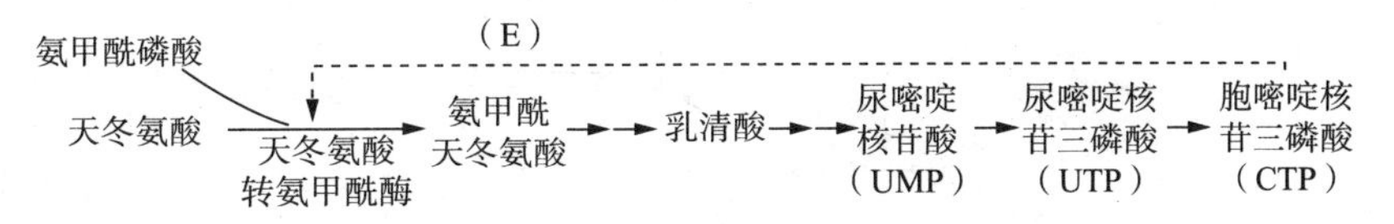

图 5－8　异亮氨酸合成途径中的直线式反馈抑制

图 5－9　大肠杆菌 CTP 合成途径中的直线式反馈抑制

2　分支代谢途径的反馈控制

由几种末端代谢产物共同对生物合成途径进行控制的体系较为复杂。即便是同一代谢途径，不同菌种也会有不同的控制模式。这些控制可以是反馈阻遏或反馈抑制单独作用的结果，也可以是两者共同作用的结果。

2.1　同工酶控制(*Isoenzyme control*)

如果代谢途径中某一反应受到一组同工酶的催化，那么不同的同工酶可能受各不相同的末端产物控制。如果紧接分支点后的酶受其对应的末端产物控制，那么，同工酶控制体系将更有效。如图 5－10 所示，从 A 到 B 反应由同工酶 a 和 b 催化，当末端产物 F 过量时，受 F 控制的从 A 到 B 的同工酶 b 和从 B 到 E 的酶被抑制，而同工酶 a 不受影响，使 A 能顺利合成 D，因此，F 的过量不会干扰 D 的合成。同样道理，D 的过量也不会干扰 F 的合成。

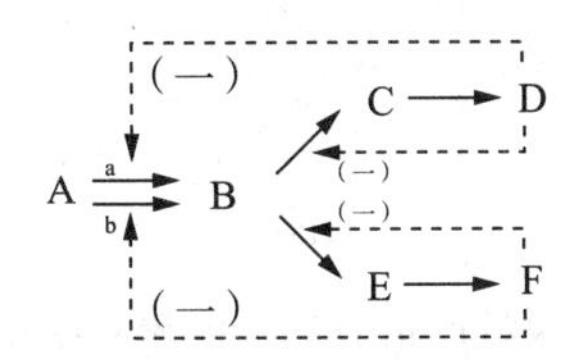

图 5－10　末端代谢产物 D 和 F 的同工酶控制模式

大肠杆菌有三个天门冬氨酸激酶和两个高丝氨酸脱氢酶参与催化赖氨酸和苏氨酸的合成。天冬氨酸激酶 I 和高丝氨酸脱氢酶 I 可被苏氨酸抑制和阻遏，高丝氨酸脱氢酶Ⅱ可被甲硫氨酸阻遏，天冬氨酸激酶Ⅲ可被赖氨酸抑制和阻遏，见图 5－11。

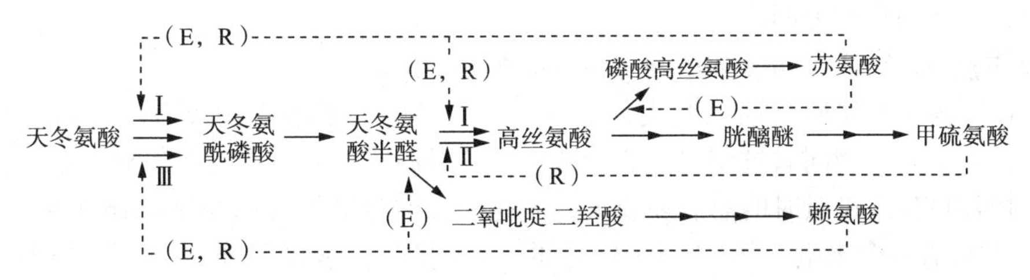

图 5－11　大肠杆菌合成苏氨酸、甲硫氨酸和赖氨酸中的同工酶调节

(注：E 表示末端产物反馈抑制；R 表示末端产物反馈阻遏)

2.2 协同或多价反馈控制(*Concerted or multivalent feedback control*)

分支代谢途径的几个末端产物同时过量时，该途径的第一个酶才会受到反馈阻遏或反馈抑制。如多粘芽孢杆菌(*Bacillus polymyxa*)在合成天门冬族氨基酸时，天门冬氨酸激酶受赖氨酸和苏氨酸的协同反馈抑制。如果仅是苏氨酸或赖氨酸过量，并不能引起抑制作用，如图5-12所示。

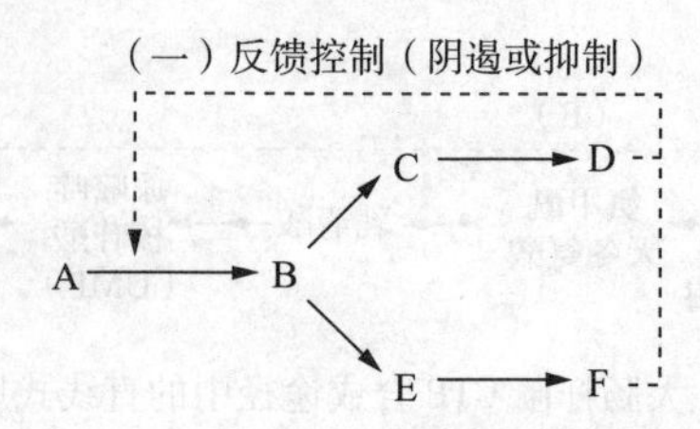

图5-12 末端产物D和F协同反馈控制模式

2.3 积反馈控制(*Cumulative feedback control*)

每个分支途径的末端产物都独立于其它末端产物，以一定百分比控制该途径第一个共同的酶所催化的反应。当几个末端产物同时存在时，它们对酶反应的抑制是累积的，各末端产物之间既无协同效应，也无拮抗作用。如图5-13所示，D和F分别独立地抑制第一个酶活性的30%和40%，那么，当D和F均过量时，它们对第一个酶的总抑制是58%，即100%-(100%-30%)×(100%-40%)=58%。与合作反馈控制的情况相似，每个末端产物肯定会对紧接分支点B后的反应施加控制，以使共同的中间产物B不再用于已过量的产物合成。

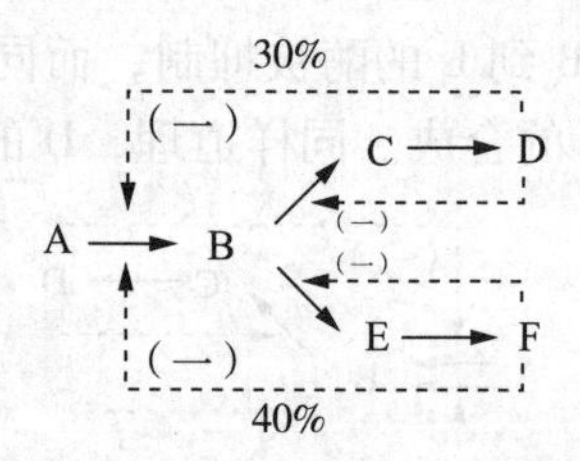

图5-13 末端产物D和F的累积反馈控制模式

累积反馈抑制最早在大肠杆菌的谷氨酰胺合成酶调节中发现。该酶受8个最终产物的累积反馈抑制，只有当它们同时存在时，酶活性才会被完全抑制。如色氨酸单独存在时，可抑制酶活性的16%，CTP为14%，氨基甲酰磷酸为13%，AMP为41%，这4种产物同时过量时，酶活性被抑制63%。所剩的37%酶活性则受到其它四种产物—组氨酸、丙氨酸、葡萄糖磷酸和甘氨酸的累积抑制。

2.4 合作反馈控制(*Coopreative feedback control*)

这类控制体系与协同反馈控制类似，但是该体系中的末端产物都有较弱的独立控制作用。当所有的末端产物同时过剩时，会导致增效的阻遏或抑制，即其阻遏或抑制的程度比这些末端产物各自独立过量时的总和还要大，因此，又称为增效反馈控制(Synergistic feedback control)。当只有一个末端产物(图5-14中的D)过量时，紧接着分支点(图5-14中的B)后的反馈控制立即起作用，限制该末端产物的合成，代谢将转向细胞需要合成的其它产物继续进行(图5-14中的F)。

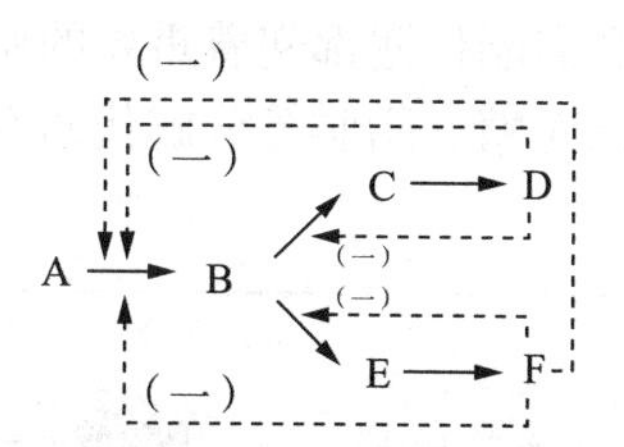

图 5-14　末端产物 D 和 F 合作反馈控制模式

2.5　顺序反馈控制(*Sequential feedback control*)

在顺序反馈控制体系中，直接对第一个共同的酶起控制作用的并不是末端产物，而是分支点上的中间产物，如图 5-15。每个末端产物均对紧接分支点 B 后导向各自分支途径的酶进行控制，D 抑制 B 向 C 反应，F 抑制 B 向 E 反应，D、F 单独或两者共同的抑制作用将导致 B 的积累，过量的 B 又会抑制 A 向 B 反应。

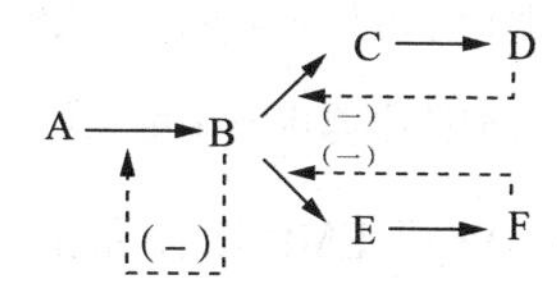

图 5-15　顺序反馈控制的模式

顺序反馈控制存在于枯草芽孢杆菌芳香族氨基酸合成，见图 5-16。

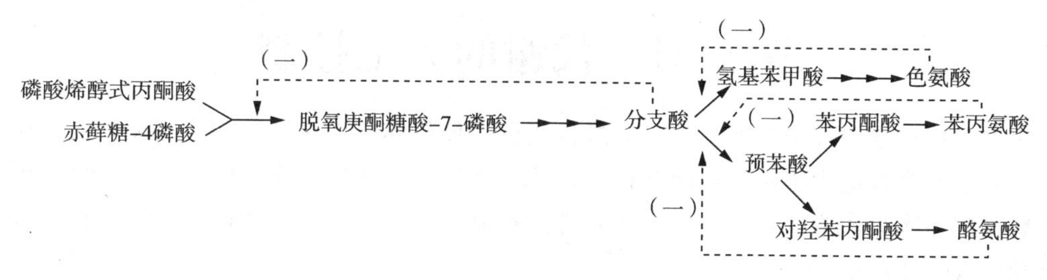

图 5-16　枯草杆菌芳香族氨基酸合成途径中的顺序反馈抑制

2.6　联合激活或抑制调节

这是指由一种生物合成的中间产物参与两个独立的、不交叉的合成途径的控制。这种中间体物质浓度的变化会影响两个独立代谢途径的代谢速率，因此两个独立代谢途径之间可能存在激活与抑制的联合调节方式。例如，肠细菌中精氨酸和嘧啶核苷酸的合成途径是完全独立的，它们有一个共同的中间体—氨甲酰磷酸，负责合成这个中间体的酶—氨甲酰磷酸合成酶可以被嘧啶代谢途径的代谢物 UMP 反馈抑制，也可以被精氨酸合成途径的中间体鸟氨酸激活，见图 5-17。如有嘧啶时，UMP 在胞内库存量升高，氨甲酰磷酸合成酶被抑制。由于氨甲酰磷酸的耗竭而导致鸟氨酸积累，从而刺激了该酶的活性，使鸟氨酸合成受阻。随着鸟氨酸在胞内浓度下降，此酶活力下降。

2.7　能荷调节

有机物在分解过程中所释放出的化学能被腺苷酸接受、贮存，细胞内腺苷酸体系：ATP、ADP、AMP，犹如蓄电池一样，是接受、贮存和供应生物能量的主要体系。能荷是用腺苷酸存在形式的比率来表示细胞的能量状态，能荷介于 0~1 之间。

能荷对能量物质的分解代谢和需能代谢都起着重要的调节作用。ATP 可以视为糖、脂肪等分解代谢的共同最终产物，所以对糖、脂肪等分解代谢有反馈抑制作用，对其合成代谢及所有的需能反应则有促进作用。

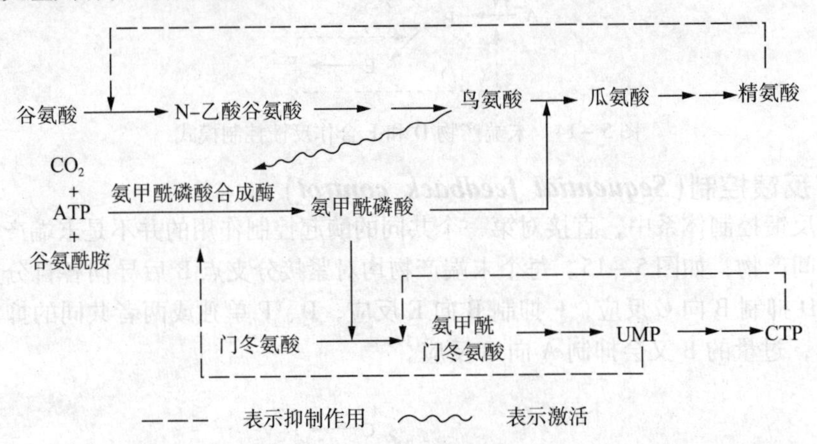

图 5－17　肠道细菌中氨甲酰磷酸合成酶活力的调节

ATP 及其转化形式 ADP、AMP、Pi 是 EMP 途径和 TCA 循环的主要调节因子，对糖代谢的其他各种途径也都有调节作用。细胞中 ADP、AMP、Pi 的浓度变化与 ATP 的作用正好相反。

第 5 节　代谢的人工控制

微生物在正常生长条件下，可以通过自我调节使机体的代谢途径和代谢类型互相协调与平衡，通常不会过量积累初级代谢产物。在某种条件下，过量积累的中间代谢产物也能够被诱导酶转化为次级代谢产物。但在人为条件的控制下，可以使微生物过量产生各种初级代谢产物和次级代谢产物。

因为初级代谢产物与次级代谢产物在合成途径、合成时期与基因调控等方面有很大差异，所以控制比较简单。初级代谢产物的形成一般只需要营养条件即可生成。而次级代谢产物合成需要控制较复杂的营养条件。这一节主要讨论如何根据代谢调节的理论，通过改变发酵工艺条件如 pH 值、温度、通气量、培养基组成和微生物遗传特性等，达到改变菌体内的代谢平衡，过量产生所需产物的目的。

1　发酵条件的控制

1.1　各种发酵条件对微生物代谢的影响

不同微生物在同一培养条件下，代谢途径和合成的产物是不一样的。同一菌种在同样的培养基中进行培养时，如控制不同的发酵条件，可获得不同的代谢产物。如表 5－2，在谷氨酸发酵中，发酵条件不同，获得的发酵的主要产物也不同。又如，啤酒酵母在中性和酸性条件下培养，可将葡萄糖氧化生成乙醇和二氧化碳；当在培养基中加入亚硫酸氢钠或在碱性条件下培养时，则并不产生乙醇，而是甘油。

表 5-2　不同发酵条件对谷氨酸产生菌代谢方向的影响

发酵条件	代谢方向
通气	乳酸或琥珀酸 $\underset{\text{不足}}{\overset{\text{适量}}{\rightleftharpoons}}$ 谷氨酸
NH_4^+	α-酮戊二酸 $\underset{\text{不足}}{\overset{\text{适量}}{\rightleftharpoons}}$ 谷氨酸 $\underset{\text{过量}}{\overset{\text{适量}}{\rightleftharpoons}}$ 谷氨酰胺
pH	谷氨酰胺+N-乙酰谷氨酰胺 $\underset{\text{酸性}}{\overset{\text{中性、弱碱性}}{\rightleftharpoons}}$ 谷氨酸
磷酸	缬氨酸 $\underset{\text{不足}}{\overset{\text{适量}}{\rightleftharpoons}}$ 谷氨酸
生物素	乳酸或琥珀酸 $\underset{\text{过量}}{\overset{\text{亚适量}}{\rightleftharpoons}}$ 谷氨酸

控制不同的发酵条件，实际上是影响微生物自身的代谢调节系统，而改变其代谢方向，使之按人们所需要的方向进行，进而达到获得高浓度积累所需要产物的目标。

1.2　使用诱导物

许多与蛋白质、糖类或其他物质降解有关的酶类都是诱导酶，在发酵过程中加入相应的底物作为诱导物，可以有效地增加这些酶的产量。例如，木霉发酵生产纤维素酶中，加入槐糖可以诱导纤维素酶的产生；木糖可以诱导半纤维素酶的生成。青霉素酰化酶可用苯乙酸为诱导物。乙内酰胺酶发酵时，可以底物类似物为诱导物增加酶的产量。

1.3　添加生物合成的前体

通过在发酵培养基中加入代谢的中间产物（前体）绕过终产物的反馈调节点而积累代谢产物。例如，在色氨酸生物合成中，终产物色氨酸对色氨酸代谢途径的第一个酶有反馈抑制作用，而导致色氨酸合成受阻。邻氨基苯甲酸是色氨酸合成的一个前体，仅参与色氨酸的最后阶段的合成。如果在发酵中加入邻氨基苯甲酸，尽管色氨酸对第一个酶的反馈抑制仍然存在，但对由邻氨基苯甲酸合成色氨酸并无影响，使色氨酸的合成可以不断进行，从而大幅度提高了色氨酸的产量，见图 5-18。

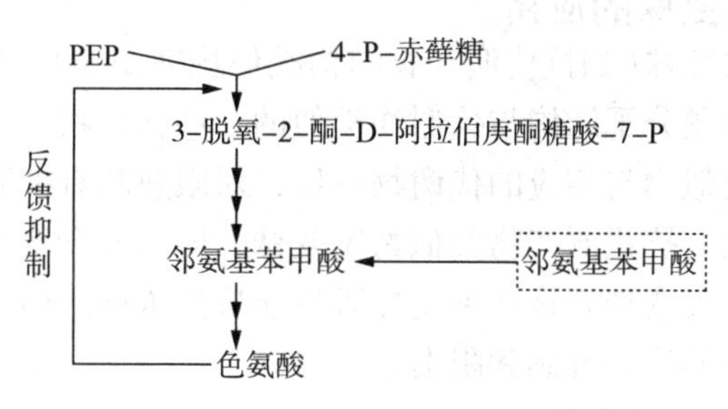

图 5-18　色氨酸生物合成途径

1.4　培养基成分和浓度的控制

培养基保证微生物机体生长需要的同时，又要有利于代谢产物的合成，因此必须考虑培养基的组成和浓度，以尽量避免由于培养基的不当使用引起的分解代谢阻遏。发酵工业生产中为了提高代谢产物的产量，在发酵培养基中通常采用适量的速效和迟效碳源、氮源的配比，来满足机体生长的需要和避免速效碳、氮源可能引起的分解代谢阻遏。例如，用甘油代替果糖作为碳源培养嗜热脂肪酵母，可以使淀粉酶的产量提高 25 倍。

2 改变细胞的透性

微生物的细胞膜对于细胞内外物质的运输具有高度选择性。细胞内的代谢产物常常以很高的浓度累积着，并自然地通过反馈阻遏限制了它们的进一步合成。采取生理学或遗传学方法，可以改变细胞膜的透性，使细胞内的代谢产物迅速渗漏到细胞外。这种解除末端产物反馈抑制作用的菌株，可以提高发酵产物的产量。

膜的选择透性和屏障作用对于代谢调节、维持细胞的正常生活起着重要作用。与此相反在发酵生产中常常采取措施，破坏膜的正常生理功能使胞内所产生的代谢产物即时分泌到胞外，不在胞内积累过多，以避免发生反馈作用。这样能保证代谢产物不断产生，在胞外积累逐渐增多。技术措施主要有改变培养基成分和选育细胞膜透性好的突变株。

例如，在谷氨酸发酵生产中，生物素的浓度影响很大。没有生物素，菌体长不好；生物素过多，谷氨酸不能透出细胞膜。这是因为生物素作为乙酰辅酶 A 羧化酶的辅酶，直接影响脂肪酸的生物合成。控制生物素亚适量，既能维持磷脂的生物合成，又使其合成受到限制，使生物膜虽能组建起来，但很疏松，有良好的透性。

如果培养基中生物素过多时，加入青霉素、表面活性剂、高级饱和脂肪酸及其衍生物，可以解除其影响。表面活性剂和饱和脂肪酸的作用是拮抗脂肪酸的合成。青霉素是革兰氏阳性菌细胞壁肽聚糖合成途径中转肽酶的抑制剂。因此，谷氨酸发酵液中添加青霉素，则细胞壁合成受阻。没有完整细胞壁的保护，细胞膜不能承受巨大的细胞内外压力差，膜易损坏，透性变大，利于谷氨酸漏出胞外。

在核苷酸发酵生产中，Mn^{2+} 浓度对膜透性的影响类似于谷氨酸发酵中生物素的作用。发酵液中 Mn^{2+} 浓度是核苷酸发酵成败的关键性技术问题之一。

3 菌种遗传特性的改变

3.1 抗反馈作用的突变株的应用

应用抗反馈作用的突变株(如抗代谢产物结构类似物突变株)，提高终产物积累的浓度。

代谢产物结构类似物是分子结构与代谢物类似的一些化合物。如乙基硫氨酸是蛋氨酸的类似物等等。这些结构类似物与相应的代谢物一样，对限速酶有抑制和反馈作用，但都不能作为正常代谢底物被利用。抗代谢产物类似物突变株，即诱发突变中产生的一些对高浓度的代谢产物类似物不敏感的突变株。这些突变株既然能抗高浓度结构类似物的抑制和阻遏，也就能抗高浓度代谢终产物的反馈抑制和阻遏。

3.2 营养缺陷型突变株的应用

应用营养缺陷型，定向积累中间产物或分支途径中某种终端产物。

营养缺陷型是一种由于基因突变，造成某种营养物质不能自身合成，须由外界供给才能维持生长的微生物突变型。例如某种氨基酸的营养缺陷型的形成是由于其野生型菌株的结构基因突变，造成其合成途径中某一酶的缺失，因而这种氨基酸就不能合成了。要是这种突变株生存下来就必须供给它所不能合成的氨基酸。因此，这种氨基酸就成了其生长的限制因子。

在发酵生产上，利用单一线性代谢路线的营养缺陷型菌种，只能积累代谢路线的中间产物。利用分支代谢路线的营养缺陷型可以积累支路的终产物(前提是必须在培养基中适当添加所缺陷的营养以维持菌种的生长繁殖)。

3.3 应用组成型突变株和超产突变株

酶的生成将不再需要诱导剂，这样的突变株称为组成型突变。利用组成型突变株发酵生产酶过程中，由于酶的生成不依赖于诱导物，所以减少不断加入诱导物的操作。少数情况下，组成型突变株可产生大量的、比亲本高得多的酶，这种突变称为超产突变。

3.4 增加结构基因数目

增加蛋白质类发酵产品的结构基因数目可以提高发酵产物的产量。通过基因操作技术可以实现结构基因数目的增加。如大肠杆菌引入一个β-半乳糖苷酶基因质粒后，可以增加3倍的β-半乳糖苷酶产量。

第6节 次级代谢与次级代谢调节

1 初级代谢和次级代谢

初级代谢是一类普遍存在于生物中的代谢类型，是与生物生存有关的，涉及能量产生和能量消耗的代谢类型。初级代谢产物如单糖、核苷酸、脂肪酸等单体，以及由它们组成的各种大分子聚合物如蛋白质、核酸、多糖、脂类等，都是有机体生存必不可少的物质，在这些物质的合成中的任何环节发生障碍，有可能引起生长停止，甚至导致机体发生突变或死亡。

次级代谢是某些微生物为了避免代谢过程中某些代谢产物的积累造成的不利作用，而产生的一类有利于生存的代谢类型，通常是在生长后期合成。通过次级代谢合成的产物称为次级代谢产物，这些代谢产物并不是微生物生长所必需的，即使在这些代谢的某个环节上发生障碍，也不会导致机体生长停止或死亡。仅仅是影响了机体合成次级代谢产物的能力。有研究认为这是某些生物在一定条件下通过突变获得的一种适应生存方式，或是一种解毒方式，对产生菌的生存有一定的价值。如抗生素、色素、毒素等是与初级代谢产物(如氨基酸、核酸)相对产生的次级代谢产物。次级代谢产物及特征如下：

(1)次级代谢产物是由微生物产生的，不参与微生物的生长和繁殖。

(2)次级代谢在机体生长的某一个时期产生，或在微生物的对数生长期后期或稳定期，与微生物的生长不呈平行关系。

(3)次级代谢产物的种类在不同的微生物中是非常不同的。它的生产大多数是基于菌种的特异性来完成的。

(4)次级代谢产物发酵经历两个阶段，即营养增殖期和生产期。如在菌体活跃增殖阶段几乎不产生抗生素。接种一定时间后细胞停止生长，进入到恒定期才开始活跃地合成抗生素，称为生产期。

(5)一般都同时产生结构上相类似的多种副组分。

(6)生产能力受微量金属离子(Fe^{2+}、Fe^{3+}、Zn^{2+}、Mn^{2+}、Co^{2+}、Ni^{2+}等)和磷酸盐等无机离子的影响。

(7)在多数情况下，增加前体是有效的。

(8)次级代谢酶的特异性不一定比初级代谢酶高，次级代谢酶的底物特异性在某种程度上说是比较广的。因此，如果供给与底物结构类似的物质，则可以得到与天然物不同的次级代谢产物。

(9)培养温度过高或菌种移植次数过多，会使抗生素的生产能力下降，其原因可能是参与抗生素合成的菌种的质粒脱落之故。

(10)次级代谢在其一个系列当中与一个酶相对应的底物和产物也可以成为其他酶的底物。也就是说，在代谢过程中不一定非按每个阶段正确的顺序，一个生产物可由多种中间体和途径来取得，因此也可通过所谓"代谢纲目"或叫"代谢格子"这一系列途径来完成。

总之，微生物次级代谢产物的生物合成途径取决于微生物的培养条件和菌种的特异性。

2　次级代谢的调节类型

因为次级代谢产物的种类在不同的微生物中非常不同，所以次级代谢途径远比初级代谢复杂，其代谢调节类型的多样亦可想而知。已知抗生素等次级代谢产物生物合成的调控类型包括酶合成的诱导、反馈调节等。

2.1　酶合成的诱导

在次级代谢途径中，某些酶也是诱导酶，在底物或底物结构类似物存在时才会产生。例如，卡那霉素－乙酰转移酶是在6－氨基葡萄糖－2－脱氧链霉胺的诱导下才能合成。诱导物可以是外源加入的，称为外源诱导剂，也有的是微生物代谢过程中产生的，称作内源诱导剂。表5－3列出了一些有诱导作用的物质。

表5－3　抗生素合成中的一些诱导剂

产生菌	诱导剂	产生的抗生素	产生的酶
顶头孢霉(*C. acremonium*)	蛋氨酸	头孢菌素C	β－内酰胺合成酶
弗氏链霉菌(*S. fradiae*)	蛋氨酸	磷霉素	
灰色链霉菌(*S. griseus*)	甘露聚糖	链霉素	甘露糖链霉素酶
	A－因子*	链霉素	NADP酶
金色链霉菌(*S. aureofaciens*)	硫代氰酸苄	四环素	去水四环素合成酶
卡那霉素链霉菌(*S. kanamyceticus*)	6－AG－DOS**	卡那霉素	卡那霉素－乙酰转移酶
加利链霉菌(*S. galilaeus*)	巴比妥	加利红霉素	
地中海诺卡氏菌(*N. mediterranei*)	硝酸钾	利福霉素SV	
地中海诺卡氏菌(*N. mediterranei*)	巴比妥	利福霉素B	

* A－因子：2－δ异辛酰胺－3－R－羟基－γ－丁酸。

** 6－AG－DOS：6－氨基葡萄糖基－2－脱氧链霉胺。

2.2　反馈调节

反馈调节包括次级代谢的自身反馈调节、分解代谢产物调节、前体的反馈调节以及初级代谢产物的反馈调节

2.2.1　次级代谢的自身反馈抑制和反馈阻遏

在多种次级代谢产物的发酵中，都发现了末端产物的反馈调节作用。如：嘌呤霉素反馈抑制其生物合成途径中催化最后一步反应的酶。氯霉素能反馈阻遏其合成途径中第一个

酶——芳香胺合成酶的活性，但不影响产生菌体内其他芳香化酶的活性。并且产生菌氯霉素的生产能力与自身抑制所需氯霉素浓度呈正相关性。生产能力越高的菌株，反馈抑制所需抗生素浓度也越高。

2.2.2　分解代谢产物调节

在许多抗生素发酵中，都发现了葡萄糖的抑制作用。例如，葡萄糖分解生成的乙酸和丙酸，在低 pH 值条件下对短杆菌肽的合成产生阻遏作用。氮分解代谢产物调节也存在于次级代谢中。例如，以铵盐作为链霉素产生菌的唯一氮源时，可以抑制链霉素的合成；在利用烟曲霉生产三羟甲苯中，无机氮源有利于菌体生长，但不利于产物的合成；头孢霉素生物合成中也存在氮分解代谢产物的阻遏作用。

2.2.3　初级代谢产物的调节

某些初级代谢产物可以调节次级代谢产物，有的是因为初级代谢和次级代谢产物的合成有一条共同的合成途径。初级代谢产物积累时，反馈抑制了某一步反应的进行，而最终抑制了次级代谢产物的合成。有的是初级代谢产物直接参与次级代谢产物的合成，当此种初级代谢产物因为积累反馈抑制了它自身的合成时，必然也同时影响了次级代谢产物的合成。

2.2.4　磷酸盐调节

磷酸盐不仅是菌体生长的主要限制性营养成分，还是调节抗生素生物合成的重要参数。高浓度的磷酸盐对抗生素等次级代谢产物的合成表现出较强的抑制作用。培养基中磷酸盐浓度在 0.3 ~ 300mmol/L 时，都有支持细胞的生长，但在 10mmol/L 或以上时，就能够抑制许多抗生素的生物合成。其机制按效应剂说有直接作用，即磷酸盐自身影响抗生素合成，和间接作用，即磷酸盐调节胞内其他效应剂（如 ATP、腺苷酸能量负荷和 cAMP），进而影响抗生素合成。已发现过量磷酸盐对四环素、氨基糖苷类和多烯大环内酯等 32 种抗生素的合成产生阻抑作用。

作业与思考

1. 举例说明诱导酶的合成机制。
2. 酶合成的调节有何意义？
3. 酶活性发生变化的原因是什么？
4. 酶活性的调节有何特点？
5. 酶合成的调节与酶活性的调节有何联系？
6. 代谢调控发酵的措施包括哪些？
7. 简叙反馈阻遏和反馈抑制。
8. 简述末端代谢产物阻遏与分解代谢产物阻遏的区别。
9. 当培养基中同时存在葡萄糖和乳糖时，大肠杆菌只能利用葡萄糖，葡萄糖完全被消耗，而培养基中只剩下乳糖的时候，大肠杆菌才开始利用乳糖作为碳源和能源。请分析主要原因。
10. 北京棒杆菌存在以下代谢的合作反馈控制：

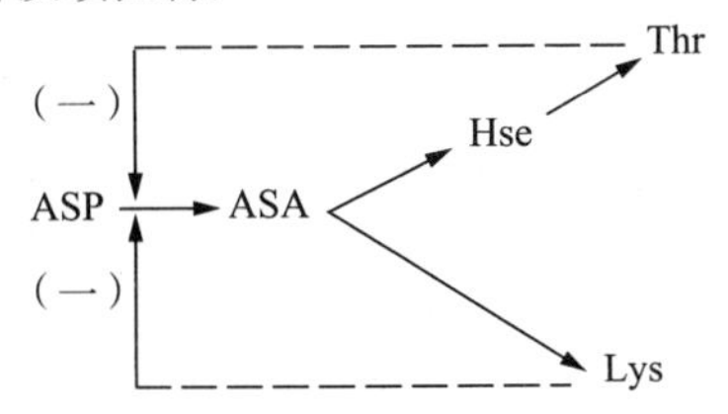

(1)从诱变处理后的菌悬液中筛选 Hse 营养缺陷型突变株，其 Lys 的产量会比野生型菌株高的多。

(2)将以上得到的突变株进一步诱变处理后，在含 AEC 的选择性培养基平板上，筛选到 Hse 营养缺陷型和 AEC 抗性的双重突变菌株。其 Lys 的产量将进一步提高(注：AEC 是 Lys 的结构类似物)。请解释以上育种方法的思路。

11. 用图例说明添加前体绕过反馈调节的机理。

12. 在谷氨酸的发酵生产过程中，为什么人为改变细胞膜的透性能提高谷氨酸的产量？

13. 代谢调控发酵的措施包括哪些？

第6章　发酵培养基

实验条件下对微生物生长繁殖的控制过程称为培养。微生物生长繁殖的营养基质即为培养基。培养基由生物物质或化学物质组成，为特定种类的微生物提供了一种生长的环境。培养基的组成和配比是否适宜对微生物的生长、产物的形成、提取工艺的选择及产品的产量和质量都有很大的影响。发酵过程所需的最适培养基预先经过详尽的研究，确定培养基的配方。首先满足微生物生长对营养的要求，如能源、碳、氮、无机盐、维生素及水，选择哪些原料做培养基则需要根据发酵菌种和产品类型而摸索。确定既有利于微生物生长，又能保证产品优质高产的原料和不同成分的配比。目前有几百种培养基用于各种微生物的培养，是人类研究和利用微生物的基础。

第1节　培养基的类型及功能

1　培养基的分类

1.1　按培养基组成物质的化学成分划分

(1)天然培养基(非限定培养基)。天然培养基是采用化学成分还不清楚或化学成分还不恒定的各种植物和动物组织或微生物的浸出物、水解液等物质(例如牛肉膏、酵母膏、麦芽汁、蛋白胨等)制成的。牛肉膏富含各种水溶性营养物，富含氮氨基酸、糖、维生素、微量元素。酵母膏富含B族维生素。蛋白胨和胰蛋白胨都是动物肉类的降解产物。酪蛋白胨是牛奶来源的酪蛋白的降解产物。适合于各类异养微生物生长，而一般自养微生物都不能生长。

(2)合成培养基(限定培养基)。合成培养基是用化学成分和数量完全了解的物质配制而成的。成分精确，重复性强，可以减少不能控制的培养基带来的缺点。适用于在实验室范围作有关营养、代谢、分类鉴定、生物测定及选育菌种、遗传分析等定量研究工作。但一般微生物在合成培养基上生长较慢，有些微生物营养要求复杂，在合成培养基上不能生长。

限定培养基还可以用来检测微生物的特殊生长特点。例如，区别两种革兰氏阴性、兼性厌氧杆菌—大肠杆菌和产气肠杆菌时，可以把它们培养在以柠檬酸为唯一碳源和能源的限定培养基上，产气肠杆菌在此培养基上生长，而大肠杆菌不生长。

(3)半合成培养基。半合成培养基的多数培养基配制是采用一部分天然有机物作碳源、氮源和生长因子的来源，再适当加入一些化学药品以补充无机盐成分，使其更能充分满足微生物对营养的需要。大多数微生物都能在此培养基上生长繁殖。因此，在微生物工业生产上和试验研究中被广泛使用。

1.2　按物理性质划分

(1)液体培养基。液体培养基常用于大规模的工业生产及生理代谢等基本理论研究工作。发酵工业多用作培养种子和发酵的培养基。根据微生物对氧的要求情况，分别作静止或通风搅拌培养。在菌种筛选工作和菌种培养工作中，也常用液体培养基进行摇瓶培养。微生物在液体培养基中生长的情况有时也可用作鉴定菌种的参考。

(2)固体培养基。固体培养基是在液体培养基中加入凝固剂配成的，如斜面试管、平板等，最常用的凝固剂是琼脂。

固体培养基在菌种的分离、保藏、菌落特征的观察、活菌计数和鉴定菌种方面是不可缺少的。

在制曲、酶制剂、柠檬酸等生产中，用来培养霉菌等的固体种子和发酵培养基是由麸皮等农作物加无机元素等制成的。

(3)半固体培养基。半固体培养基是凝固剂的含量比固体培养基少，培养基中琼脂含量一般为0.2% ~0.7%。半固体培养基常用来观察微生物的运动特征、分类鉴定及噬菌体效价滴定等。

1.3 按用途划分

按用途分为基础培养基、选择性培养基、鉴别培养基、加富培养基等。

(1)基础培养基。不同微生物的营养需求不相同，但大多数微生物所需的基本营养物质是相同的。基础培养基是含有一般微生物生长繁殖所需求的基本营养物质的培养基。象牛肉膏蛋白胨培养基是最常用的基础培养基。基础培养基作为特殊培养基的基础成分，再根据某种微生物的特殊营养需求，在基础培养基中加入所需营养物质。

(2)鉴别培养基。鉴别培养基是根据微生物能否利用培养基中某种营养成分，借助指示剂的显色反应，以鉴别不同种类的微生物。可以使得某些微生物的生长表现出显著的表观特征。如血平板，链球菌在血平板上的生长会导致β-溶血现象，即菌落边缘会出现透明圈。金黄色葡萄球菌也能造成β-溶血现象。但是其在血平板上的菌落是大的金黄色或白色菌落，不同于链球菌的透明或半透明小菌落。大多数的其他细菌在血平板上的生长不导致溶血现象，菌落周围没有任何可以鉴别的环节。

(3)选择培养基。选择培养基是在培养基内加入某种化学物质以抑制不需要菌的生长，而促进某种需要菌的生长。如选择革兰阴性菌，则在培养基中加入一定浓度的抑制革兰阳性菌生长的物质，如曙红(四溴荧光素)、亚甲蓝、结晶紫和亮绿等。pH值也是一个有效选择条件。pH值5可以选择乳酸细菌。pH值8.4的碱性蛋白胨中可以选择霍乱弧菌。

(4)加富培养基。加富培养基是在基础培养基中加入血、血清、动物或植物组织液或其它营养的一类营养丰富的培养基。它主要用于培养某种或某类营养要求苛刻的异养型微生物，或者用来选择培养(分离、富集)某种微生物。这时因为加富培养基含有某种微生物需要的特殊营养物质，该种微生物在这种培养基中较其它微生物生长速度快，并逐渐富集而占优势，逐步淘汰其它微生物，从而容易达到分离该种微生物的目的。

2 发酵生产中的培养基类型

工业发酵中培养基往往依据生产流程和作用分为：斜面培养基、种子培养基和发酵培养基。

2.1 斜面培养基

斜面培养基包括细菌，酵母等的斜面培养基以及霉菌、放线菌生孢子培养基或麸曲培养基等。这类培养基主要作用是供给细胞生长繁殖所需的各类营养物质。斜面培养基具有如下特点：

(1)富含有机氮源，少含或不含糖分。有机氮有利于菌体的生长繁殖，能获得更多的细胞；

(2)对于放线菌或霉菌的产孢子培养基，则氮源和碳源均不宜太丰富，否则容易长菌丝而较少形成孢子；

(3)斜面培养基中宜加少量无机盐类，供给必要的生长因子和微量元素。

2.2 种子培养基(包括摇瓶种子和小罐种子培养基)

培养种子的目的是扩大培养，增加细胞数量；同时也必须培养出强壮、健康、活性高的细胞。为了使细胞迅速进行分裂或菌丝快速生长。种子培养基具有如下特点：

(1)必须有较完全和丰富的营养物质，特别需要充足的氮源和生长因子；

(2)种子培养基中各种营养物质的浓度不必太高。供孢子发芽生长用的种子培养基，可添加一些易被吸收利用的碳源和氮源；

(3)种子培养基成分还应考虑与发酵培养基的主要成分相近。

2.3 发酵培养基

发酵培养基是发酵生产中最主要的培养基，它不仅耗用大量的原材料，而且也是决定发酵生产成功与否的重要因素。

(1)根据产物合成的特点来设计培养基。对菌体生长与产物相偶联的发酵类型，充分满足细胞生长繁殖的培养基就能获得最大的产物。对于生产氨基酸等含氮的化合物时，它的发酵培养基除供给充足的碳源物质外，还应该添加足够的铵盐或尿素等氮素化合物。

(2)发酵培养基的各种营养物质的浓度应尽可能高些，这样在同等或相近的转化率条件下有利于提高单位容积发酵罐的利用率，增加经济效益。

(3)发酵培养基需耗用大量原料，因此，原料来源、原材料的质量以及价格等必须予以重视。

3 发酵培养基的选择

(1)必须提供合成微生物细胞和发酵产物的基本成分。

(2)有利于减少培养基原料的单耗，即提高单位营养物质所合成产物数量或最大产率。

(3)有利于提高培养基和产物的浓度，以提高单位容积发酵罐的生产能力。

(4)有利于提高产物的合成速度，缩短发酵周期。

(5)尽量减少副产物的形成，便于产物的分离纯化。

(6)原料价格低廉，质量稳定，取材容易。

(7)所用原料尽可能减少对发酵过程中通气搅拌的影响，利于提高氧的利用率，降低能耗。

(8)有利于产品的分离纯化，并尽可能减少产生“三废”的物质。

第2节 培养基的营养成分及来源

微生物的营养活动，是依靠向外界分泌大量的酶。将周围环境中大分子的蛋白质、糖类、脂肪等营养物质分解成小分子化合物，再借助细胞膜的渗透作用，吸收这些小分子营养物来实现的。所有发酵培养基都必须提供微生物生长繁殖和产物合成所需的能源，包括碳源、氮源、无机元素、生长因子及水、氧气等。对于大规模发酵生产，除考虑上述微生物的需要外，还必须重视培养基原料的价格和来源。

1 发酵微生物的主要营养来源

(1)能源。自养菌的能源来自光；氢，硫胺；亚硝酸盐，亚铁盐。异养菌的能源是碳水化合物等有机物；石油天然气和石油化工产品，如醋酸。

(2)碳源。碳源物质有碳酸气；淀粉水解糖，糖蜜、亚硫酸盐纸浆废液等；石油、正构石蜡、天然气、醋酸、甲醇、乙醇等石油化工产品。

(3)氮源。氮源物质有豆饼或蚕蛹水解液、味精废液、玉米浆、酒糟水等有机氮；尿素、硫酸铵、氨水、硝酸盐等无机氮；气态氮。

(4)无机盐。无机盐物质有磷酸盐、钾盐、镁盐、钙盐等其他矿盐，还有铁、锰、钴等微量元素。

(5)特殊生长因子。硫胺素、生物素、对氨基苯甲酸、肌醇等是微生物的生长因子。

2 培养基组成物质的营养与作用

2.1 碳素化合物的作用

构成菌体成分的重要元素，产生各种代谢产物和细胞内贮藏物质的主要原料，同时又是化能异养型微生物的能量来源。

2.2 碳源种类

单糖中的已糖，寡糖中的蔗糖、麦芽糖、棉子糖，多糖中的淀粉、纤维素、半纤维素、甲壳质和果胶质等，其中淀粉是大多数微生物都能利用的碳源。有机酸如糖酸、柠檬酸、反丁烯二酸、琥珀酸、苹果酸、丙酮酸、酒石酸等。醇类中甘露醇、甘油、低浓度的乙醇。脂肪酸如甲酸、乙酸、丙酸、丁酸等低级脂肪酸都可用作碳源。油酸和亚油酸等高级脂肪酸可被不少放线菌和真菌作为碳源和能源利用，低浓度的高级脂肪酸可刺激细菌生长，但浓度较高时往往有毒害作用。正烷烃一般是指从石油裂得到的 C_{14} 至 C_{18} 的直链烷烃混合物。

葡萄糖是最易利用的糖，并且作为加速微生物生长的一种有效的糖。过多的葡萄糖会过分加速菌体的呼吸，以致培养基中的溶解氧不能满足需要。使一些中间代谢物如丙酮酸、乳酸、乙酸等不能完全氧化而积累在菌体或培养基中，导致培养基 pH 值下降，影响酶的活性，从而抑制微生物的生长。另外，有些次生代谢产物特别是抗生素的合成还会受到葡萄糖分解代谢产物的阻遏。在选用葡萄糖作为发酵基质时，要选择合适的浓度或采用流加的方式，以避免其对发酵的不利影响。也可以采用葡萄糖和其它碳源混合发酵，可提高产量。如在谷氨酸发酵中，采用葡萄糖和醋酸混合代替单一的葡萄糖发酵，可使产量提高 30%。

糖蜜是制糖厂生产糖时的结晶母液，是制糖厂的副产物。含有较丰富的糖、氮素化合物和无机盐、维生素等，是微生物工业的价廉物美的原料。目前已广泛用于酒精、丙酮、丁醇、柠檬酸、谷氨酸、甘油、醋酸、乳酸、衣康酸、琥珀酸、草酸、食用酵母、液态饲料和多种抗生素等发酵产品的工业规模生产。由于糖蜜干物质浓度大，糖分高，因此发酵前必须经过稀释、酸化、灭菌及澄清等处理过程才能使用。

淀粉一般要经菌体产生的胞外酶水解成单糖后再被吸收利用。可克服葡萄糖代谢过快的弊病。来源丰富，价格比较低廉。常用的为玉米淀粉、小麦淀粉和甘薯淀粉。

油和脂肪在微生物分泌的脂肪酶作用下水解为甘油和脂肪酸，在溶解氧的参与下，氧化成水和 CO_2。因此用脂肪作碳源时需比糖代谢供给更多的氧。

2.3 氮素化合物

氮是构成微生物细胞蛋白质和核酸的主要元素，而蛋白质和核酸是微生物原生质的主要组成部分。氮素一般不提供能量，但硝化细菌却能利用氨作为氮源和能源。就某一类微生物而言，由于其合成能力的差异，对氮营养的需要也有很大区别。除了固氮微生物能利用大气中分子氮外，其它微生物的生长都需要添加化合态的含氮物质作为氮源。

氮的来源可分为无机氮和有机氮。有机氮源有花生饼粉、黄豆饼粉、棉子饼粉、玉米浆、玉米蛋白粉、蛋白胨、酵母膏、鱼粉、蚕蛹粉、尿素、废菌丝体和酒糟等。它们在微生物分泌的蛋白酶作用下，水解成氨基酸，被菌体进一步分解利用。有机氮源特点是含有丰富的蛋白质、多肽和游离的氨基酸还含有少量的糖类、脂肪、无机盐、维生素及生长因子。

玉米浆是玉米淀粉生产中的副产物，其中固体物含量在50%。玉米浆中氮源物质有一部分是以蛋白质降解产物氨基酸的形式存在。而氨基酸可以直接通过转氨作用被菌体吸收利用。因此玉米浆是一种速效性氮源。速效性氮源有利于菌体的生长。此外，玉米浆还含有有机酸、还原糖、磷、微量元素、生长素。由于玉米浆的来源不同，加工条件也不同，因此玉米浆的成分有较大波动。

无机氮源有铵盐、硝酸盐、氨水等。微生物对其吸收利用比有机氮快，所以也称速效氮。它们在抗生素生产中使用时也会产生类似于葡萄糖分解代谢阻遏的现象，因此一般不单独使用，而和迟效性有机氮源配合使用。

氨水在发酵过程中作为氮源物质，又常用作 pH 值的调节剂，因此，在许多抗生素的发酵生产中都采用通氨工艺。

实验室中常用蛋白胨、牛肉膏、酵母膏等作为有机氮源，工业生产上常用硫酸铵、尿素、氨水、豆饼粉、花生饼粉、麸皮等原料作氮源。

2.4 水

水是良好的溶剂，菌体所需要的营养物质都是溶解于水中被吸收的；渗透、分泌、排泄等作用都是以水为媒介的；水直接参与代谢作用中的许多反应。所以，水在生物化学反应中占有极为重要的地位；水的比热容高，能有效地吸收代谢过程中所放出的热，使细胞内温度不致骤然上升；水是热的良导体，有利于放热，可调节细胞的温度。

实验室中微生物培养使用的是蒸馏水。生产中使用的水有深井水、地表水和自来水等。对发酵工厂来说，恒定的水源是非常重要的，因为不同的水源中存在的无机离子和有机物质有可能不同。不同地区的地表水受污染的程度也不同，同时还受季节的影响。如在酿酒工业中，水质是获得优质酒的关键因素之一。因此，在酿酒业发展早期，工厂的选址是由水源决定的。

2.5 微量元素(无机盐类)

无机盐类是微生物生命活动所不可缺少的物质。主要功用是构成菌体成分；作为酶活性基的组成部分或维持酶的活性；调节渗透压、pH 值、氧化还原电位等；作为自养菌的能源。

无机元素包括主要元素(又称大量元素)和微量元素两类，这是依据微生物对它们需要量的大小划分的。主要元素有 P、S、Mg、K、Ca 等；微量元素有 Fe、Cu、Mn、Zn、Mo、

Co、B 等。大多数金属离子对微生物生长的调节作用表现为在低浓度时却能刺激生长，当盐浓度太高时，对微生物生长有抑制作用。因此，培养基中无机盐和微量元素的加入一定不能超过临界值。复合培养基中有时不加无机盐，一般在复合培养基中由于加入许多动植物原料等都含有微量元素。

磷是核酸和蛋白质的必要成分，也是 ATP 的成分。在代谢途径调节方面，起着重要作用。促进微生物生长，但过量时，许多产物的合成受抑制。钙是某些酶的辅因子，维持酶的稳定性。但培养基中钙盐过多时，会形成磷酸钙沉淀。可分别消毒或逐步补加。镁处于离子状态时，是许多酶的辅酶的激活剂，不但影响基质的氧化，也影响蛋白质的合成。以硫酸镁加入，但在碱性溶液中会形成沉淀。

2.6 生长因子

广义说，凡是微生物生长不可缺少的微量有机物质、不能从一般的碳源和氮源物质合成，必须另外添加的微量有机物质称为生长因子(又称生长素)，包括氨基酸、嘌呤、嘧啶、维生素等；狭义说，生长素仅指维生素。与微生物有关的维生素主要是 B 族维生素，这些维生素是各种酶的活性基的组成部分，没有它们，酶就不能活动。凡是缺少合成生长素类物质的微生物(即缺少了合成生长素过程中的某种酶)，统称为营养缺陷型。

不同微生物合成能力不同，因而对生长因子需求不同。大部分微生物能自行合成这些有机物质，培养时不需要额外添加生长因子；但有些种类合成生长因子的能力有限，必须补充外源生长因子才能正常生长。例如，以糖质原料为碳源的谷氨酸产生菌均为生物素缺陷型，以生物素作为生长因子。并且生物素浓度对微生物的生长和产物的合成都有影响。大量合成谷氨酸时所需要的生物素浓度比菌体生长的需要量低。如果生物素过量，菌体大量繁殖而不产生或很少产生谷氨酸；若生物素不足，菌体生长不好，谷氨酸的产量也低。

能提供生长因子的天然营养物质有酵母膏、牛肉侵膏、麦芽汁、玉米浆及动植物组织提取液和微生物培养液等。也可在培养基中加入成分已知和含量确定的某种生长因子或生长因子复合液。

2.7 前体

某些化合物被加入培养基后，能够直接在生物合成过程中结合到产物分子中，而自身的结构并未发生太大的变化，却能提高产物的产量，这类小分子物质被称为前体。如加入玉米浆可提高青霉素单位产量，经研究玉米浆中的苯乙胺并不是菌体的营养成分，苯乙胺及其衍生物和一些脂肪酸可以被优先结合到青霉素分子中，他们是青霉素分子的组成部分。合适的前体物质能大幅度地提高目的产物的产量，但一次添加浓度不宜过大，有的前体物质超过一定的浓度时，将对菌体的生长产生毒副作用。

2.8 促进剂和抑制剂

促进剂是一类刺激因子，它们并不是前体或营养，这类物质的加入或可以影响微生物的正常代谢，或促进中间代谢产物的积累，或提高次级代谢产物的产量。促进剂种类繁多，它们的作用机制也不同。如在葡萄糖氧化酶生产中，添加金属螯合剂二乙胺四乙酸对酶形成有显著影响，在一定范围内酶活力随添加的二乙胺四乙酸量而增加。利用黑曲酶进行柠檬酸发酵时，如果在培养基中加入植酸钠，能显著提高柠檬酸的产量。

抑制剂在发酵过程中会抑制某些代谢途径的进行，同时会刺激另外一些代谢途径，以致可以改变微生物的代谢途径。如酵母厌氧发酵中加入亚硫酸盐或碱类，可以促使酒精发酵转入甘油发酵。

在发酵过程中添加促进剂的用量较低，如果选择得当，效果很显著。但一般来说，促进剂的专一性较强，往往不能相互套用，实践过程中要经过实验摸索后才能使用。

3 营养物质的调节

微生物的生长需要多种营养，但必须严格掌握各种营养物质的浓度和比例，这不仅仅是为了维持正常的渗透压，或是节约原材料，还在于营养物质的浓度和比例直接影响菌体的繁殖和产物的积累。

3.1 不同碳源的利用速度不同

菌株能够利用的碳源往往是不同的，同一菌株对不同碳源的利用速度也是不同的。例如，霉菌和放线菌可以利用各种碳源，包括葡萄糖、麦芽糖、乳糖、糊精、淀粉、脂类、乳酸盐、醋酸盐等，但利用的速度不同。选择碳源时除考虑选择有利于菌体的生长外，兼顾发酵产物的形成和产量。如青霉素产生菌利用葡萄糖的速度比乳糖快，菌体生长快，可以提前积累青霉素，其实不然，因为葡萄糖的迅速利用，首先会产生大量的有机酸，使培养液中的pH值不能上升，低pH值不利于青霉素的产生。其次碳源的迅速消耗，会引起菌体的过早自溶。因此应将速效碳源和迟效碳源结合使用。

3.2 氮源利用与碳源利用的关系

不同氮源的利用速度也是不同的，例如，某些无机氮源如铵氮和硝基氮相比，铵氮比硝基氮更易利用。另为，氨的浓度过高或过低，对产物的形成都有不良影响，特别是过高会造成减产。

氮源利用速度与碳源利用速度是很有关系的，各种糖的代谢速度不同，氨及铵盐的利用速度也随之改变。例如，葡萄糖的利用速度快，氨的利用速度也随之加快；乳糖的代谢慢，氨的利用也推迟。

3.3 碳氮比例的调节

除了碳、氮源利用之间有密切关系外，碳源和氮源之间的比例也能够直接影响微生物的生长和发酵产物的积累。例如，谷氨酸发酵时，C∶N为4∶1时，菌体大量繁殖，而谷氨酸积累却非常少。当C∶N为3∶1时，产生大量的谷氨酸，菌体的繁殖却受到抑制。一般酵母细胞的碳氮比约为5∶1，霉菌细胞的碳氮比约为10∶1。碳源既是碳架，又是能源，用量要比氮源多。氨基酸发酵时，因产物的含氮量高，要求培养基中碳氮比相对高一些。发酵产物是产生菌在代谢过程中产生的，产物量在一定条件下与细胞量呈正比，因此为了积累产物，首先繁殖细胞。在生产上多采用控制碳氮比例以满足菌体的大量繁殖，同时又能大量形成产物。

3.4 前体的控制

前体自身、菌体本身、前体的使用方式、前体的浓度、加入时间等许多因素会影响前体的利用或渗入产物分子。不同的前体具有不同的效果，某些前体虽然加入量少，但作用显著，称为强前体；另一些前体，尽管加入量很大，但作用却很小，这种前体称为弱前体。如两种前体同时存在时，其效果并不是两者效果的加和，而是两前体之间发生竞争，较强的前体排斥较弱的前体进入产物分子。前体对菌体有要求，例如，加入同一前体，对某些菌种的产量影响很小，但对另一些菌种则可以提高产量数倍。青霉素发酵中，加入0.1%的苯乙酸使旧菌种的青霉素产量提高很少，但能使杂交菌种提高3～7倍以上。有些菌种有多种前体可以使其增加产量，但是除了前体本身的性质引起的效果差异外，前体的使用方式不同，也会收到不同的效果。例如，苯乙酰胺一次加入的效果比分次加入的效果好。一般培养基中前体的浓度越大，增产越多。但大多数前体对菌体是有毒的，只能少量使用。例如，苯乙酰胺的浓度超过0.1%就有毒性，所以通常用量不大于0.1%。前体可以被菌体作为一般碳源而氧化，所以要保证合成产物对前体物质的需要，必须在发酵过程中不断加入，一般是每隔12h，加入0.05%~0.1%。由于某些前体如苯乙酸在酸性环境中，对菌体是有毒的，必须在pH值稍微升高后再开始加入。

3.5 补料

为了提高产量，生产上多采用丰富培养基，丰富培养基的运用带来了新的问题。过于丰富的碳源、氮源会使菌体大量繁殖，营养物质都消耗在菌体的生长上，到了产物合成阶段，一则由于营养消耗，二则由于菌体过早衰老、自溶，结果使产量下降。并且基础料的浓度过高，会使培养基过于黏滞，致使搅拌动力消耗增加，消沫困难，溶解氧下降，渗透压过高等，以致不利于细胞的生长。为了解决此问题，采取了发酵过程补料的方法。发酵中期补料丰富了培养基，避免了菌体过早衰老，使产物合成的旺盛期延长；控制了pH值和代谢方向；改善了通气效果，避免了菌体生长可能受到的抑制；发酵过程中因通气和蒸发，使发酵液体积减少，因此，补料还能补足发酵液的体积。

补料物质包括碳、氮、水及其他物质。补料时间、速率和配比对补料能否起到良好效果是非常重要的。补料目的是不使菌体生长繁殖过快，仅仅维持呼吸，即处于半饥饿状态，但是仍能合成产物。例如，在红霉素发酵中，以玉米浆、黄豆饼粉、蔗糖为培养基，红霉素的合成是在菌体生长达到最高峰时开始的。如果在培养基中蔗糖消耗完时补加蔗糖，红霉素的合成重新开始，但是蔗糖与黄豆粉和其它氮源同时加入时，则对红霉素的合成没有促进作用。

第3节　培养基的配制

1　培养基成分选择的原则

1.1　根据不同微生物的营养需要配制不同培养基

工业生产主要应用细菌、放线菌、酵母菌和霉菌四大类微生物。它们对营养的要求既有共性，也有各自的特性，应根据不同类型微生物的生理特性考虑培养基的组成。

1.2　根据微生物生长的适宜条件选择培养基成分

各大类微生物都有它们生长繁殖的最适pH值。且在微生物生长繁殖过程中会产生引起培养基pH值改变的代谢产物。在设计它们的培养基时，就要考虑到培养基的pH值调节能力。一般应该加入磷酸缓冲溶液或碳酸钙，使培养基的pH值稳定。

培养基的其它物化指标也会影响微生物的培养。培养基中水的活度应符合微生物的生理要求（α_{ω}值在0.63~0.99之间）；大多数微生物适合在等渗的环境下生长，而有些细菌也能在高渗溶液中生长。在配制培养基时，通常不必测定这些指标，因为培养基中各种成分及其浓度等指标的优化已间接地确定了培养基的水活度和渗透压。此外，各种微生物对培养基的氧化还原电位等也有不同的要求。

1.3 根据培养微生物的目的配制培养基

培养基的成分影响培养的目的，选择培养基成分时考虑培养微生物的目的是为了得到菌体还是其代谢产物，是实验室用还是生产用。如果是为了得到菌体，培养基成分中一般氮源含量比较多，以利于菌体蛋白质的合成。如果是为了产生代谢产物，则应从代谢产物的化学组成来考虑。若是不含氮的有机酸或醇类时，培养基中含的碳源比例要高些；如果是生产含氮量高的氨基酸类代谢产物时，氮源的比例就应高些。在设计培养基时，还应考虑到代谢产物是初级代谢产物，还是次级代谢产物。如是次级代谢产物要考虑加入特殊成分，如生长因子(维生素和其它)和前体。实验室用于培养菌体的种子培养基氮源含量要高，即碳氮比值低；相反用于生产用的发酵培养基，它的氮源一般应比种子培养基稍低，若发酵产物是含氮化合物时，有时还应该提高培养基的氮源含量。

1.4 根据经济效益选择培养基原料

考虑经济节约，尽量少用或不用主粮，努力节约用粮，或以其他原料代粮。

糖类是主要的碳源。碳源的代用方向主要是寻找植物淀粉、纤维水解物，以废糖蜜代替淀粉、糊精和葡萄糖，以工业葡萄糖代替食用葡萄糖。同时，使用稀薄的培养基，适当减少碳氮配比。石油作为碳源的微生物发酵可以生产以粮食为碳源的发酵产品。

有机氮源的节约和代替主要为减少或代替黄豆饼粉、花生饼粉、食用蛋白胨和酵母粉等含有丰富蛋白质的原料。代用的原料可以是棉籽饼粉、玉米浆、蚕蛹粉、杂鱼粉、黄浆水或麸汁、饲料酵母、石油酵母、骨胶、菌体、酒糟，以及各种食品工业下脚料等。这些代用品大多蛋白质含量丰富，货源充足，价格低廉，便于就地取材，方便运输。

2 设计培养基的方法

2.1 生存环境的模拟

在自然状态下，如果微生物能在某种环境中大量生存，就说明该环境中有适合该微生物生长的营养物质和生存条件。因此，可以模拟自然基质或直接取用该天然物质来作为微生物的培养基。

2.2 查阅文献

对于已经研究过的微生物和一些发酵过程，在相关的文献中有培养基成分的记载，可参阅文献直接选用或在已有培养基的基础上加以改进和优化。

2.3 借助实验的方法

培养基成分的含量最终都是通过实验获得的。最好先选择一种较好的化学合成培养基做基础，摸索菌种对各种主要有机碳源和氮源的利用情况和产生代谢产物的能力。注意培养过程中的 pH 值变化，观察适合于菌种生长繁殖和适合于代谢产物形成的两种不同 pH 值，不断调整配比来适应上述各种情况。在此过程中应注意每次只限一个变动条件。有了初步结果以后，先确定一个培养基配比。其次再确定各种重要的金属和非金属离子对发酵的影响，即对各种无机元素的营养要求，试验其最高、最低和最适用量。在合成培养基上得出一定结果后，再做复合培养基试验。

最后试验各种发酵条件和培养基的关系。培养基内 pH 值可由添加碳酸钙来调节，其他如硝酸钠、硫酸铵也可用来调节。

2.4 采用合理的试验设计方法

多因子试验有均匀设计、正交实验设计、响应面分析等。

3 培养基设计的步骤

(1)根据前人的经验和培养基成分确定一些必须考虑的问题，初步确定可能的培养基成分；

(2)通过单因子实验最终确定出最为适宜的培养基成分

(3)当培养基成分确定后，剩下的问题就是各成分最适的浓度，由于培养基成分很多，为减少实验次数常采用一些合理的实验设计方法。

(4)摇瓶水平到反应器水平的配方优化。

摇瓶、反应器培养基研究是两个层次。摇瓶培养是培养基设计的第一步，反应器是最终的优化基础配方。例如青霉素发酵，发酵摇瓶的培养基成分是玉米浆4%，乳糖10%，$(NH_4)SO_4$ 0.8%，轻质碳酸钙1%。发酵罐中培养基成分为：葡萄糖流加控制总量10% ~15%，玉米浆总量4% ~8%，补加硫酸、前体等。

摇瓶发酵培养基和罐的基础培养差别很大。通过发酵罐(反应器)水平可以得出最终优化的基础配方。摇瓶培养基是分批培养过程结果。对于补料培养过程不能照搬分批培养的培养基配方。

4 培养基设计时注意的一些相关问题

设计培养基时考虑原料及设备的预处理、原材料的质量及发酵特性的影响。培养基灭菌时为了避免营养物质在加热的条件下相互作用，可以将营养物质分开消毒。如 $Na_2HPO_4 + CaCO_3 \rightarrow CaHPO_4 + Na_2CO_3$。有些物质由于挥发和对热非常敏感，就不能采用湿热的灭菌方法。

在抗生素发酵生产中往往喜欢所谓的“稀配方”，因为它既降低成本、灭菌容易、且使氧传递容易而有利于目的产物的生物合成。如果营养成分缺乏，则可通过中间补料方法予以弥补。

第4节　淀粉质原料的糖化

发酵培养基成分主要是淀粉时，首先对淀粉质原理进行“糖化”处理，淀粉在酸或淀粉酶的作用下发生水解反应，工业上称为“糖化”。糖化后有利于发酵菌种的生长和产物的形成。

1 淀粉水解原理

淀粉的水解反应的进行需要酸和淀粉酶催化剂，淀粉在酸催化作用下水解的最终产物是葡萄糖，在淀粉酶的作用下，随酶的种类不同产物不同。

1.1 淀粉酸水解原理

淀粉乳中加入稀酸后加热，经糊化、溶解，进而葡萄糖苷键裂解形成各种聚合度的糖类的混合溶液。在稀溶液的情况下，最终将全部变成葡萄糖。

淀粉的水解变化简单表示如下：

$$(C_6H_{10}O_5)_n + nH_2O \rightarrow nC_6H_{12}O_6$$

淀粉　　　水　　葡萄糖

淀粉经酸水解生成糖的过程中，实际上有三种不同的反应发生，主要反应是淀粉的水解，还有两个副反应，即葡萄糖的复合反应和分解反应，图解表示如下：

（分解）　　（分解）

淀粉⟶葡萄糖⟷龙胆二糖

（脱水）↓　（复合）

5－羟甲基糠醛⟶有色聚合物

↓分解

蚁酸和其他有机酸

工业常用的催化能力较强的酸有盐酸和硫酸两种，这两种酸各有利弊。盐酸比硫酸催化能力强，但盐酸的腐蚀性却比硫酸强。当使用盐酸水解，糖化后的中和用碳酸钠，生成的氯化钠具有咸味，增加发酵产品的灰分，如果制备结晶葡萄糖，氯化钠影响葡萄糖的结晶、分离及收率。但因盐酸的催化效能高，所用的量少，生成的氯化钠的量少，所以对制品的味道影响很小。当使用硫酸水解，糖化后的中和用碳酸钙，生成硫酸钙沉淀，由于硫酸钙具有相当的溶解度，下游处理时不易全部除掉。溶解的硫酸钙在蒸发时易产生锅垢，影响传热。制成的糖浆在放置期间，硫酸钙会慢慢析出而变混浊，在工业上称为“硫酸钙混浊”。如果使用碳酸钡中和，产生的硫酸钡溶解度很小，对中和、过滤效果较好。

1.2　淀粉酶水解原理

淀粉的酶解过程包括：淀粉的液化和糖化两个步骤。淀粉液化作用是在 α－淀粉酶能够水解淀粉分子内部的 α－1，4 糖苷键，生成糊精及低聚糖。随着淀粉糖苷键的断裂，分解物的相对分子质量越来越小，反应液黏度不断下降，流动性增强，这种现象工业上称为液化。糖化是利用糖化酶将淀粉液化产物糊精及低聚糖通过糖化酶水解成葡萄糖的过程。工业生产使用的糖化酶主要来自曲霉、根霉、和拟内孢霉。酶的来源不同，其作用的最适 pH 值和最适温度也不同。曲霉所产糖化酶最适作用温度为 55～60°C，pH 值 4.5～5.5；拟内孢霉所产糖化酶最适作用温度为 50°C，pH 值 4.5～5.0。

2　糖化方法

2.1　曲法

用曲作为糖化剂或作为糖化剂兼发酵剂酿酒，是我国所独创的。曲的种类很多，主要有大曲、小曲、小曲和麸曲。

大曲曲块较大，每块重 2～3kg，大曲呈砖状，一般制成后需贮存至少三个月才能使用，所以被称为砖曲、大曲、陈曲。大曲以大麦、小麦、豌豆为原料，采用生料制曲，有利于保存原料本身含有的水解酶类。大曲制曲的温度为 60～65℃甚至更高者，称为高温曲，适用于酿制茅香型及泸香型白酒；中温曲的最高品温为 45～59℃，适用于酿制泸香型及汾香型白酒。大曲是自然培养而成的，所以含有霉菌、酵母、细菌等复杂的微生物群。因而，它既是酿制白酒的糖化剂，又是发酵剂，可以同时进行糖化与发酵。大曲的糖化力及发酵力均很低，因此用曲量很大。例如茅台酒的用曲量为原料重的 100%，泸州大曲酒的用曲量为 18%～22%。

小曲的外形比大曲小得多，有球形、饼状、正方及长方块等多种形态，以米粉、米糠、小麦为原料，有的还加入中药材或观音土等，小曲也称为药曲或酒药，在南方使用者较多。

小曲也是糖化兼发酵剂，以曲种接种，糖化菌主要为根霉，也夹有毛霉等；发酵菌主要为酵母。小曲可用于白酒、黄酒的生产，酵母含量极少的小曲称为甜酒药，用于制"甜酒酿"。小曲的用量很少，仅为大曲的1/20左右。

麸曲以麸皮为主要原料，制曲时间较短，因此也称为快曲。麸曲是利用人工菌种(黄曲霉、黑曲霉)培养而成的糖化剂，麸曲配以纯种酵母培养的酒母为发酵剂，可酿制白酒。根据大曲含多种菌的原理，也可制成多菌种麸曲，即"多微麸曲"。麸曲除可用于白酒生产以外，也可用于酒精和黄酒的生产。

2.2 植物酶法

利用植物中的酶作为淀粉水解的催化剂糖化淀粉的方法称为植物酶法。如在啤酒酿造中，是利用发芽的大麦本身所含的酶进行糖化。大麦中含有大量游离的和以结合状态存在的β-淀粉酶和少量α-淀粉酶，发芽的大麦β-淀粉酶含量增加2~3倍，并且形成大量α-淀粉酶。α-淀粉酶具有液化作用，β-淀粉酶具有糖化作用。除此以外，大麦芽还有麦芽糖酶、蔗糖酶、异淀粉酶等，有利于淀粉的糖化。

2.3 酸法

酸法又叫做酸糖化法，它是以酸(无机酸或有机酸)为催化剂，在高温高压下将淀粉水解转化为葡萄糖的方法。淀粉酸法制糖的工艺流程如下：

淀粉→调浆→过筛→加酸→进料→糖化→放料→冷却→中和→脱色→压滤→糖液

酸的用量大，淀粉水解速度越快。但随着盐酸用量的增加，糖化过程中的副产物也随着增加，糖液色泽也随着加深。以纯HCl计，盐酸用量为干淀粉的0.5%~0.8%。控制pH值在1.5左右。淀粉水解成为葡萄糖后，加入碱(Na_2CO_3、NaOH)中和，达到pH值为4.6~4.8为止。然后经活性炭脱色处理，再经压滤机滤了，即糖液。

用酸法生产葡萄糖，水解时间短(10°Bé淀粉在350kPa压力下，7~10min即可转化为葡萄糖)，设备简单，且生产能力大。酸水解作用是在高温、高压及一定酸浓度条件下进行的，要求设备耐高温、耐高压、耐腐蚀。酸水解过程伴有副反应发生，造成葡萄糖的损失，降低淀粉的转化率。酸水解法要求淀粉颗粒不宜过大，大小要均匀，避免水解不彻底。淀粉乳浓度不宜过高，以防转化率低。

2.4 双酶法(酶解法)

酶解法是用专一性很强的淀粉酶及糖化酶将淀粉水解为葡萄糖。酶解分为两步：第一步是利用α-淀粉酶将淀粉液化生成糊精和低聚糖，淀粉的黏度下降，可溶性增加，这个过程称为液化。第二步，利用糖化酶将糊精和低聚糖进一步水解，生成葡萄糖，这个过程称为糖化。

液化过程是将α-淀粉酶先加入淀粉乳中加热，淀粉糊化后即被液化。液化一般在高温下反应，要求液化酶耐高温。目前生产上采用的液化酶是耐高温细菌α-淀粉酶，可以在93~97℃作用于淀粉，酶活力高，可以保证淀粉糊化完全。淀粉乳的酸碱度对酶的催化作用影响很大，过酸、过碱都会降低酶的活性。α-淀粉酶作用的适宜pH值范围是6.0~7.0，最适作用pH值为6.2~6.4。酶的用量应根据酶活力的高低而定，如酶活力为200U/g，应以5~8U/g淀粉的比例计算用量。液化时间不宜过长。因为淀粉的液化是在较高的温度下进行的，如果液化时间过长，会使一部分已经液化的淀粉重新结合成硬束状体，使糖化酶难以作用，影响葡萄糖的产率，因此必须控制液化的程度。液化终点以碘液显色控制，反应液呈橙黄色或棕红色，即为液化完全（碘液配方：11g 碘，22g 碘化钾，用蒸馏水定容至 500mL。检查方法：在 150×15 试管中，加水 15mL，加碘液 2 滴，摇匀加入液化液 1 滴）。液化结束后，升温至 100℃保持 5～10min 进行灭酶处理，然后降温，供糖化用。

糖化反应的条件依所用的糖化酶来源不同而异。在生产中，应根据酶的特性，尽量选用较高的糖化温度，较低的 pH 值。这样糖化速度快，减少杂菌感染。糖化反应初期，糖化反应速度快，葡萄糖值迅速达到 95%，之后，糖化速度减慢，一定时间后，葡萄糖值不再上升，接着开始下降。因此，当葡萄糖值达到最高时，停止酶反应（可加热至 100℃，5min 灭酶），否则已糖化的葡萄糖起复合反应，从而降低葡萄糖值。

葡萄糖的复合反应是在糖化酶作用下使葡萄糖之间的 α－1，6 糖苷键结合为异麦芽糖、潘糖等，影响葡萄糖的得率。为了抑制复合反应的发生，在糖化过程中加入能水解 α－1，6 糖苷键的葡萄糖苷酶，与糖化酶一起糖化，并选用较高的糖化 pH 值（6.0～6.2），抑制糖化酶复合反应的催化作用，这样可提高葡萄糖的产率，所得糖化液含葡萄糖达 99%，而单独采用糖化酶时糖化液含葡萄糖一般不超过 96%。

酶解反应条件较温和，不需耐高温、耐高压、耐酸的设备。淀粉水解副反应少，水解糖液纯度高，淀粉转化率高。酶解法制得的糖液颜色浅、纯净、无苦味、质量高。但酶解反应时间长，要求设备多，而且酶本身是蛋白质，易引起糖液过滤困难。

2.5　酸酶法

对于颗粒坚实的淀粉质原料如玉米、小麦，如果用 α－淀粉酶液化，在短时间内作用，往往液化不彻底。采用酸（盐酸）将淀粉水解至葡萄糖值 10～15，然后将水解液降温，中和，再加入糖化酶进行糖化。此种先将淀粉酸水解成糊精或低聚糖，然后再用糖化酶将其水解为葡萄糖的水解过程称为酸酶法。

酸酶法水解淀粉制糖，酸用量少，产品颜色浅，糖液质量高。并且酸液化速度快。因而可采用较高的淀粉乳（18～20°Bé）浓度，提高生产效率。

2.6　酶酸法

有些淀粉原料（碎米淀粉）颗粒大小不一，用酸法水解，会使水解不均匀，出糖率低。故先经 α－淀粉酶液化，过滤出去杂质后，再用酸法水解制葡萄糖。这种先用 α－淀粉酶液化淀粉到一定程度，然后用酸水解成葡萄糖的工艺为酶酸法。酶酸法生产容易控制，生产时间短（液化 30min，糖化 20～30min）。

淀粉水解制糖的方法各有千秋，从水解糖液的质量及消耗、提高原料利用率等方面考虑，以酶解法最好，酸酶结合法次之，酸法最差。从淀粉水解整个过程所需的时间来说，酸法最短，酶解法最长。

第 5 节　糖蜜原料的处理

1　糖蜜的来源及特点

糖蜜是甘蔗或甜菜糖厂的一种副产品，又叫废糖蜜。我国南方各省盛产甘蔗，甘蔗糖厂较多，因此。甘蔗糖蜜的产量也很大，产量为原料甘蔗的 2.5%～3%。甘蔗糖蜜中含有大量的蔗糖和转化糖。我国甜菜的生产主要在东北、西北、华北等地。甜菜糖蜜的产量为甜菜的3% ~4%。甜菜糖蜜与甘蔗糖蜜的主要区别是甜菜糖蜜中转化糖含量少，而甘蔗糖蜜含量较高。甘蔗糖蜜呈微酸性，pH 值6.2；而甜菜糖蜜则呈微碱性，pH 值7.4。甘蔗糖蜜中氮素含量低，占0.5%左右；甜菜糖蜜中氮素含量高，占1.68% ~2.3%，但是占甜菜糖蜜含氮量50%的甜菜碱很少被酵母消化(强烈通风下仅消化5%)。

糖蜜含糖量较高，大多数是可发酵性糖，经过稀释，添加部分营养盐，就可用酵母发酵，生产酒精。利用糖蜜生产酒精，可以省去蒸煮、制曲、糖化等工序，生产成本低，设备简单，生产周期短，工艺操作简单。

但是，糖蜜中存在着大量的非糖成分，特别是盐类与重金属离子的存在，抑制了酵母的繁殖与酒精的生成，因此糖蜜发酵酒精比淀粉糖化醪发酵困难。目前已驯养出新的酵母菌种，解决了糖蜜发酵困难的问题。由于糖蜜中干物质的浓度在80 ~90°Bé，糖蜜必须进行稀释后才能用于酒精发酵。糖蜜中有很多杂菌，特别是产酸细菌，所以发酵前需要灭菌以及调酸处理。甜菜糖蜜的 pH 值为7.4，需要先用硫酸中和调整至微酸性 pH 值4 ~4.5。甘蔗糖蜜°Bé 呈微酸性，添加少量硫酸调整 pH 值4 ~4.5 即可。糖蜜中含有5% ~12%的胶体物质，酒精发酵时产生大量泡沫，因而降低发酵罐的利用率。同时胶体物质会吸附在酵母的表面，使酵母新成代谢作用发生困难，特别是蔗糖和黑色素对酵母的发酵作用抑制较大。糖蜜中的灰分含量很大，一般糖蜜中的灰分为5% ~6%，糖蜜中的杂质多，纯度低，不仅使发酵率下降，同时也使设备易产生尘垢，因此，糖蜜中的灰分、杂质应尽量除去。糖蜜中含有微量的重金属离子，特别是铜离子对酵母有抑制作用，Cu^{2+} 含量达 5mg/L 时，酵母开始受到抑制，含量达到 10mg/L 时，酵母停止生长。因此，对糖蜜中微量的重金属离子应引起足够的注意。糖蜜作为发酵培养基，还需要添加适当的营养成分，以便各种成分的比例协调。由于糖蜜中非糖杂质多，杂菌多，这就要求酵母菌种强壮，耐高温，耐高酸，耐高渗透压。

2 糖蜜的处理方法

利用废糖蜜发酵可以生产不同的产品。生产不同的产品需要不同的发酵培养基，所以对糖蜜的处理要求也不同。

糖蜜发酵生产酒精时，糖蜜的处理包括稀释、酸化、灭菌、澄清和添加营养盐等过程。

糖蜜发酵生产谷氨酸时，经过降低生物素含量，添加青霉素，添加表面活性剂，追加糖蜜，选用非生物素缺陷型突变株。糖蜜发酵生产柠檬酸时，由于糖蜜中所含的金属离子和营养物能促进菌体的过度生长，阻碍产酸，因此需要经过稀释、调节 pH 值、添加黄血盐、添加 EDTA、离子交换法、吸附处理法、交互沉淀法、稀释补料法、使用添加剂、糖蜜培养基的灭菌等一些处理，提高产物产率。

第6节 其他原料的处理

1 纤维素及发酵废液的处理

纤维素废料包括稻草、麦杆、玉米的茎和叶、甘蔗渣及废纸等。用这些废料生产 SCP

（单细胞蛋白）。利用纤维素原料生产 SCP 的流程如下：

纤维素原料→粉碎→水解→中和→澄清→过滤→发酵罐培养→分离→{废液；菌体→浓缩→干燥→磨碎→成品}

（发酵罐培养处加入：种子、营养盐）

将农副产品如玉蜀黍芯和稻草等切成长 6～7cm 的碎片，用 0.5%～1% 浓度粗硫酸，在 2%～3% 下常压水解。也可采用 2%～4% 的氢氧化钠处理蔗渣纤维素，在 110～130℃ 下，处理 30～60min 即可。添加石灰乳中和，使 pH 值达到 6.5～6.8，然后静止、澄清、除去石膏等。添加硫酸亚铁等除去单宁及其衍生物，将中和液冷却至 30～40℃ 备用。配制培养基时，除了添加必需的无机盐和特殊的营养物质外，还需加消泡剂。

利用柠檬酸中和滤液生产酵母。柠檬酸发酵废液中含有相当多的残糖、有机酸、钙沉淀物或可溶物，用它来培养酵母或浓缩后作为饲料，既可以获得经济效益，又可以避免环境污染。

柠檬酸中和滤液生产酵母的工艺流程如下：

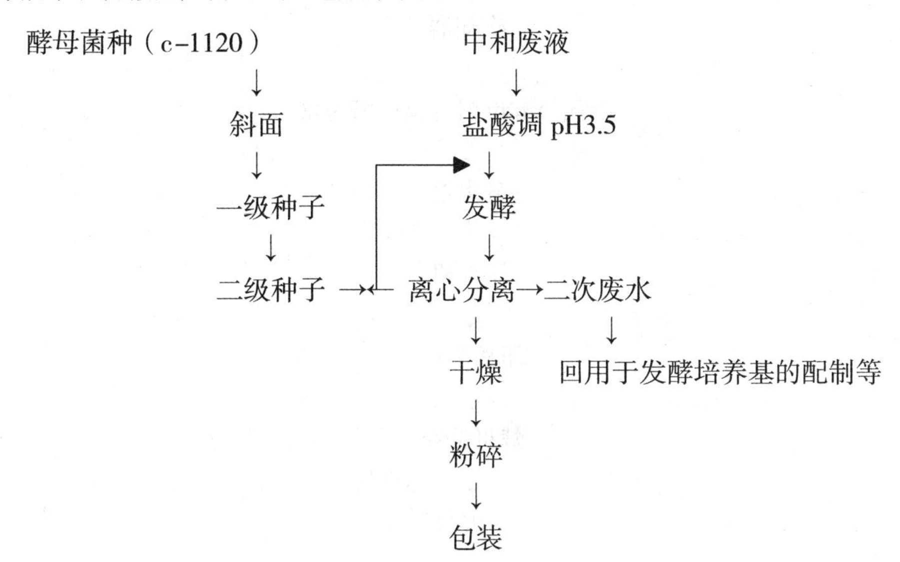

培养基不灭菌，接种摇瓶培养 11h 后，接入种子罐，培养 12h。调 pH 值采用味精工业废水，它可以增加培养液中的还原糖和氨基酸等有效成分，使酵母生长快、培养时间缩短、产率增加。

2　亚硫酸盐废液的处理

2.1　亚硫酸盐纸浆废液生产酒精和蛋白质

亚硫酸盐纸浆废液有针叶材浆红液和阔叶材亚硫酸盐纸浆废液，阔叶材亚硫酸盐纸浆废液中主要含有戊糖（木糖），不适合生产酒精。酸性亚硫酸盐（pH 值 1～2）针叶材浆红液，有 60%～65% 是可发酵生产酒精的还原糖（己糖），其余 35%～40% 的单糖为不能发酵生产酒精的还原糖（戊糖）。

利用酸性亚硫酸盐针叶材浆红液，生产酒精过程如下：

废液→中和→澄清→调温→发酵→酵母分离→蒸馏→酒精

红液经预蒸发浓缩至20%（固形物），加入石灰乳液中和至pH值5左右，沉淀出木素硫酸钙、硫酸钙、亚硫酸钙和碳酸钙等。澄清液冷却至30～36℃。

用亚硫酸盐纸浆废液为原料或经过发酵酒精后的酒糟培养酵母，酵母既可以利用己糖，也可以利用戊糖，还可以利用糖醛酸和醋酸，转化率约为45%。这种酵母含蛋白质和维生素，既可作为动物饲料，也可作为食品供人类消费。

酒糟生产酵母的生产流程如下：

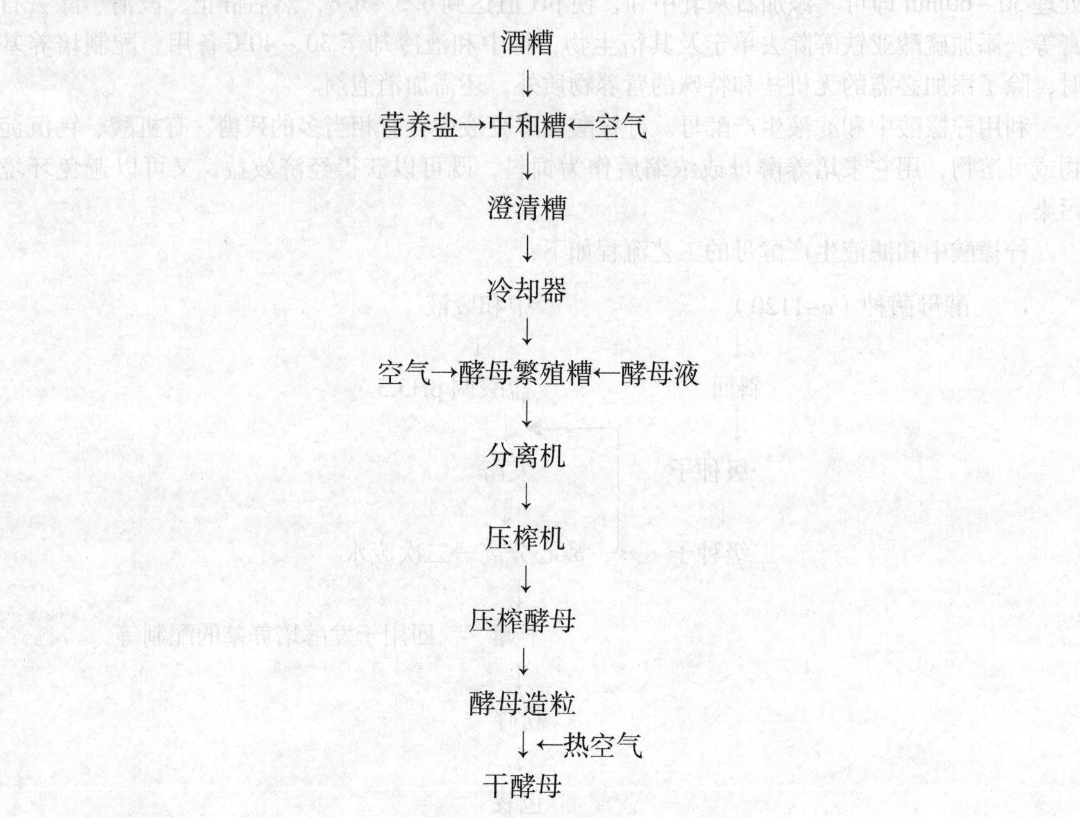

生产饲料酵母能使废液中95%左右的糖分得到转化，所以比生产酒精更能降低红液的BOD，而且生产过程比较简单。

采用丝状菌种*Pekilo*发酵亚硫酸盐纸浆废液生产蛋白质，*Pekilo*能代谢低分子半纤维素、有机酸、糖类、醛类等。用*Pekilo*种母增殖生产蛋白质饲料。经过调温、中和、发酵、过滤、洗涤和脱水，蛋白产品进一步干燥至90%干度，最终产物中蛋白质含量约55%。同其它蛋白质原料比，它是一种更为良好的资源。它含有各种氨基酸，而且含量比例极好。

木材制浆亚硫酸盐废液是生产单细胞蛋白的主要原料之一，废液经发酵SCP后，大大降低污染负荷。用非木材浆的亚硫酸盐废液来培养SCP，找出适宜的微生物，不但可以发酵还原糖，还可以直接或间接利用没有充分降解的碳水化合物和糖醛酸等有机化合物。如果废液培植酵母菌后，再培植霉菌，效果会更好。

2.2 亚硝酸盐废液发酵生产乳酸

亚硝酸盐废液中含有SO_2、亚硝酸根和木素等杂质，需要将它们分别除去供发酵。

亚硫酸盐废液乳酸发酵菌种以戊酸杆菌为宜。该菌生产的乳酸为 DL 型，最适发酵温度为 30℃。

亚硫酸盐废液制备发酵培养基需要补充营养物。营养物以麦根汁和玉米浆较好。营养物一般在 100℃ 单独灭菌 10min 后加至种子培养液中。如果直接加到亚硫酸盐废液中，可被沉淀的木素等物质带走。亚硫酸盐废液可以不灭菌，但必须在 48h 内完成发酵，发酵温度为 30℃。流加石灰乳或加入固体 $CaCO_3$ 使 pH 值在 5.5～6.5。

作业与思考

1. 简答发酵培养基的基本营养组成及其功能。
2. 选择和配制发酵培养基应遵循哪些基本原则？
3. 以谷氨酸发酵为例，说明培养基的组成会对菌种产生哪些影响？

第7章　发酵种子的制备

随着发酵规模不断扩大，发酵罐的容积从几升到几百升，要使微生物在较短的时间内完成如此巨大的发酵任务，就必须具备数量巨大的微生物细胞。保藏的发酵菌种数量不足以满足大规模的发酵生产，因此要把发酵菌种扩大培养，经过逐级扩大培养，获得发酵生产所需菌种的数量和质量。此过程即为种子制备。种子制备是发酵生产的第一道工序。从保藏在试管中的菌种，逐渐扩大为生产用的种子，是由实验室制备到车间生产的过程。菌种制备方法和条件因生产菌种种类而异。选择合适的种子扩大培养方法，获得代谢旺盛、数量充足的种子，为提高发酵生产效率奠定基础。

第1节　种子的扩大培养

种子扩大培养是指将保存在砂土管、冷冻干燥管中处于休眠状态的生产菌种接入试管斜面活化后，再经过扁瓶或摇瓶及种子罐逐级扩大培养，最终获得一定数量和质量的纯种过程。这些纯种培养物称为种子。

1　种子扩大培养的目的及对种子的要求

种子扩培的目的是保证发酵生产对种子量和质的需求。因为发酵时间的长短与接种量的大小有关。接种量大，发酵时间短；接种量小，发酵时间则长。接入大量种子，有利于缩短发酵时间，提高发酵设备的利用率，同时也减少染菌机会。另外，种子的保藏条件和培养基与发酵生产的条件和培养基往往差异较大，因此，种子扩大培养的过程也是种子从保藏条件向发酵生产条件的过渡过程，使种子的生长条件逐渐适应发酵生产条件，也就是说种子的扩大培养是对种子的驯化过程。通过扩大培养不但要获得纯而壮的种子，而且要得到活力旺盛、数量足够的发酵菌种。

种子的质量对发酵生产起着关键作用，优质的种子应具备以下条件：

(1)菌种具有满足大容量发酵对种子总量及浓度的要求；

(2)菌种的生活力强，移种至发酵罐后能迅速生长，迟缓期短；

(3)菌种的生理性状稳定，群体的生理状态一致，以得到稳定的菌体生长过程；

(4)无杂菌污染，以保证整个发酵过程正常进行；

(5)菌种保持稳定的生产能力，使最终产物的生物合成量持续、稳定、高产。

2　种子扩大培养的步骤

(1)保藏的菌种接种到斜面培养基中活化培养；将长好的斜面孢子或菌丝体转接到固体培养基或摇瓶液体培养基中进行扩大培养，制备实验室种子；

(2)将扩大培养的孢子或菌丝体接种到一级种子罐，制备生产用种子；如果需要，可将一级种子再接种至二级种子罐进行扩大培养，完成生产车间种子的制备；

(3)制备好的生产种子转接到发酵罐中进行发酵生产。

3 种子扩大培养的方法

种子扩大培养的方法有两种。

(1)先在固体培养基上生长繁殖成大量孢子(对于不产孢子和芽孢的微生物来说，生长繁殖成大量菌体)，将孢子或菌体直接接入种子罐扩大培养。这种方法叫孢子进罐法，细菌、霉菌和一些放线菌采用。孢子进罐法的优点是工艺过程简单，一次可以制备较大量的孢子，易于保存。因此既可以节约大量的人力、物力和时间，又可以减少杂菌的污染机会。另为，孢子在接入种子罐之前，可先对其质量进行鉴定，合格的孢子才能接入种子罐，这样就可控制孢子质量，减少生产中批与批之间的差异性。缺点：沙土管和冷冻管的用量大。

(2)将固体培养基上繁殖的孢子接入摇瓶液体培养基中，使其生长繁殖成菌丝，再将摇瓶菌丝接入种子罐扩大培养。这种方法称为摇瓶菌丝进罐法，适用于生长缓慢的放线菌。其优点是可以节约砂土管和冷冻管的用量，缩短菌种在种子罐内的生长时间。缺点为菌丝不易保存，批次更换频繁，批与批之间的种子质量有差异，这种差异容易造成生产上的波动。另为，由于菌丝制备工艺时间长，增加了杂菌污染的机会。

第2节 工业发酵种子的制备

工业发酵种子的制备可分为实验室种子制备阶段和生产车间种子制备阶段。实验室种子制备阶段包括孢子制备、固体培养基扩大培养或摇瓶液体培养。生产车间种子制备阶段包括摇瓶液体种子制备和种子罐扩大培养，见图7-1。

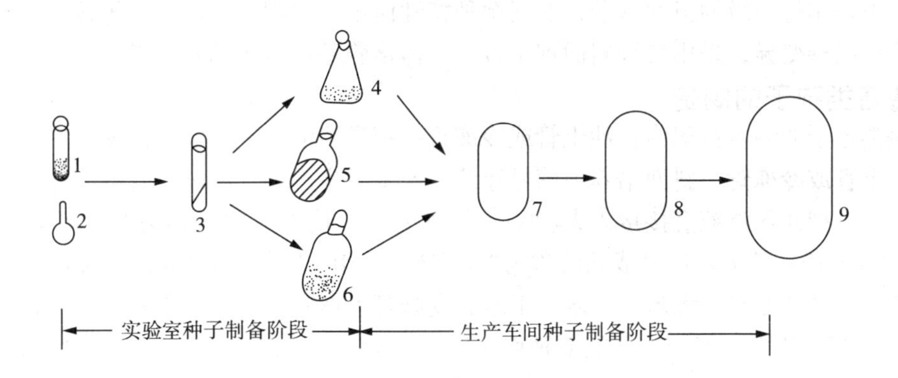

图7-1 发酵种子制备过程简图

实验室种子制备阶段不用种子罐，所用的设备为培养箱、摇床等实验室常见设备，在工厂这些培养过程一般都在菌种室完成，因此形象地将这些培养过程称为实验室阶段的种子培养。

生产车间种子制备阶段：种子培养在种子罐里面进行，一般在工厂归为发酵车间管理，因此形象地称这些培养过程为生产车间阶段。

1 实验室种子制备阶段

不同菌种制备工艺不同，根据菌种的特点最终的培养物可分为两类：一类为不产孢子和芽孢的微生物；另一类为产孢子的微生物。对于不产芽孢和孢子的微生物，实验室阶段的种子扩培最终是获得一定数量和质量的菌体，如谷氨酸的种子培养。对于产孢子的微生物菌种，即可以将孢子进入生产罐，又可用菌丝体发酵生产。获得一定数量孢子的培养步骤少，因而更容易获得量和质稳定的种子，但操作繁琐。获得一定数量和质量的菌丝体，便于操作，但需要更仔细的控制。

培养基的选择应该是有利于菌体的生长，对孢子培养基应该是有利于孢子的生长。

在原料方面，实验室种子培养阶段，规模一般比较小，因此为了保证培养基的质量，培养基的原料一般都比较精细。

不产孢子和芽孢的细菌，传代步骤为：保藏斜面→活化斜面。产孢子和芽孢的菌种，传代步骤为：保藏→母斜面→子斜面。传代过程中使菌种的传代次数尽可能的少。

不同菌种的孢子制备工艺各有不同的特点，但都需采用有利于生长大量孢子、不易引起菌种变异、又能防止杂菌污染的工艺条件。

1.1 放线菌类孢子的制备

培养基的原料采用如麸皮、豌豆浸汁、蛋白胨、牛肉膏和一些无机盐等适合产孢子的营养成分。碳源和氮源不要太丰富(1%、0.5%)，如碳源丰富容易造成生理酸性的营养环境，不利于孢子的形成；而氮源丰富不利于孢子的形成。碳氮比例大一些为好，这样避免菌丝的大量形成，有利于产生孢子。

放线菌种子扩大培养的工艺过程为：砂土管→一级斜面→二级斜面→摇瓶→种子罐→发酵罐

放线菌类孢子培养温度一般为28℃、也有放线菌种为30℃或37℃。培养时间因菌种而异，大多数需培养4~7d，孢子成熟后于5℃条件下保存备用。

生产中采用哪一级的斜面孢子，要视菌种特性而定。采用一级斜面孢子接入液体培养基有利于防止菌种变异，采用二级斜面孢子接入液体培养基可节约菌种用量。

1.2 霉菌类孢子的制备

霉菌类孢子的制备流程为：沙土管或冷冻管→菌悬浮液→亲米→生产米

或砂土管或冷冻管→斜面培养→菌悬浮液→亲米→生产米。将砂土管或冷冻管中的菌种制成悬浮液，把此悬浮液直接接入大(小)米培养基上，培养成熟后称为“亲米”。由亲米再转至大(小)米培养基上，培养成熟后称为“生产米”，用“生产米”接入种子罐内。霉菌类孢子的制备培养基的原料：大米、小米、玉米、麦麸等天然农产品为培养基原料。霉菌类孢子的培养温度25~28℃，培养时间随菌种而不同，一般为4~14d。为了使通气均匀，在培养过程中要注意翻动。

1.3 细菌类孢子的制备

细菌类孢子制备的斜面培养基采用碳源限量而氮源丰富的配方。牛肉膏、蛋白胨是常用的有机氮源。细菌培养时间大多数为37℃，少数为28℃，细菌菌体培养时间一般为1~2d，产芽孢的细菌则需培养5~10d。

2 生产车间种子制备

生产车间种子制备目的是为发酵生产提供一定数量和质量的种子。生产车间种子制备阶段包括摇瓶液体种子制备和种子罐扩大培养。

2.1 摇瓶液体种子制备

有些孢子发芽和菌丝繁殖速度缓慢的菌种，需要将孢子经摇瓶液体培养成菌丝后再接入种子罐，这就是摇瓶种子。摇瓶相当于缩小了的种子罐，其培养基配方和培养条件与种子罐相似。

将实验室制备的斜面孢子接种到体积较小的摇瓶(母瓶)中，经培养形成大量菌丝后，再转接到体积较大的摇瓶(子瓶)中培养，这种摇瓶培养方法称为母瓶-子瓶两级培养。摇瓶进罐法常采用母瓶-子瓶两级培养。采用母瓶-子瓶两级培养。有时母瓶也可以直接进发酵罐。种子培养基要求营养丰富，并易被菌体分解利用。氮源丰富有利于菌丝生长。原则上，培养基的浓度不宜过高，母瓶培养浓度比子瓶略高，子瓶更接近种子罐的培养基配方。

2.2 种子罐种子制备

种子罐的作用是将通过摇瓶培养获得有限数量的孢子或菌丝生长并繁殖成大量的菌丝体。种子罐种子制备的过程一般可分为一级种子、二级种子和三级种子的制备。种子罐的级数是指制备种子过程中需要逐级扩大培养的次数。孢子(或摇瓶菌丝)接种到体积较小的种子罐中，经培养后形成大量的菌丝，这样的种子称为一级种子。把一级种子转入发酵罐内发酵，成为二级发酵。如果将一级种子接入到体积较大的种子罐中，经培养后形成更多的菌丝，这样的种子成为二级种子。把二级种子转入发酵罐内发酵，称为三级发酵。种子级数应根据菌种生长特性、孢子发芽和繁殖速度以及采用的发酵罐容积大小来确定。

在生产车间阶段，最终一般都是获得一定数量的菌丝体。由于菌丝体比孢子要有利(缩短发酵时间，有利于获得好的发酵结果)，所以大多数产孢子的菌种，选用菌丝体作为生产车间种子制备的对象。

培养基的选择应首先考虑的是有利于孢子的发育和菌体的生长，所以营养要比发酵培养基丰富。在原料方面：不如实验室阶段那么精细，而是基本接近于发酵培养基，这有两个方面的原因：一是考虑生产成本；二是菌种经过与发酵培养基基本相似的条件的驯化，能很快适应生产培养条件，缩短发酵周期，提高生产效率。

一般由菌丝体培养开始计算发酵级数，但有时，工厂从第一级种子罐开始计算发酵级数。

如谷氨酸产生菌的制备为三级发酵：

一级种子(摇瓶)→二级种子(小罐)→发酵

青霉素产生菌的制备为三级发酵：

一级种子(小罐)→二级种子(中罐)→发酵

发酵级数确定的依据包括发酵规模、菌体生长特性、接种量大小等因素。如果级数大，难控制、易染菌、易变异，管理困难，一般选2~4级。

在发酵产品的放大中，反应级数的确定是非常重要的一个方面。应通过试验来摸索。

经过制备得到的种子以多大比例接入生产罐最终以实践确定，接种量的大小用接种量表示，即接种量等于移入种子的体积与接种后培养液的体积之比。接种量过大过小都不好，接种量过大，种子制备的成本高，发酵效益相对低；接种量过小，发酵周期长，也导致发酵效益低下。如大多数抗生素为7% ~15%。但是一般认为大一点好。种子接入生产罐方法有多种，其中常用有"双种"和"倒种"法，"双种"法为两个种子罐接种到一个发酵罐中。"倒种"是一部分种子来源于种子罐，一部分来源于发酵罐。

种龄是指种子罐中培养的菌体开始移入下一级种子罐或发酵罐时的培养时间。种龄的长短影响发酵菌种的质量，如种龄短，菌体太少；种龄长，菌体易老化。种龄一般为对数生长期末，细胞活力强，菌体浓度相对较大，但是最终由实验结果定。

在种子制备的过程中，无论哪一步过程都要严格进行灭菌检查和种子质量的控制，以保证发酵生产的正常进行。

第3节　种子质量的控制

生产用种子质量是由孢子的质量和种子罐种子的质量决定的，种子的质量与菌种的特性和培养条件有关，在本节中主要阐述培养和保藏孢子的条件及培养种子的培养条件对种子质量的影响和控制。

1　影响孢子质量的因素及孢子质量的控制

1.1　影响孢子质量的因素

一般来说，发酵单位高、生产性能稳定的纯种孢子被认为是优质孢子。影响孢子质量的因素有以下几个方面。

(1)培养基。配制孢子培养基所用的原材料的产地、品种、加工方法和用量对孢子质量都有一定的影响。因为原材料的产地、品种、加工方法不同，会导致培养基中微量元素和其他营养成分含量不一样。如蛋白质胨和琼脂的牌号不同，其中磷含量不同，造成生产过程中孢子质量不稳定。此外，水质对孢子也有影响，因此，为了排除水质对孢子的影响，在配制培养基的蒸馏水中加入适量的无机盐。

(2)培养温度和湿度。培养温度是影响孢子质量的显著因素。尽管微生物在较宽温度范围内生长，但要得到优质的孢子，培养温度控制在最适温度范围内。如果不是用最适温度培养的孢子，其生产能力就会下降。不同的微生物的最适温度不同。需要通过试验来确定。培养温度控制的低比高有利于孢子的形成。

培养孢子时，培养室的空气湿度对孢子形成的速度、数量和质量有很大影响。如空气湿度低，斜面培养基的水分蒸发快，致使斜面下部含有一定水分，而上部干瘪，这是孢子长得快，且从斜面下部向上长；空气相对湿度高，斜面内水分蒸发慢，这时斜面孢子从上部往下长，下部常因积存冷凝水而使孢子生长缓慢或孢子不能生长。在最适湿度下可得到健壮的孢子。

最适温度和湿度是相对的。如果相对湿度、培养基组分不同，对微生物的最适温度会有影响，培养温度、培养基组分不同，也会影响到微生物培养的最适相对湿度。

(3)培养时间和冷藏时间。孢子的培养时间应控制在孢子量多、成熟、发酵产量正常的阶段终止培养。一般选择在孢子成熟阶段时终止培养，过于年轻的孢子经不起冷藏，过于衰老的孢子会导致生产能力下降。

斜面孢子的冷藏时间对孢子质量也有影响，其影响随菌种不同而异。总的原则是冷藏时间宜短不宜长。

(4)接种量。接种量过大或过小均对孢子质量产生影响。因为接种量的大小直接影响一定量培养基中孢子的个体数量，进而影响菌体的生理状况。接入种子罐的孢子数量对发酵生产有影响。例如，青霉素产生菌之一的球状菌的孢子数量对青霉素发酵产量影响极大。孢子数量过少，则进罐后长出的球状体过大，影响通气效果；若孢子数量过多，则进罐后不能很好地维持球状体。

1.2 孢子质量的控制措施

孢子质量的控制措施如下：

(1)砂土管的保存。用砂土管保藏菌种时，把砂土管保存在干燥剂的容器中，放在4℃左右的冰箱中。若保藏时间超过一年，应该进行一次自然分离，从中选出形态、生产性能好的单菌落接种孢子培养基。制备好的斜面孢子，要经过摇瓶发酵试验，合格后才能用于发酵生产。

(2)斜面培养基所用的主要原材料，需要经过糖、氮、磷含量的化学分析和摇瓶发酵试验，合格后才能使用。

(3)制备的斜面孢子，在外观上应生长丰满、色泽正常，并且要先经过摇瓶发酵试验，合格后才能用于生产。

(4)要注意观察斜面外观与产量的相关性。从而选取产量高的菌落扩大培养。例如，四环素产生菌的砂土孢子的正常菌落有两种，一种菌落的边缘整齐、有螺纹条、鼠灰色；另一种是中间有凸起的所谓“草帽型”，此两种形状菌落的发酵单位较高。而其他异常菌落的发酵单位都很低，只有正常菌落发酵水平的10%左右。

总之，孢子质量与培养基、温度、湿度、培养时间、保藏时间和接种量等因素有关系，且这些因素之间相互结合、相互联系和相互制约，因此对各种因素必须全面考虑，综合控制。

2 影响种子质量的主要因素及种子质量的控制

2.1 影响种子质量的主要因素

在发酵工业生产中通常以外观颜色、效价、菌丝浓度或黏度以及糖氮代谢、pH值变化等作为判断摇瓶种子的质量主要指标。种子罐种子质量主要受孢子质量、培养基、培养条件、种龄和接种量等因素的影响。

(1)培养基。种子培养基原材料的控制类似于孢子培养基原材料质量的控制。一般选择一些有利于孢子发芽和菌丝生长的培养基。在营养上要易于被菌体直接吸收和利用，营养成分要适当丰富和完全，氮源和维生素含量较高，这样可以使菌体粗壮并且具有较强的活力。另一方面，培养基的营养成分要尽可能地和发酵培养基接近，以适合发酵的需要，这样的种子移入发酵罐比较容易适应发酵罐的培养条件。种子罐是培养菌体的，培养基的糖分要少，而对微生物生长起主导作用的氮源要多，而且其无机氮源所占的比例要大些。种子罐和发酵罐的培养基成分相同也有益处。处于对数生长期的菌种，从种子罐转移到生长环境比较接近的发酵罐中，可以大大缩短菌种生长过程的延滞期，进而缩短发酵周期。因此，种子罐和发酵罐的培养基成分趋于一致较好。但培养基中各成分的数量(即原料配比)还需根据不同的培养目的和不同的微生物来确定。

发酵产物产量提高是选择培养基的一个重要标准，满足发酵菌种的营养成分是提高菌种生产力的前提条件，但同时还应当要求培养基组成简单、来源丰富、价格便宜、取材方便等。

(2)种龄与接种量。种子培养的时间称种龄。种子培养时种龄的大小应以菌种的对数生长期为宜。处于对数生长期的微生物，因其整个群体的生理特性一致，细胞成分平衡发展和生长速率恒定，是发酵生产中用做种子的最佳种龄。种龄过小过大，都会导致菌种的延滞期过长，这样不但延长发酵周期，而且会降低发酵产量。

接种量的大小是影响发酵周期的直接因素。接种量和菌种的延滞期长短成反比。过于增大接种量也没有必要，因为种子培养比较费时；而且接种量过大，势必过多地向发酵罐中移入代谢废物，这样反而会影响正常发酵。

(3)温度。温度是通过影响酶反应速度来影响微生物的生命活动的。任何微生物的生长都有最适的生长温度。在此温度范围内，微生物的生长和繁殖最快。如果所培养的微生物能承受较高的温度，那么采用高温培养种子，可减少污染杂菌机会和夏季培养所需降温的辅助设备，对工业生产有很大好处。

温度和微生物生长的关系可以从两个方面分析。一方面，在微生物最适生长温度范围内，微生物生长速度随温度升高而加快；另一方面，处于不同生长阶段的微生物对温度的反应不同。如处于延滞期的细菌对温度的变化十分敏感，如果在最适温度附近，可以缩短生长的延滞期；如培养温度较低，则延处于对数生长期的细菌，一般情况下，如果在略低于最适温度的条件下培养。这样可防止发酵过程中温度升高带来的破坏作用。处于生长后期，细菌的生长速度主要取决于溶解氧而不是温度，因此，此时控制的重心放在通气量方面。

为了保证种子罐的温度在菌的最适生长温度范围内，常常在种子罐装有热交换设备如夹套、排管和蛇管等进行温度调节。如果是好氧培养，冬季里通入的无菌空气也要预先加热，避免因通入低温空气引起种子培养液的温度波动。

(4)pH 值。pH 值的变化会引起各种微生物酶活力的改变，从而影响微生物的生长，各种微生物都有自己生长与合成酶的最适 pH 值。同一菌种合成酶的类型与酶系组成可以随 pH 值的改变而产生不同程度的变化。如黑曲霉合成果胶酶时，pH 值大于 6，则果胶酶形成受抑制；小于 6，就形成果胶酶。培养基的 pH 值能被菌体代谢所改变，如阴离子被吸收和氮源被利用，会使培养中 pH 值上升；如阳离子被吸收和有机酸的积累，则培养基中 pH 值下降。一般情况下，培养基中碳源高，则培养基向酸性 pH 值转移，高氮源向碱性 pH 值转移，这与碳氮比直接相关。为了保证微生物的生长和酶的合成，培养基必须保持适当的 pH 值。生产过程中 pH 值的调节通过使用酸碱溶液、缓冲溶液、各种生理缓冲液。

(5)通气和搅拌。在好氧发酵中，需向发酵设备通入无菌空气，不同的发酵菌种通气量不同，同一菌种的不同生理时期对通气量的要求也不相同。因此，在控制通气条件时，必须考虑到既能满足菌种生长与合成酶的不同要求，又要节省电耗，降低生产成本。通气是供给大量氧气，搅拌的作用是将氧气分散均匀，使通气效果更好，搅拌也有利于热交换，使培养液的温度趋于一致，还有利于营养物质与代谢物分散均匀。此外，挡板则有助于搅拌，使溶氧效果更好。

通气量的大小，一般按氧溶解的速度来确定。因为只有氧溶解的速度大于菌体的吸氧量时，菌体才能正常生长和合成产物。培养过程中随着菌体繁殖量加大，呼吸增强，菌体的吸氧量增加，因此，随着吸氧量的增加加大通气量，以增加溶解氧的量。氧的溶解速度与培养罐的结构、菌种的特性、培养基的黏度和菌体生长情况等因素有关。一般来说，培养罐内液体高度深，搅拌转速大，通气管开孔小而多，培养液黏度小，气泡在培养液内停留时间就长，氧的溶解度也大。在生产中通过调节这些因素，使培养基中溶解氧满足菌体呼吸的需要，得到优质的种子。通气量大小与所用菌种特性、培养及性质和菌种培养阶段有关。在培养阶段的各个时期如何选择通气量，同样要根据菌种的特性、发酵罐的结构、培养基的性质等许多试验确定

(6)泡沫。微生物培养过程中产生泡沫，产生泡沫的原因是通气和机械搅拌使液体分散和空气窜入形成气泡；培养及某些成分的变化或微生物的代谢活动也能产生气泡。泡沫直接影响到微生物的生长和合成酶。泡沫的持久存在影响微生物对氧的吸收，妨碍二氧化碳的排除，因而影响微生物生理代谢的正常进行，不利于发酵。此外，由于泡沫的大量产生，致使培养液的容量一般只等于种子罐容积的一半左右，大大影响设备的利用率，甚至发生抛料，招致染菌，损失更大。

为了克服泡沫给种子培养造成的不良影响，在种子培养过程中要采取措施消除泡沫。目前使用的消泡方法有化学消泡剂；机械装置消泡；改进培养基成分也是控制泡沫的重要措施(增加磷酸盐)。

(7)染菌的控制。染菌也是种子培养过程中不可避免出现的现象，尽早发现染菌，及时进行处理，以免造成更大的损失。常见染菌发生的原因包括设备、管道、阀门漏损，灭菌不彻底，空气净化不好，无菌操作不严或菌种不纯等。菌种发生染菌将会使各个发酵罐都染菌，因此必须采取控制措施，加强接种室的消毒管理工作，定期检查消毒效果，严格无菌操作技术。在平时应经常分离试管菌种，以防菌种衰退、变异和污染杂菌。对于已出现杂菌菌落或嗜菌斑的试管斜面菌种，应予废弃。对于菌种扩大培养的工艺条件要严格控制，对种子质量更要严格掌握，必要时可将种子罐冷却，取样后做纯菌试验，确证种子无杂菌存在，再向发酵培养基中接种。

(8)种子罐的级数。种子罐级数的确定取决于菌种的性质(如菌种传代后的稳定性)、孢子瓶中的孢子数、孢子发芽及菌丝繁殖速度以及发酵罐中种子培养液的最低接种量和种子罐与发酵罐的容积比等因素。另外，种子罐的级数也可随产物的品种、生产规模和工艺条件的改变所适当的调整。种子罐的级数愈少，愈有利于简化工艺及控制。级数少可减少种子罐污染杂菌的机会，减少消毒及值班工作量以及减少因种子罐生长异常而造成出发菌的波动。

2.2 种子质量的控制措施

种子的质量是发酵能否正常进行的重要因素之一。种子制备不仅要提供一定数量的菌体，而且要提供质量优良的菌种。因此，保证种子质量首先要确保菌种的稳定性，其次是提供种子培养的适宜环境，保证无杂菌侵入，以获得优良种子。

(1)菌种稳定性检查。发酵菌种质量优劣控制的主要方面是保持菌种具有稳定的生产能力，因此需要定期考察和挑选菌种，对菌种进行自然分离，在实验室进行摇瓶发酵，测定其生产能力，从中挑选具有较高生产能力的菌株，防止菌种生产能力的下降。

(2)适宜的生长环境。要保证种子稳定的生产能力，需要提供给菌种适宜的生长繁殖条件，包括提供营养丰富的培养基、适宜的培养温度和和适度、合理的通气量等。

(3)种子无杂菌检查。工业发酵中的大多数发酵是纯种发酵。种子无杂菌是纯种发酵的保证。在种子制备过程中每移种一步均需进行无杂菌检查，并对种子液进行生化分析。无菌

检查是判断杂菌的主要依据，微生物工业生产中通常采用种子液的显微镜观察和无杂菌检查试验；种子液生化分析项目主要是测定其营养基质的消耗速度、pH 值变化、溶氧利用、色泽和气味。

3 种子质量检查

判断种子质量的优劣需要有实际经验，况且，不同产品、不同菌种以及不同工艺条件的种子质量标准有所不同。发酵工业生产上常用的种子质量标准，一般常用以下几个方面。

(1)细胞或菌体。菌体形态、菌体浓度以及培养液的外观，是种子质量的重要指标。菌体形态可通过显微镜观察来确定，以单细胞菌体为种子的质量要求是菌体健壮、菌形一致、均匀整齐，有的还要求有一定的排列或形态，以霉菌、放线菌为种子的质量要求是菌丝粗壮，对某些染料着色力强，生长旺盛，菌丝分枝情况和内含物情况良好。菌体的生长量也是种子质量的重要指标，生产上常用离心沉淀法、光密度法、测黏度法和静置沉降体积法等进行测定。种子液外观如颜色、黏度等也可作为种子质量的指标。

(2)生化指标。种子培养过程中，由于菌体的代谢活动，种子培养液中营养成分含量和 pH 值发生变化。也就是说种子液的糖、氮、磷含量的变化和 pH 值变化是菌体生长繁殖、物质代谢的反应，种子液的质量也可以这些物质的利用情况及 pH 值变化为指标。

(3)产物生成量。微生物工业的最终目的是获得人类所需要的产物。种子液中产物的生成量是考察种了质量的重要指标。因为种子液中产物生成量多少是种子生产能力和成熟程度的反映。

(4)酶活力。目前作为判断种子质量的标准的一种较新的方法—种子液中某种酶的活力。通过测定种子液中某种酶的活力，对种子的质量作出判断。如土霉素生产的种子液中的淀粉酶活力与土霉素发酵单位有一定的关系，因此种子液淀粉酶会立刻作为判断该种子质量的依据。此外，种子应确保无任何杂菌污染。

4 种子异常的分析

发酵生产过程中，种子异常的情况时有发生，影响发酵的进行。种子异常表现为菌种生长发育缓慢或过快、菌丝结团、菌丝粘壁三个方面。

(1)菌种生长发育缓慢或过快。在各项工艺参数正常的情况下，出现整个代谢过程过慢或过快现象即为菌种生长发育缓慢或过快。引起菌种在种子罐中生长发育缓慢或过快的原因是孢子质量以及种子罐的培养条件。如通入种子罐中无菌空气的温度较低或者培养基的灭菌质量较差是种子生长、代谢缓慢的主要原因。

(2)菌丝结团。菌丝结团现象是在液体培养条件下，繁殖的菌丝并不分散舒展而聚成团状成为菌丝结团。此时，从培养液的外观就能看见白色的小颗粒，如果在显微镜下可以观察到菌丝团的中央部分重叠而无法辨认，仅在菌丝团的边缘上，可以见到分枝的菌丝。菌丝结成团会影响菌的呼吸和对营养物质的吸收。目前，对菌丝成团的机理尚不清楚。初步研究分析，引起菌丝结团的原因可能和接入种子罐的孢子量太少以及通气搅拌效果不良造成的。当菌丝结团时，通过加入某些表面活性剂如吐温 80，可以促进菌丝团分散，但是表面活性剂有时对产量有影响，须经过试验来确定。

(3)菌丝粘壁。菌丝粘壁是种子培养过程中，菌丝正常发育生长，但在继续培养时菌丝逐步粘附在罐壁上。当菌丝繁殖速度低于被罐壁黏附的速度时，培养液中菌丝浓度愈来愈小，最后就可能出现菌丝结团现象。菌丝粘壁可能和搅拌效果和种子罐装料系数有关，发酵过程中搅拌器的效果不好，搅拌时泡沫过多，以及种子罐装料系数过小等均导致菌丝粘壁。特别以真菌为产生菌的种子培养过程中，发生菌丝粘壁的机会较多。

种子的异常不仅有上述三种现象，还表现在代谢情况上的异常，如糖、氮代谢过快或过慢，pH 值过高或过低，种子发酵单位低等。因此，检查种子的质量时，不仅以表观参数为指标，更主要的是要从代谢上来分析其内在的变化规律。上述的代谢情况异常的种子，都不能接入发酵罐，否则在发酵过程中必然出现代谢不正常或发酵产物产量下降的现象。

作业与思考

1. 影响孢子质量的因素有哪些？
2. 影响种子质量的因素有哪些？
3. 用什么方法检查种子的质量？

第8章 发酵条件的控制

微生物的发酵过程是在合适的发酵条件下利用微生物菌种将原料转变为目的产物的过程。其转化过程能否顺利实现，受许多因素的影响。生产菌种的性能是发酵生产水平最基本的条件，但有了优良的菌种之后，需要赋予合适的环境条件，才能使其生产能力充分表现出来。为此，必须通过各种手段满足生产菌种对环境条件的要求，如培养基、培养温度、pH值、氧的需求等。微生物发酵过程是复杂的生化反应过程，在发酵体系中微生物数量不断增加，发酵的营养物质不断减少，发酵产物增加，这些环境因素的变化，影响发酵的进行。通过对发酵条件的监测与调控，维持特定的发酵环境条件，可以保证生产的正常进行。例如：pH值的控制，随着发酵的进行，营养物质浓度下降，代谢产物增加，发酵液的pH值上升或下降，我们可以测定其变化，通过流加酸或碱来维持特定的pH值。又如发酵过程中，随着微生物代谢的增强，耗氧速率上升，溶氧速率下降，使发酵液中溶氧浓度下降，造成微生物生长与代谢速率下降，通过加大通风量或提高搅拌转速来提高供氧速率，维持一定的溶氧水平。

发酵过程控制是发酵的重要部分，控制难点是过程的不确定性和参数的非线性。同样的菌种，同样的培养基在不同工厂，不同批次会得到不同的结果，可见发酵过程的影响因素是复杂的，比如设备的差别、水的差别、培养基灭菌的差别，菌种保藏时间的长短，发酵过程的细微差别都会引起微生物代谢的不同。为此，我们必须通过各种研究方法了解有关生产菌种对环境条件的要求，如培养基、培养温度、pH值、氧的需求等。并深入了解生产菌在合成产物过程中代谢调控机制及可能的代谢途径，为设计合理的生产工艺提供理论基础。为了掌握菌种在发酵过程中的代谢变化规律，可以通过各种检测手段以及采用传感器测定随时间变化的菌体浓度、糖和氮的消耗、产物浓度、培养温度、pH值、溶解氧等参数的情况，并予以有效控制，使生产菌种处于产物合成的优化环境之中。

第1节 发酵条件控制的方法

1 发酵过程工艺控制的目的

有一个好的菌种以后要有一个配合菌种生长的最佳条件，使菌种的潜能发挥出来。控制目标是得到最大的比生产速率和最大的生产率。应用控制技术于微生物发酵过程来提高生产率和经济效益。

欲使菌种发挥最大生产潜力，应从两方面考虑，一是菌种本身的代谢特点，如生长速率、呼吸强度、营养要求(酶系统)、代谢速率；二是菌种代谢与环境的相关性，如与温度、pH值、渗透压、离子强度、溶氧浓度等。微生物代谢是一个复杂的系统，它的代谢呈网络形式，比如糖代谢产生的中间物可能用作合成菌体的前体，可能用作合成产物的前体，也可能合成副产物，而这些前体有可能流向不同的反应方向，环境条件的差异会引发代谢朝不同的方向进行。因此对发酵过程的了解不能机械的，割裂的去认识，而要从细胞代谢水平和反应工程水平全面的认识。

微生物的生长与产物合成有密切相关性，不仅表现在菌体量的大小影响产物量的多少，而且菌体生长正常与否，即前期的代谢直接影响中后期代谢的正常与否。特别是对于次级代谢产物的合成更具有复杂性。

发酵过程受到多因素又相互交叉的影响如菌本身的遗传特性、物质运输、能量平衡、工程因素、环境因素等等。因此发酵过程的控制具有不确定性和复杂性。为了全面的认识发酵过程，本章首先要告诉大家分析发酵过程的基本方面，在此基础上再举一些例子，说明如何综合分析发酵过程及进行优化放大。

2　发酵过程研究的方法和层次

2.1　研究方法

研究方法有单因子试验和多因子试验。单因子试验是对实验中要考察的因子逐个进行试验，寻找每个因子的最佳条件。一般用摇瓶做实验。这种方法的优点是一次可以进行多种条件的实验，可以在较快时间内得到结果。缺点是如果考察的条件多，实验时间会比较长；

单因子试验考查单个因素对发酵的影响，未考虑各因子之间可能会产生交互作用，单因子试验影响结果的准确性。多因子试验是对影响发酵的几个因素结合起来进行实验，选择最佳因素的搭配。多因子试验的优点是反映了因子之间的交互作用，能够准确得出影响结果。缺点是试验次数很多，工作量大。为了克服此缺点，运用数理统计学方法设计实验和分析实验结果，得到最佳的实验条件。如正交设计、均匀设计、响应面设计。应用统计法的优点是同时进行多因子试验，用少量的实验，经过数理分析得到和单因子实验同样的结果，甚至更准确，大大提高了实验效率。但对于生物学实验要求准确性高，因为实验的最佳条件是经过统计学方法算出来的，如果实验中存在较大的误差就会得出错误的结果。

2.2　研究的层次

发酵过程研究的层次分为初级层次的研究，代谢及工程参数层次研究，生产规模放大三种。初级层次的研究一般在摇瓶规模进行试验。主要考察目的菌株生长和代谢的一般条件，如培养基的组成、最适温度、最适 pH 值等要求。摇瓶研究的优点是可以一次试验几十种甚至几百种条件，对于菌种培养条件的优化有较高的效率。代谢及工程参数层次研究：

一般在小型反应器规模进行试验。在摇瓶试验的基础上，考察溶氧、搅拌等摇瓶上无法考察的参数，以及在反应器中微生物对各种营养成分的利用速率、生长速率、产物合成速率及其他一些发酵过程参数的变化，找出过程控制的最佳条件和方式。由于罐发酵中全程参数是连续的，所以得到的代谢情况比较可信。生产规模放大是在大型发酵罐规模进行试验。将小型发酵罐的优化条件在大型反应器上得以实现，达到产业化的规模。

一般来说微生物在不同体积的反应器中的生长速率是不同的，原因可能是，罐的深度造成氧的溶解度、空气停留时间和分布不同，剪切力不同，灭菌时营养成分破坏程度不同所致。

3 发酵过程的中间分析

发酵过程的中间分析是生产控制的眼睛，它显示了发酵过程中微生物的主要代谢变化。因为微生物个体极微小，肉眼无法看见，要了解它的代谢状况，只能从分析一些参数来判断，所以说中间分析是生产控制的眼睛。这些代谢参数又称为状态参数，因为它们反映发酵过程中菌的生理代谢状况，如pH值，溶氧，尾气氧，尾气二氧化碳，黏度，菌浓度等。

代谢参数按性质分可分三类，物理参数包括温度、搅拌转速、空气压力、空气流量、溶解氧、表观黏度、排气氧(二氧化碳)浓度等。化学参数包括基质浓度(包括糖、氮、磷)、pH值、产物浓度、核酸量等。生物参数包括菌丝形态、菌浓度、菌体比生长速率、呼吸强度、基质消耗速率、关键酶活力等。

从检测手段分可分为直接参数和间接参数。直接参数是指通过仪器或其它分析手段可以测得的参数，如温度、pH值、残糖等。间接参数：将直接参数经过计算得到的参数，如摄氧率、KLa等。直接参数又可分为在线检测参数和离线检测参数，在线检测参数指不经取样直接从发酵罐上安装的仪表上得到的参数，如温度、pH值、搅拌转速；离线检测参数指取出样后测定得到的参数，如残糖、氨基氮、菌体浓度。

第2节 温度的控制

温度对发酵的影响是多方面且错综复杂的，温度对发酵的影响是通过影响酶的活力而影响细胞的生长、产物的合成。温度也影响各种发酵条件，最终影响微生物的生长和产物形成。保证稳定而合适的温度环境是提高发酵产率的重要条件。发酵过程中，菌体进行氧化代谢所释放的能量一部分被利用，其余则变成热能放出。一般发酵初期释放热量少，而中期较多。因此，在整个发酵过程中需密切注意温度的变化，并进行有效控制。

1 温度对发酵的影响

1.1 温度对生长的影响

不同微生物的生长对温度的要求不同，根据它们对温度的要求大致可分为四类：嗜冷菌适应于0~26℃生长，嗜温菌适应于15~43℃生长，嗜热菌适应于37~65℃生长，嗜高温菌适应于65℃以上生长。

每种微生物对温度的要求可用最适温度、最高温度、最低温度来表征。在最适温度下，微生物生长迅速；超过最高温度微生物即受到抑制或死亡；在最低温度范围内微生物尚能生长，但生长速度非常缓慢，世代时间无限延长。在最低和最高温度之间，微生物的生长速率随温度升高而增加，超过最适温度后，随温度升高，生长速率下降，最后停止生长，引起死亡。

微生物受高温的伤害比低温的伤害大，即超过最高温度，微生物很快死亡；低于最低温度，微生物代谢受到很大抑制，并不马上死亡。这就是菌种保藏的原理。

1.2 温度影响发酵方向

四环素产生菌金色链霉菌同时产生金霉素和四环素，当温度低于30℃时，这种菌合成金霉素能力较强；温度提高，合成四环素的比例也提高，温度达到35℃时，金霉素的合成几乎停止，只产生四环素。

温度还影响基质溶解度。氧在发酵液中的溶解度也影响菌对某些基质的分解吸收。因此对发酵过程中的温度要严格控制。

1.3 温度影响发酵液的物理性质

温度可以通过改变发酵液的物理性质，间接影响微生物的生物合成。例如，氧在发酵液中的溶解度也影响菌对某些基质的分解吸收。

温度对发酵的影响是多方面的，因此对发酵过程中的温度要严格控制。

2 发酵过程引起温度变化的因素

2.1 发酵热 $Q_{发酵}$

发酵热是引起发酵过程温度变化的原因。所谓发酵热就是发酵过程中释放出来的净热量。什么叫净热量呢？在发酵过程中产生菌分解基质产生热量，机械搅拌产生热量，而罐壁散热、水分蒸发、空气排气带走热量。这各种产生的热量和各种散失的热量的代数和就叫做净热量。发酵热引起发酵液的温度上升。发酵热大，温度上升快，发酵热小，温度上升慢。

现在来分析发酵热产生和散失的各因素。

2.1.1 生物热 $Q_{生物}$

在发酵过程中，菌体不断利用培养基中的营养物质，将其分解氧化而产生的能量，其中一部分用于合成高能化合物（如 ATP）提供细胞合成和代谢产物合成需要的能量，其余一部分以热的形式散发出来，这散发出来的热就叫生物热。生物热与发酵类型有关，微生物进行有氧呼吸产生的热比厌氧发酵产生的热多。例如一摩尔葡萄糖彻底氧化成 CO_2 和水，好氧发酵产生 287.2kJ 热量，183kJ 转变为高能化合物，104.2kJ 以热的形式释放。厌氧发酵产生 22.6kJ 热量，9.6kJ 转变为高能化合物，13kJ 以热的形式释放。

培养过程中生物热的产生具有强烈的时间性。生物热的大小与呼吸作用强弱有关。在培养初期，菌体处于适应期，菌数少，呼吸作用缓慢，产生热量较少。菌体在对数生长期时，菌体繁殖迅速，呼吸作用激烈，菌体也较多，所以产生的热量多，温度上升快，必须注意控制温度。培养后期，菌体已基本上停止繁殖，主要靠菌体内的酶系进行代谢作用，产生热量不多，温度变化不大，且逐渐减弱。

如果培养前期温度上升过于缓慢，说明菌体代谢缓慢，发酵不正常。如果发酵前期温度上升非常剧烈，有可能染菌，此外培养基营养越丰富，生物热也越大。

2.1.2 搅拌热 $Q_{搅拌}$

在机械搅拌通气发酵罐中，由于机械搅拌带动发酵液作机械运动，造成液体之间，液体与搅拌器等设备之间的摩擦，产生可观的热量。搅拌热与搅拌轴功率有关，可用下式计算：

$$Q_{搅拌} = (P/V) \times 3600 (kJ/h)$$

式中 P/V——通气条件下，单位体积发酵液所消耗的功率，kW/m^3；

3600——机械能转变为热能的热功当量，kJ/(kW·h)。

2.1.3 蒸发热 $Q_{蒸发}$

通气时，进入发酵罐的空气和发酵液广泛接触进行热交换，同时必然引起发酵液的水分蒸发，水分蒸发所需的热量叫蒸发热。水的蒸发热及排出气体因温度差所带走部分显热 Q 一起散失到外界。由于通入发酵罐的空气，其温度和湿度随季节及控制条件的不同而有所不同，所以 $Q_{蒸发}$ 和 $Q_{显热}$ 是变化的。蒸发热可按下式计算：

$$Q_{蒸发}=G(I_{出}-I_{进})$$

式中 G——通入发酵罐干空气质量流量，(kg/h)

$I_{出}$、$I_{进}$——发酵罐排气(干)和进气(干)的热焓，(kJ/kg)。

2.1.4 辐射热 $Q_{辐射}$

发酵罐内温度与环境温度不同，发酵液中有部分热通过罐体向外辐射。辐射热的大小取决于罐温与环境的温差。冬天大一些，夏天小一些，一般不超过发酵热的5%。

$$Q_{发酵}=Q_{生物}+Q_{搅拌}-Q_{蒸发}-Q_{辐射}-Q_{显热}$$

由于 $Q_{生物}$、$Q_{蒸发}$ 及 $Q_{显热}$，特别是 $Q_{生物}$ 在发酵过程中是随时间而变化的，因此发酵热在整个发酵过程中也随时间变化，引起发酵温度发生波动。为了使发酵能在一定温度进行，必须采取措施加以控制。

2.2 发酵热的测定

有两种发酵热测定的方法。一种是用冷却水进出口温度差计算发酵热。在工厂里，可以通过测量冷却水进出口的水温，再从水表上得知每小时冷却水流量来计算发酵热。

$$Q_{发酵}=G\cdot c_{m}\cdot(T_{出}-T_{进})/V$$

式中 c_m——水的比热容，kJ/(kg·℃)；

G——冷却水流量，kg/h；

$T_{出}$、$T_{进}$——冷却水的进出口温度，℃；

V——发酵液的体积，m^3。

另一种是根据罐温上升速率来计算。先自控，让发酵液达到某一温度，然后停止加热或冷却，使罐温自然上升或下降，根据罐温变化的速率计算出发酵热。

$$Q_{发酵}=(M_1c_1+M_2c_2)\cdot S$$

式中 M_1——系统中发酵液的质量，kg；

M_2——发酵罐的质量，kg；

c_1——发酵液的比热容，kJ/(kg·℃)；

c_2——发酵罐材料的比热容，kJ/(kg·℃)；

S——温度上升速率，℃/h。

3 最适温度的选择和控制

3.1 根据菌种及生长阶段选择

微生物种类不同，所具有的酶系及其性质不同，所要求的温度范围也不同。如黑曲霉生长温度为37℃，谷氨酸产生菌棒状杆菌的生长温度为30~32℃，青霉菌生长温度为30℃。

同一菌种在整个发酵过程并不是温度不变，根据生长阶段选择温度，在发酵前期由于菌量少，发酵目的是要尽快达到大量的菌体，取稍高的温度，促使菌的呼吸与代谢，使菌生长迅速。在中期菌量已达到合成产物的最适量，发酵需要延长中期，从而提高产量，因此中期温度要稍低一些，可以推迟衰老。因为在稍低温度下氨基酸合成蛋白质和核酸的正常途径关闭得比较严密有利于产物合成。发酵后期，产物合成能力降低，延长发酵周期没有必要，就又提高温度，刺激产物合成到放罐。如四环素生长阶段28℃，合成期26℃后期再升温；黑曲霉生长37℃，产糖化酶32～34℃。但也有的菌种产物形成比生长温度高。如谷氨酸产生菌生长30～32℃，产酸34～37℃。最适温度选择要根据菌种与发酵阶段做试验。

3.2 根据培养条件选择

温度选择还要根据培养条件综合考虑，灵活选择。通气条件差时可适当降低温度，使菌呼吸速率降低些，溶解氧浓度也可高些。由于溶解氧浓度是受温度影响的，其溶解度随温度下降而增加。这样可弥补较差通气条件造成代谢异常。温度的选择还应考虑培养基成分和浓度因素，培养基成分浓度稀薄或较易利用的培养基时，温度应该低些。因为温度高营养利用快，会使菌过早自溶，使产物合成终止，导致产量不高。

3.3 根据菌种生长情况选择

菌种生长快，维持在较高温度时间要短些；菌生长慢，维持较高温度时间可长些。培养条件适宜，如营养丰富，通气能满足，那么前期温度可高些，以利于菌的生长。

总的来说，温度的选择根据菌种生长阶段及培养条件综合考虑。要通过反复实践来定出最适温度。

第3节　发酵过程的pH值控制

发酵过程中发酵液的pH值是微生物代谢的综合反映，pH值大小影响代谢的进行，所以pH值是十分重要的参数。发酵过程中pH值是不断变化的，通过观察pH值变化规律可以了解发酵的正常与否，从而及时监测并加以控制，使pH值处于最佳的状态。

1　发酵过程pH值变化的原因

发酵过程中pH值是不断变化的，引起其变化的原因有以下几种。

1.1 基质代谢

(1)糖代谢。微生物代谢糖源过程中，pH值变化显著。特别是快速利用的糖，分解成小分子酸、醇，使pH值明显下降。当培养基中糖缺乏时，pH值上升，是补料的标志之一。

(2)氮代谢。微生物代谢氮源过程中，pH值也会发生变化。当氨基酸中的 $-NH_2$ 被利用后pH值会上升；尿素被分解成 NH_3，pH值上升，NH_3 利用后pH值下降，当碳源不足时，氮源当碳源利用pH值上升。

(3)培养基中的生理酸碱性物质利用后pH值会上升或下降。

1.2 产物形成

某些发酵产物本身呈酸性或碱性，使发酵液pH值变化。如发酵产物为有机酸类时，使pH值下降，红霉素、洁霉素、螺旋霉素等抗生素产物呈碱性，使pH值上升。

1.3 菌体自溶

当菌体内蛋白酶的活跃，培养液中氨基氮增加，使pH值上升，此时菌丝趋自溶而代谢活动终止。

2 pH 值对发酵的影响

2.1 pH 值对发酵的影响

(1)pH 值影响酶的活性。当 pH 值抑制菌体某些酶的活性时使菌的新陈代谢受阻；

(2)pH 值影响微生物细胞膜所带电荷。pH 值大小会改变微生物细胞膜所带电荷，从而改变细胞膜的透性，影响微生物对营养物质的吸收及代谢物的排泄，因此影响新陈代谢的进行；

(3)pH 值影响培养基某些成分和中间代谢物的解离。从而影响微生物对这些物质的利用；

(4)pH 值影响代谢方向。pH 值不同，往往引起菌体代谢过程不同，使代谢产物的质量和比例发生改变。例如黑曲霉在 pH 值 2 ~ 3 时发酵产生柠檬酸，在 pH 值近中性时，则产生草酸。谷氨酸发酵，在中性和微碱性条件下积累谷氨酸，在酸性条件下则容易形成谷氨酰胺和 N－乙酰谷氨酰胺。

(5)pH 值影响微生物的形态。如青霉菌培养时，当培养液超过 pH 值 6 时，菌丝长度缩短，而在 pH 值 7 以上时，膨胀菌丝的数目增加。

pH 值的变化不仅会引起各种酶活性的改变，影响菌对基质的代谢速度，甚至能改变菌的代谢途径和细胞结构。

2.2 pH 值在微生物培养的不同阶段有不同的影响

一般情况下 pH 值对菌体生长影响比产物合成影响小，例如青霉素发酵中，青霉素生产菌体生长最适 pH 值 3.5 ~ 6.0，青霉素产物合成最适 pH 值 7.2 ~ 7.4；四环素发酵中，菌体生长最适 pH 值 6.0 ~ 6.8，产物合成最适 pH 值 5.8 ~ 6.0。

2.3 最佳 pH 值的确定

发酵培养在最适 pH 值条件下，既有利于菌体的生长繁殖，又可以最大限度地获得高的产量，一般最适 pH 值是根据实验结果来确定的，通常配制不同初始 pH 值的培养基，通过摇瓶培养考察菌种的发酵情况，在发酵过程中定时测定、并不断调节 pH 值，以维持其起始 pH 值，或者利用缓冲剂来维持发酵液的 pH 值。同时观察菌体的生长情况，菌体生长达到最大值的 pH 值即为菌体生长的最适 pH 值。产物形成的最适 pH 值以同样方法测定。在知道菌种生长和产物合成的最适 pH 值后，便可以采用各种方法来控制。

3 pH 值的控制

在工业生产中，调节 pH 值的方法并不是仅仅采用酸碱中和，因为这种措施可以迅速中和培养基中当时存在的过量酸碱，但是却不能阻止代谢过程中连续不断发生的酸碱变化。即使随时进行测定和调节，也是徒劳无益的，因为这没有根本改善代谢状况。发酵过程中引起 pH 值变化的根本原因如上所述，是因为微生物代谢营养物质的结果，所以调节控制 pH 值的根本措施主要考虑发酵培养基中生理酸性物质与生理碱性物质的配比，然后是通过中间补料进一步加以控制。发酵培养成分配好后应注意以下具体调节方法：

(1)调节好基础料的 pH 值。基础料中若含有玉米浆，呈酸性，必须调节 pH 值。若要控制消毒后 pH 值在 6.0，消毒前 pH 值往往要调到 6.5 ~ 6.8。

(2)在基础料中加入维持 pH 值的物质。维持 pH 值的物质如 $CaCO_3$，或具有缓冲能力的试剂，如磷酸缓冲液等等。

(3)通过补料调节 pH 值。在发酵过程中根据糖氮消耗需要进行补料。在补料与调 pH 值没有矛盾时采用补料调 pH 值。如①调节补糖速率，调节空气流量来调节 pH 值；②当氨氮含量低，pH 值低时补氨水；当氨氮含量低，pH 值高时补 $(NH_4)_2SO_4$。当补料与调 pH 值发生矛盾时，加酸碱调 pH 值。

调节 pH 值的方法很多，但不同的方法作用效果不同。根据实验来确定不同发酵过程调节 pH 值的方法。

第 4 节　氧的供需

在发酵工业生产中因供氧不足而影响发酵产量的例子屡见不鲜，如何保证发酵中氧的供给，以满足生产菌对氧的需求，使氧的供、需矛盾不成为发酵生产的限制因素。首先要了解发酵微生物对氧的需求，不同的微生物需氧量是不一样的，即使同一发酵菌种，因培养基、生长时期不同，需氧量也不一样。另外，氧的供给受许多因素的影响，单凭通气量的大小难以确定氧供给的问题，溶解氧的大小取决于搅拌转速、发酵液的物理性质和氧传递阻力等因素。在发酵中氧究竟够不够，即产量是否受到氧的限制，从氧供需的规律及对生产的影响来控制氧的浓度。

1　微生物对氧的需求

氧是构成微生物细胞本身以及代谢产物的重要元素之一，又是微生物细胞能量代谢过程中重要元素。虽然培养基的许多化合物可提供氧元素，但许多好气性微生物细胞只能利用分子态氧作为分解代谢的最终受体。氧作为呼吸链电子传递系统末端的电子受体，最后与氢离子结合成水。在呼吸链的电子传递过程中，释放出大量能量，供细胞的维持，生长和合成反应使用。此外，氧直接参与一些生物反应。对于这些细胞，供氧不足就会抑制细胞的生长代谢。

好氧微生物所含的氧化酶系：过氧化氢酶，细胞色素氧化酶，黄素脱氢酶，多酚氧化酶等，这些酶在有氧的情况下，使反应顺利进行。不同好氧微生物所含的氧化酶系的种类和数量不同，在不同环境条件下，各种微生物的吸氧量或呼吸强度不同。

不同的微生物对氧的需求是不一样的，对于需氧微生物氧既是细胞的成分，又参与一些生化反应，如果供氧不足就会抑制细胞的生长代谢；兼性厌氧微生物在无氧的情况下通过酵解获得能量；对于绝对厌氧微生物，氧则是一种毒害物质。不同种类的微生物的需氧量不同，一般为 25～100mmol $O_2/(L \cdot h)$，但也有个别菌很高。同一种微生物的需氧量，随菌龄和培养条件不同而异。好气性微生物深层培养时需要适量的溶解氧以维持其呼吸代谢和某些代谢产物的合成，对多数发酵来说，氧的不足会导致代谢异常、产量降低。

溶氧(DO)是需氧微生物生长所必需。在发酵过程中有多方面的限制因素，溶氧是最易成为控制因素。氧是一种难溶于水的气体，在 25℃氧在水中的 100% 的空气饱和浓度只有 0.25mmol/L 左右，比糖的溶解度小 7000 倍。培养基含有大量有机和无机物质，氧的溶解度比水中还要低。在对数生长期即使发酵液中的溶氧能达到100%空气饱和度，若此时中止供氧，发酵液中溶氧可在几秒(分)钟之内便耗竭，使溶氧成为限制因素。

1.1 描述微生物需氧的物理量

发酵菌种对氧的需要量用摄氧率来表示，

摄氧率(r)的计算：$r = Q_{O_2} \cdot X$

r是单位时间内单位体积发酵液所需要的氧量，以 mmol O_2/L·h 示之；Q_{O_2}代表比耗氧速度或呼吸强度，是单位时间内单位质量的细胞所消耗的氧气，以 mmol O_2/干细胞·h 示之。X为简体浓度(细胞浓度)。

溶解氧浓度(DO)：溶解氧浓度常用百分饱和度和氧分压表示。百分饱和度是培养液被空气完全饱和时，即为溶氧100%饱和度。在25℃氧在水中的100%的空气饱和浓度只有0.25mmol/L左右。

氧分压法：以Pa或kPa表示，100%空气在水中饱和时的氧分压为21.2kPa

1.2 溶解氧浓度对菌体生长和产物形成的影响

虽然氧在培养液中的溶解度很低，但在培养过程中不需要使溶解氧浓度达到或接近饱和值，而只要超过某一临界氧浓度即可。当不存在其他限制性基质时，如果溶氧浓度高于临界值，细胞比耗氧速率保持恒定；如果溶氧浓度低于临界值，细胞比耗氧速率大大下降。到这时细胞的代谢活动受到影响。由此可知，只有使溶氧浓度大于其临界氧浓度(C_{Cr})时，才能维持菌体的最大比耗氧速率，以使菌体得到最大的合成量。如果溶氧浓度低于呼吸临界氧浓度，则菌体的代谢就会受到干扰。但由于发酵的目的是为了得到发酵的产物，因此，由氧饥饿而引起的细胞代谢干扰，可能对形成产物是有利的。需氧发酵并不是溶氧愈大愈好。即使是一些专性好氧菌，过高的溶氧对生长可能不利。氧的有害作用是通过形成新生氧，超氧化物基O_2^-,过氧化物基O_2^{2-}，或羟基自由基OH^-，破坏细胞组分体现的。也就是说，溶氧太大有时反而抑制产物的形成。为了避免发酵处于限氧条件下，需要考查每一种发酵产物的临界氧浓度和最适氧浓度，并使发酵过程保持在最适浓度。最适浓度的大小与菌体和产物合成代谢的特性有关，这时由实验来确定的。一般对于微生物：C_{Cr}为1%～25%饱和浓度。

2 氧的供需

氧的供给因发酵规模和发酵设备而异。

(1)实验室中，通过摇瓶机往复运动或偏心旋转运动供氧；

(2)中试规模和生产规模的培养装置采用通入无菌压缩空气并同时进行搅拌的方式；

(3)近年来开发出无搅拌装置的节能培养设备，如气升式发酵罐。

在实验室进行好氧菌培养的具体方法：

(1)试管液体培养装液量可多可少。此法的通气效果一般均不够理想，仅适合培养兼性厌氧菌。

(2)三角瓶浅层培养在静止状态下，三角瓶内的通气状况与其中装液量和棉塞通气程度对微生物的生长速度和生长量有很大的关系。此法一般也仅适宜培养兼性厌氧菌。

(3)摇瓶培养即将三角瓶内培养液用8层纱布包住瓶口，以取代一般的棉花塞，同时降低瓶内的装液量，把它放到往复式或旋转式摇床上作有节奏的振荡，以达到提高溶氧量的目的。

台式发酵罐体积一般为几升至几十升，并有多种自动控制和记录装置。供氧的设备是通过空气压缩机和过滤器将无菌的空气通入发酵罐中，在发酵罐中通过机械搅拌改善通气的效果。

氧气的供给应根据微生物生长和产物合成的需要量而调节。不同微生物氧供需的规律各有不同，但符合以下一般规律。

发酵过程中比耗氧速率的变化规律为：对数生长初期，比耗氧速率达到最大值，但此时细胞浓度低，摄氧率并不高。随着细胞浓度的迅速增高，培养液的摄氧率增高，在对数生长后期达到峰值。对数生长阶段结束，比耗氧速率下降，摄氧率下降。基质耗尽，细胞自溶，摄氧率迅速下降。

用溶氧浓度的变化反映氧的供需规律。产物菌处在对数生长期，需氧量超过供氧量，使溶氧浓度明显下降，出现一个低峰，产生菌的摄氧率同时出现高峰。发酵液中的菌浓度也不断上升。粘度一般在这个时期也会出现一高峰阶段。过了生长阶段，需氧量有所减少，溶氧浓度以过一段时间的平衡阶段或随之上升后，就开始形成产物，溶氧浓度也不断上升。低峰出现的时间和低峰溶氧浓度随菌种、工艺和设备供氧能力不同而异。发酵中后期，对于分批发酵，溶氧浓度变化比较小。菌体已进入静止期，呼吸强度变化不大。在生产后期，菌体衰老，呼吸强度减弱，溶氧浓度逐步上升，菌全自溶，溶氧浓度会明显上升。

对于外界补料，溶氧的变化随补料时的菌龄、补入物质的种类和剂量不同而不同。如补糖，则摄氧率增加，溶氧浓度下降。

3　影响需氧的因素

(1)菌体浓度对摄氧率的影响

在对数生长初期：Q_{O_2}达到最大值，但这时细胞浓度很低，r并不高。之后随着细胞浓度的增加，r也迅速增加。在对数生长后期，r达到峰值。在对数生长结束时，虽然细胞的浓度仍有增加，但由于培养基中营养物质的消耗，以及培养装置氧传递能力的限制，Q_{O_2}下降，r亦下降；

(2)遗传因素：不同的微生物对氧的需求不同；

(3)菌龄：对数生长期，呼吸旺盛时，耗氧量大；发酵后期菌体处于衰老状态，耗氧量少；

(4)培养基成分和浓度：培养基成分和浓度显著影响微生物的摄氧率(如表8-1)。例如，碳源种类对细胞需氧量有很大的影响，一般微生物利用葡萄糖的速度比其他种类的糖要快，因此在含葡萄糖的培养基中表现出较高的摄氧率。

表8-1　各种有机物对音符型青霉菌摄氧率的影响*

有机物	摄氧率的增加/%	有机物	摄氧率的增加/%
葡萄糖	130	蔗糖	45
麦芽糖	115	甘油	40
半乳糖	115	果糖	40
纤维糖	110	乳糖	30
甘露糖	80	木糖	30
糊精	60	鼠李糖	30
乳酸钙	55	阿拉伯糖	20

*表中数值为与内源呼吸比较增加的百分数，内源呼吸作为100%。

在发酵过程中若进行补料也会影响摄氧率的变化。如补糖、氮可使微生物摄氧率为之增加。如链霉素发酵 70 时补糖、氮前，摄氧率为 34.3×10^{-3}，补料 78 时测定摄氧率为 40.9×10^{-3}，在 92 时下降到 $15\sim20\times10^{-3}$；

(5)培养条件：在一定范围内，温度越高，营养成分越多，微生物呼吸强度的临界值也相应增高；

(6)发酵过程中形成的有毒产物如二氧化碳、挥发性的有机酸和过量的氨影响菌体对氧的需要量，及时排除这些有毒代谢物能够提高菌体的摄氧率。

4 反应器中氧的传递

在深层培养中进行通气供氧时，氧气从气泡传递至细胞内，需要克服一系列阻力。如图 8-1，这些阻力包括供氧方面的阻力和耗氧方面的阻力。供氧方面的阻力有：①气相主体到气液界面的气膜阻力($1/K_G$)；②气-液界面阻力($1/K_I$)；③从气液界面通过液膜阻力($1/K_L$)；④液相主体传递阻力($1/K_{LB}$)。耗氧方面的阻力有：①细胞或细胞团表面阻力($1/K_{LC}$)；②固液界面的传递阻力($1/K_{IS}$)；③细胞团内阻力($1/K_A$)；④细胞壁(膜)的阻力($1/K_W$)；⑤反应阻力($1/K_R$)。

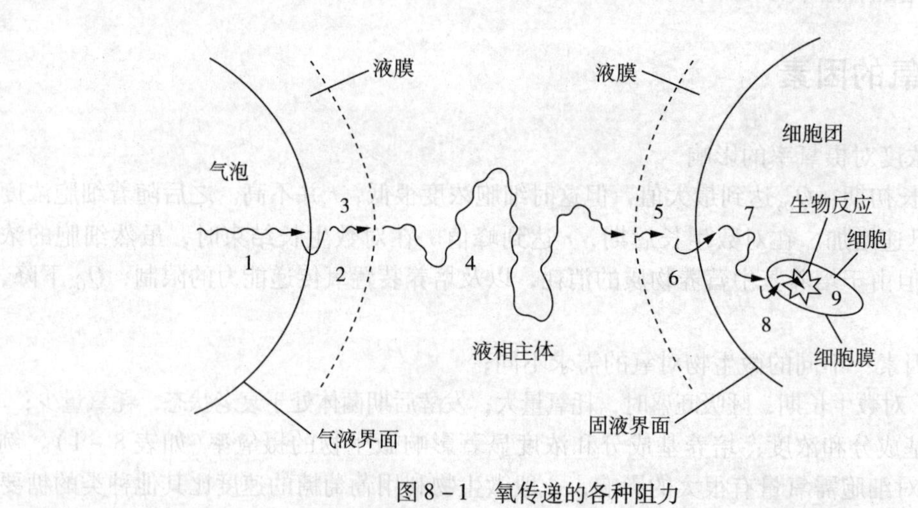

图 8-1 氧传递的各种阻力

氧在传递过程中，需要克服的总阻力等于上述的各阻力之和。氧在克服上述阻力进行传递的过程中需要推动力，总推动力就是气相与细胞内的氧分压差和浓度差。当氧的传递达到稳态时，总的传递速率与串联的各步传递速率相等，这时通过单位面积的传递速率为

$$n_{O_2}=推动力/阻力=\Delta P_i/(1/K_i)$$

式中 n_{O_2}——氧的传递通量，$mol/m^2\cdot s$；

ΔP_i——各阶段的推动力(分压差)，Pa；

$1/K_i$——各阶段的传递阻力，$N\cdot s/mol$。

由于氧是难溶于水的气体，所以在供氧方面气膜阻力($1/K_G$)和液膜阻力($1/K_L$)是一个控制的主要因素。由实验数据得知液相主体和细胞壁上氧的浓度相差很小，即氧通过细胞周围液膜的阻力是很小的，既 $1/K_{IS}$很小。通常需氧方面的阻力主要来自于菌丝结团($1/K_A$)和

细胞壁的阻力($1/K_W$)，当细胞以游离状态存在于液体中时，$1/K_A$ 阻力就消失了。细胞壁的阻力($1/K_W$)和氧反应阻力($1/K_R$)主要与菌种的遗传特性有关。细胞或细胞团表面阻力($1/K_{LC}$)、气液界面的阻力 $1/K_I$ 和液相主体传递阻力($1/K_{LB}$)很小可忽略。

4.1 发酵液中氧的传递方程

如上可知，氧传递的阻力主要由气膜阻力($1/K_G$)和液膜阻力($1/K_L$)决定的。对于这种传递过程的描述，应用最广的是双膜理论。双膜理论假定在气泡于包围着气泡的液体之间存在着界面，在界面的气泡一侧存在着一层气膜，在界面液体一侧存在一层液膜，气膜内的气体分子与液膜中液体分子都处于层流状态，分子之间无对流运动，因此氧的分子只能以扩散方式，即借助于浓度差而透过双膜，另外，气泡内除气膜以外的气体分子处于对流状态，称为气流主体，在空气主流空间的任一点氧分子的浓度相同，液体主流中亦如此。见图 8－2。

当气液传递过程处于稳态时，通过液膜和气膜的氧传递速率相等，即：

$$OTR = K_L a(C^* - C_L)$$

式中 OTR——体积传氧速率，$kmol/m^3 \cdot h$；

$K_L a$——体积传递系数，h^{-1}；

C^*——在罐内氧分压下培养液中氧饱和浓度；

C_L——液相主体氧浓度。

发酵液中供氧和需氧始终处于一个动态的平衡中

传递：$OTR = K_L a(C^* - C_L)$

消耗：$r = Q_{O_2} \cdot X$

氧的平衡最终反映在发酵液中氧的浓度上面，若氧的供应大于需求时，培养物处于充裕的通气情况下，这时 C_L 会逐渐接近 C^*。反之 C_L 逐渐下降趋于零，这时氧传递速率最大，因此将($C^* - C_L$)称为推动力。

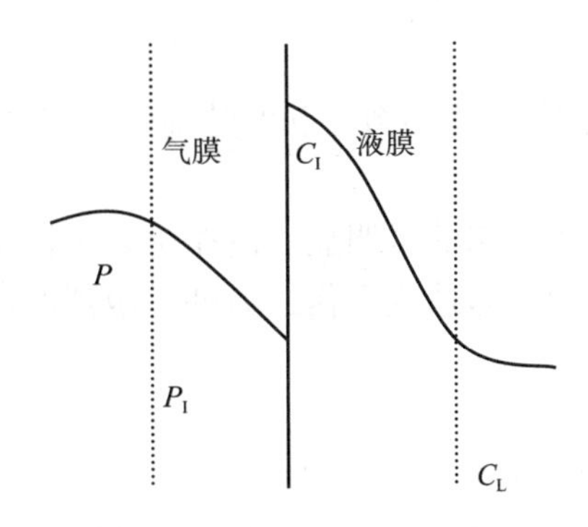

图 8－2 气液界面附近的氧分压或溶解氧浓度变化

4.2 供氧的调节

与推动力有关的因素有发酵液的深度、罐内压、发酵液性质(如培养基组成)等。

提高罐压，增加 C^*，但同时增加二氧化碳的溶解度，影响 pH 值及可能会影响菌的代谢，而且对设备要求高。提高空气中氧分压也可增加 C^*，但成本提高，不够经济。

与 $K_L a$ 有关的因素有搅拌(如搅拌器型式、搅拌转速)、通风量、空气线速度、空气分布器的形式、发酵罐结构(如高径比、挡板安置情况)、发酵液的粘度等。

调节 K_La 是最常用的方法，主要通过调节搅拌转速或通风速率来控制溶氧。K_La 反映了设备的供氧能力。

5 影响 K_La 的因素

影响 K_La 的因素有搅拌、空气流量、培养液性质的影响、微生物生长的影响、消沫剂的影响、离子强度的影响等。

(1)影响摇瓶 K_La 的因素

影响摇瓶 K_La 的因素为装液量和摇瓶机的种类。装液量，一般取1/10左右：

例：500mL 摇瓶中生产蛋白酶，考察装液量对酶活的影响

装液量	30mL	60mL	90mL	120mL
酶活力	713	734	253	92

(2)影响发酵罐中 K_La 的因素

5.1 搅拌

搅拌可以多方面改善通气效率，对物质传递的作用包括：可将通入培养液的空气打散成细小的气泡，防止小气泡的凝集，从而增大气液相有效接触面积；使液体形成涡流，延长气泡在液体中停留时间；增加液体的湍动程度，减少气泡滞流液膜的厚度，从而减少传递过程的阻力；使培养液中的成分均匀分布，细胞在培养液中均匀悬浮，有利于营养物质的吸收和代谢物的及时分散。

已知在通风搅拌发酵罐中，全挡板条件下：

$$K_La = K(P_G/V)\cdot\alpha\cdot\omega_s\cdot\beta$$

式中 K——常数；

P_G——搅拌功率；

V——培养液体积；

ω_s——空气线速度；

α、β——单位体积液体的搅拌功率指数。和发酵罐的体积和搅拌器的形式有关。从相关的工具书中可查其大小。

增大搅拌功率对增加 K_La 值效果非常明显。搅拌功率并非越大越好，因为过于激烈的搅拌，产生很大的剪切力，可能对细胞造成损伤，另外，激烈的搅拌还会产生大量的搅拌热，增加传递的负担。

5.2 空气流量

K_La 随着空气流量的增加而增加，但当空气流量超过一定限度，搅拌器不能有效地将空气泡分散到液体中，而在大量空气泡中空转，发生过载现象。此时叶轮不能分散空气，气流形成大的气泡，沿轴的周围逸出。当气流流量超过过载速度后，这时搅拌功率会大大下降，K_La 也不能提高。

5.3 培养液性质的影响

培养液的密度、黏度、表面张力、扩散系数都会影响 K_La。如液体的黏度增大时，由于滞流液膜厚度增加，传质阻力就增大，同时黏度也影响扩散系数，致使通气效率降低。

5.4 微生物生长的影响

如图8-3，发酵液细胞浓度增加，会使 K_La 值逐渐变小。

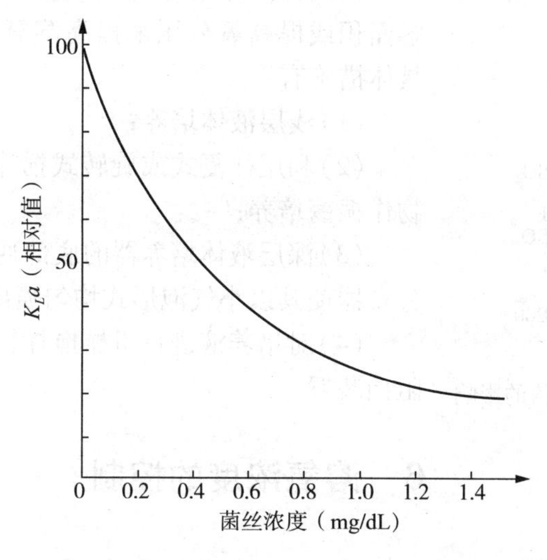

图 8-3　黑曲霉菌丝体浓度对 K_La 值的影响

菌丝体的形态不同也明显影响 K_La 值，例如，球状菌悬液的 K_La 值是相同浓度丝状菌悬液的两倍。主要是不同形态菌悬液的流动特性有较大的差别，丝状菌悬液的稠度指数是球状菌的十倍，流动特性指数几乎为零；球状菌悬液的流动特性指数为 0.4。

5.5　消沫剂的影响

在发酵过程中加入的消沫剂，会分布在气液界面，增大传递阻力，使 K_L 下降。如图 8-4,发酵过程中，各种原因可以使发酵液产生泡沫，对发酵产生很多不利影响，也是逃液的主要原因。加入消沫剂是消除泡沫的重要手段。使用的消沫剂尽管会引起溶解氧浓度的暂时下降，但最终会有效地改善发酵液的通气效率。

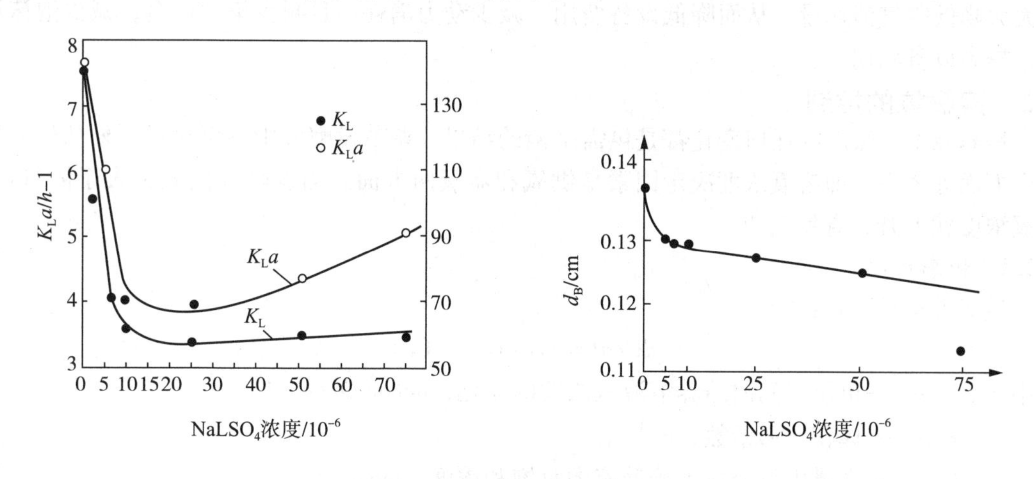

图 8-4　月桂基磺酸钠浓度对 K_La、K_L 的影响

5.6　离子强度的影响

电解质溶液中生成的气泡比在水中的要小得多，所以有较大的比表面积。在同样条件下，电解质溶液的 K_La 值比水中的大。并且随着电解质浓度的增加，K_La 值也有较大的增加。如图 8-5。

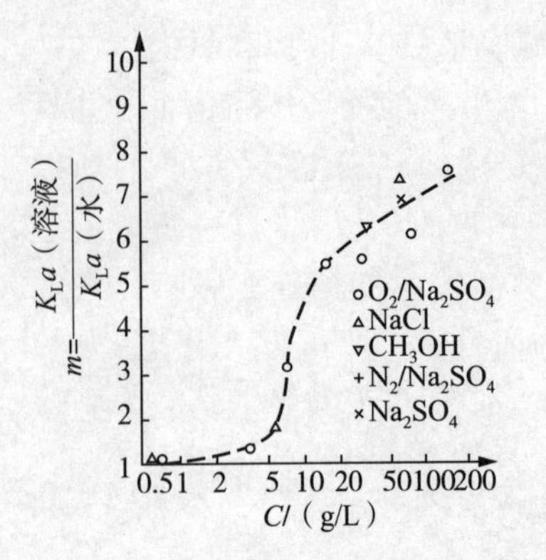

图8-5 电解质浓度对 K_La 值的影响

在进行液体培养时，一般可通过增加液体与氧的接触面积或提高氧分压来提高溶氧速率，提高溶氧速率的具体措施有：

(1)浅层液体培养；

(2)利用往复式或旋转式摇床(shaker)对三角瓶培养物作振荡培养；

(3)深层液体培养器的底部通入加压空气，并用气体分布器使其以小气泡形式均匀喷出；

(4)对培养液进行机械搅拌，并在培养器的壁上设置阻挡装置。

6 溶氧浓度的控制

6.1 溶氧对发酵的影响

在发酵过程中，微生物只能利用溶解状态下的氧。氧是难溶气体，在发酵液中的氧的溶解度很低，就必须采用强化供氧。氧的溶解度随着温度的升高而下降，随着培养液固形物的增多、或黏度的增加而下降。对于好气性发酵来说，氧传递速率已成为发酵产量和发酵周期的限制因素。同时，氧的供应不足可能引起生产菌种的不可弥补的损失或导致细胞代谢转向不需要的化合物的生成。例如，供氧对谷氨酸发酵的影响：当通风适量，生成谷氨酸；通风过量时，生成 α-酮戊二酸；通风不足时，生成乳酸或琥珀酸。

发酵工业上氧的利用率很低。如抗生素发酵，被微生物利用的氧不超过经过净化处理的无菌空气中含氧量的2%；在谷氨酸发酵方面氧的利用率为10%~30%。提高供氧效率，就能大大降低空气消耗量，从而降低设备费用、减少动力消耗；且减少染菌机会，减少泡沫形成，提高设备利用率。

6.2 溶解氧的控制

培养液中氧浓度的任何变化都是供需平衡的结果。调节发酵液中溶氧含量不外从供、需两个方面去考虑。即溶氧浓度决定因素是供氧和需氧两方面。当发酵的供氧量大于需氧量，溶氧浓度就上升，直到饱和。

6.2.1 供氧控制

供氧方程见下式：

$$dC/dt = K_La(C* - C_L)$$

式中 dC/dt——单位时间内培养溶液氧浓度的变化，mmol O_2/L·h；

K_La——体积传递系数，h^{-1}；

$C*$——在罐内氧分压下培养液中氧饱和浓度，mmol O_2/L；

C_L——液相主体氧浓度，mmol O_2/L。

从供氧方程中分析，凡是使 K_La 和 $C*$ 增加的因素均能使发酵液的供氧改善。增加 $C*$ 可通过下列方法：①在通入的空气中掺入纯氧，使氧分压增高；②提高罐压，这种方法固然能增加 $C*$，但同时也增加二氧化碳的溶解度(二氧化碳在水中的溶解度约比氧高30倍)，影响pH值及可能会影响菌的代谢。另外还会增加设备的强度要求；③改变通气速率，其作用是增加液体中夹持气体体积的平均成分。但在常速搅拌下增加通气速率以提高氧的传递速率是一种递减性的，既当气流速度越大，再增加其速度对氧的溶解度的提高作用越小。并且当系统被气流引起液泛时，传质速率会显著下降，使泡沫增多，罐的有效利用率减少。所以还是采用控制搅拌效果较佳。增加搅拌功率输出，产生较大的比表面积(a)，这可直接通过改变搅拌器的直径或转速来达到。另外通过改变挡板位置使剪切发生变化也能影响比表面积。总之，增加搅拌的重要作用在于改善罐内液体的混合和循环，从而具有抑制气泡聚合的效果。并且液相的良好混合可避免低于平均氧浓度的“死角”的存在。

6.2.2 需氧控制

菌的需氧量则以下式表示：$r = Q_{O_2} \cdot X$

式中 r——摄氧率；

X——菌体浓度(细胞浓度)；

Q_{O_2}——比耗氧速率。

需氧量受菌体浓度、基质种类和浓度及培养条件等因素影响，以菌浓度影响最明显。发酵液摄氧率随菌浓度增加而按比例增加。氧的传递速率随菌浓度的对数关系减少。控制菌的比生长速率比临界值略高一点的水平，达到最适浓度，是控制最适溶氧的重要方法。控制菌生长速率不高，这看起来似乎有“消极”作用。但从总的经济效果来看，在设备供氧条件不足的情况下，控制菌体量，使发酵液中有较高的氧浓度，以至有利于代谢产物合成而提高产量。最适菌浓度的控制方法是通过控制基质浓度实现的。如利用溶氧的变化自动控制补糖速率，间接控制供氧速率和 pH 值，实现菌体生长、溶氧和 pH 值三位一体的控制体系。

发酵过程控制一般策略：前期有利于菌体生长，中后期有利用产物的合成。

溶氧控制的一般策略：前期大于临溶氧浓度，中后期满足产物的形成。

6.3 发酵过程中溶氧浓度监控的意义

6.3.1 溶氧可作为发酵异常的指示

当我们掌握了发酵中溶氧和其它参数之间的关系的正常规律，如发酵中溶氧变化异常，便可及时预告发酵可能发生的问题。如果发酵过程中溶氧异常下降，可能的原因有：①污染好气性杂菌，大量溶氧被消耗；②菌体代谢发生异常，需氧要求增加；③某些设备或工艺控制发生故障或变化，如搅拌功率消耗变小或搅拌速度变慢；消泡剂加入过多；④影响供氧的工艺操作如停止搅拌、闷罐等。引起溶氧异常升高的原因为：①主要是耗氧出现改变，如菌体代谢异常，耗氧能力下降；②污染烈性噬菌体。

6.3.2 溶氧作为发酵中间控制的手段之一

据报道，国外有的厂已成功地将溶氧或排气二氧化碳与 pH 值一起作为控制青霉素发酵的参数。其原理是在发酵过程中添加糖时，菌丝量和呼吸会因此增加，摄氧率增加多少取决于所补糖的质和量，补糖后从记录中可看出溶氧明显下降的趋势。相反，培养液中可利用的碳源的减少，便导致呼吸的减少，溶氧上升，故利用上述现象便可有效控制溶氧在所需的最适范围内。

6.3.3 溶氧作为考查设备、工艺条件对氧供需与产物形成影响指标之一

在生产中如果溶氧水平较低，处于临界氧值以下时，为了提高发酵液中的溶氧水平从两方面着手：一方面从提高设备的供氧能力着手。一般以氧的体积吸收系数(简称供氧系数)衡量。与氧传递有关的工程参数有多种，见表 8－2。如提高空气中氧在发酵液中溶解速度时，可以考虑改变该表所列的工程参数。改变设备条件以提高供氧系数是积极的方面，但这

些措施比较费事，有的要在发酵液放罐后才能进行；另一方面从菌体的需氧方面考虑。发酵设备的供氧能力虽然很高，若工艺条件不配合，还会出现供不应求的现象。与菌有关的工艺条件见表8－3。如果有效地利用现有的设备条件就需要适当地控制菌对氧的消耗，使之既能充分利用现有的供氧条件又不至于生长过盛而陷于缺氧的处境。事实上工艺方面有许多行之有效的措施，如控制补料速度、温度的调节、液化培养基、中间补水、添加表面活性剂等均与溶氧的改善或维持合适的溶氧水平有关。

因此，在考查设备各项工程参数和工艺条件对代谢和产物形成的影响时，同时测定该条件下的溶氧含量对于判断溶氧对发酵的影响是大有裨益的。

表8－2　与氧传递有关的工程参数

项目	参数内容	项目	参数内容
搅拌	①搅拌器类型：封闭式、开放式	搅拌转速	①雷诺准数
	②叶片形状：弯叶或平叶		②kW/t
	③搅拌器直径/罐直径		③$^{\alpha}K^{P}$ 因子
	④挡板数和挡板宽度		④功率准数
	⑤搅拌挡数和位置		⑤弗罗德准数
空气流速	①每分钟体积比（V/min）	罐压	Pa
	②空气分布器的类型和位置		

表8－3　与菌需氧有关的工艺条件

项　目	工艺条件	项目	工艺条件
菌种性能	①好气程度 ②菌龄 ③数量 ④菌的聚集状态；絮状或小球状	温度	根据菌的生长和产物合成需要，可恒温或阶段变温控制
		溶氧与排气 O_2 与 CO_2 水平	按生长或产物合成的临界值与RQ控制
培养基性能	①基础培养基组成 ②配比（丰富程度） ③培养基物理性质；黏度、表面张力等 ④补料的种类与配方 ⑤补料（或加糖）的数量、次数、方式和时间	其他因素	①消沫剂或加油的种类、数量、次数和时机 ②添加某种能降低表面张力的表面活性剂的种类、数量、次数和时机

第5节　二氧化碳对发酵的影响及控制

1　二氧化碳的来源

二氧化碳是微生物的代谢产物，同时往往也是产物合成所需的一种基质。它是细胞代谢的指标。几乎所有发酵均产生大量CO_2。好氧发酵中需不断通入无菌空气，通入的无菌空气不仅含有氧气，也含有CO_2。通入的CO_2比微生物代谢产生的CO_2少得多。

2 二氧化碳对发酵的影响

2.1 二氧化碳对微生物生长的影响

通常CO_2对微生物生长具有直接的影响，当排出的CO_2高于4%时，碳水化合物的代谢及微生物的呼吸速率下降。例如，酵母菌发酵液中CO_2的浓度达到0.16 mol，会严重抑制酵母菌的生长；当进气口CO_2的含量占混合气体80%时，酵母活力与对照相比降低20%。

但有些微生物的生长需要一定浓度的CO_2。如环状芽孢杆菌在开始生长的时候，对CO_2有特殊的需要；CO_2是大肠杆菌和链霉菌突变株的生长因子，菌体有时需要含30% CO_2的气体才能生长。这种现象被称为CO_2效应。

2.2 二氧化碳会影响菌体的形态

以产黄青霉菌为例：

(1)当CO_2分压为0~8%，菌丝主要呈丝状；

(2)当CO_2分压为15%~22%，菌丝主要呈膨胀、粗短状；

(3)当CO_2分压为0.08×10^5时，则出现球状或酵母状，致使青霉素合成受阻。

2.3 二氧化碳对产物形成的影响

对牛链球菌发酵生产多糖，最重要的发酵条件是提供的空气中含有5%的CO_2。精氨酸发酵也需要一定量的CO_2，才能获得最大产量，通常CO_2的最适分压约为0.12×10^5Pa，或高或低产量都会下降。

CO_2对某些发酵产生抑制作用，如对肌苷、异亮氨酸、组氨酸、抗生素等的发酵，特别是抗生素的发酵。例如，CO_2抑制紫苏霉素的合成，如在通气中加入11% CO_2，产生菌对基质的代谢极慢，菌丝生长速度降低，产物紫苏霉素的产量比不加CO_2时下降33%。CO_2对红霉素的合成也有明显抑制作用，若在发酵15h后，在通气中加入11%的CO_2，产生菌生长无不良现象，但红霉素产量减少60%。四环素发酵中，CO_2是影响产物形成的显著因素，需要控制一个最佳的CO_2分压，才能获得最高产量。

2.4 CO_2对细胞作用的机制

CO_2及HCO_3^-都会影响细胞膜的结构。它们分别作用于细胞膜的不同位点。溶解于培养液中的CO_2主要作用在细胞膜的脂肪酸核心部位，而HCO_3^-则影响磷脂、细胞膜表面上的蛋白质。当细胞膜的脂质相中CO_2浓度达一临界值时，使膜的流动性及细胞膜表面电荷密度发生变化，这将导致许多基质的膜运输受阻，影响了细胞膜的运输效率，使细胞处于“麻醉”状态，细胞生长受到抑制，形态发生了改变。CO_2的浓度影响发酵液的酸碱平衡，使发酵液的pH值下降，CO_2也可能与其他化学物质发生化学反应，或与生长必需金属离子形成碳酸盐沉淀等现象造成对菌种生长和产物形成的影响是CO_2的间接作用。

3 二氧化碳浓度的控制

CO_2在发酵液中的浓度不象溶解氧那样有一定的规律。CO_2浓度受许多因素的影响，如细胞的呼吸强度、发酵液的流变形、通气搅拌程度、罐压大小、设备规模等。控制难度大。

工业发酵罐中 CO_2 的影响值得注意，因罐内的 CO_2 分压是液体深度的函数。在 10m 高的罐中，在 1.01×10^5Pa 的气压下操作，底部的 CO_2 分压是顶部的两倍。为了排除 CO_2 的影响，需综合考虑 CO_2 在发酵液中溶解度、温度和通气状况。在发酵过程中如遇到泡沫上升，引起逃液时，有时采用减少通气量和提高罐压的措施来抑制逃液，这将增加 CO_2 的溶解度，对菌的生长有害。

对 CO_2 浓度的控制主要依其对发酵的影响，如果对发酵有促进作用，应该提高其浓度；反之应设法降低其浓度。

3.1　通过通气量和搅拌速率来控制 CO_2 浓度

发酵过程中增大通风量和搅拌速率，既可以保证发酵液中溶解氧浓度，又可以随废气排出发酵产生的 CO_2，使之低于能产生抑制的浓度；降低通风量，有利于增加 CO_2 在发酵液中的浓度。例如，在四环素发酵中，发现前期(前 40h)采用较小的通风量和较低的转速，增加发酵液中 CO_2 的浓度，发酵 40h 以后加大通风量和提高搅拌转速，降低发酵液中 CO_2 浓度，四环素产量提高 25% ~30%。

3.2　通过工艺条件控制 CO_2 浓度

通过控制罐压的方法实现降低罐压就可以降低 CO_2 的分压，也就降低了发酵液中 CO_2 浓度。液位高度也是控制指标，对 CO_2 敏感的发酵生产，不宜采用大高径比的反应器。由于发酵液温度会影响 CO_2 浓度，温度越高，CO_2 在发酵液中的溶解度越小；反之，CO_2 在发酵液中的溶解度越小。所以通过提高或降低发酵温度也可以降低或增加 CO_2 浓度。另外发酵液的 pH 值影响 CO_2 的溶解度，降低发酵液的 pH 值，也可以减少二氧化碳在发酵液中溶解，降低 CO_2 的浓度。这些控制措施都应与发酵的工艺条件相结合。

3.3　通过补料控制 CO_2 浓度

CO_2 的产生与补料控制有密切关系，例如，青霉素发酵中，补糖可增加排气中 CO_2 的浓度，并降低培养液的 pH 值。因为补加的糖用于青霉素产生菌的生长和产物合成的过程中均产生 CO_2，使发酵液中 CO_2 浓度增加，而使 pH 值下降。因此补糖、CO_2、pH 值三者之间具有相关性。CO_2 浓度被用于青霉素补糖的控制参数，因为排气中的 CO_2 浓度的变化比 pH 值变化更为敏感。

第 6 节　发酵过程泡沫的形成与控制

微生物的好气培养中往往产生许多泡沫，泡沫的产生增加了气体交换、气液接触面积，对增加溶氧浓度是有利的，但过多的泡沫是有害的，因此，我们通过一些对发酵影响不大的方法减少或控制泡沫对发酵带来的不良作用。

1　泡沫形成的基本理论

一般来说，泡沫是气体在液体中的粗分散体，属于气液非均相体系，泡沫间被一层液膜隔开而彼此不相连通。

1.1　泡沫形成的原因

1.1.1　气液接触

因为泡沫是气体在液体中的粗分散体，产生泡沫的首要条件是气体和液体发生接触。而且只有气体与液体连续、充分地接触才会产生过量的泡沫。气液接触大致有以下两类情况：

(1)气体从外部进入液体，如搅拌液体时混入气体；

(2)气体从液体内部产生。气体从液体内部产生时，形成的泡沫一般气泡较小、较稳定。

1.1.2 含助泡剂

在未加助泡剂不纯净的水中产生的泡沫，其寿命在0.5s之内，只能瞬间存在。摇荡纯溶剂不起泡，如蒸馏水，只有摇荡某种溶液才会起泡。在纯净的气体、纯净的液体之外，必须存在第三种物质，才能产生气泡。对纯净液体来说，这第三种物质是助泡剂。当形成气泡时，液体中出现气液界面，这些助泡剂就会形成定向吸附层。与液体亲和性弱的一端朝着气泡内部，与液体亲和性强的一端伸向液相，这样的定向吸附层起到稳定泡沫的作用。

1.1.3 起泡速度高于破泡速度

起泡的难易，取决于液体的成分及所经受的条件；破泡的难易取决于气泡和泡破灭后形成的液滴在表面自由能上的差别；同时还取决于泡沫破裂过程进行得多快这一速度因素。

高起泡的液体，产生的泡沫不一定稳定。体系的起泡程度是起泡难易和泡沫稳定性两个因素的综合效果。泡沫产生速度小于泡沫破灭速度，则泡沫不断减少，最终呈不起泡状态；泡沫产生速度等于泡沫破灭速度，则泡沫数量将维持在某一平衡状态；泡沫产生速度高于泡沫破灭速度，泡沫量将不断增加。

1.1.4 发酵过程泡沫产生的原因

(1)通气搅拌的强烈程度。在发酵前期由于培养基营养成分消耗少，培养基成分丰富，易起泡。发酵过程若通气大、搅拌强烈可使泡沫增多，因此发酵前期应先开小通气量，再逐步加大。搅拌转速也如此。也可在基础料中加入消泡剂。

(2)培养基配比与原料组成。培养基营养丰富，黏度大，产生泡沫多而持久。一般含复合氮源的通气发酵中会产生大量泡沫。前期难以进行搅拌。如培养基适当稀一些，接种量大一些，生长速度快些，前期就容易进行搅拌。例如，在50 L罐中投料10 L，成分为淀粉水解糖、豆饼水解液、玉米浆等，搅拌900rpm，泡沫生成量为培养基的2倍。

(3)菌种、种子质量和接种量。菌种质量好，生长速度快，可溶性氮源较快被利用，泡沫产生几率也就少。菌种生长慢的可以加大接种量防止大量泡沫的产生。

(4)灭菌质量。培养基灭菌质量不好，糖氮被破坏，抑制微生物生长，使种子菌丝自溶，产生大量泡沫，加消泡剂也无效。

1.2 起泡的危害

1.2.1 降低生产能力

在发酵罐中，为了容纳泡沫，防止溢出而降低装量，即降低了发酵罐的装液系数。大多数罐的装液系数为0.6~0.7，余下的空间用于容纳泡沫。

1.2.2 引起原料和产物的损失

如果设备容积不能留有容纳泡沫的余地，气泡会引起原料和产物流失，造成原料和产物浪费。

1.2.3 影响菌种的呼吸

如果发酵液中气泡稳定，不破碎，那么随着微生物的呼吸，气泡中充满二氧化碳，而且又不能与空气中氧进行交换，这样就影响了发酵体系中菌种的呼吸。

1.2.4 引起染菌

由于泡沫增多而引起逃液，于是在排气管中粘上培养基，就会长菌。随着时间延长，杂菌会长入发酵罐而造成染菌。大量泡沫由罐顶进一步渗到轴封，轴封处的润滑油可起到消泡作用，从轴封处落下的泡沫往往引起杂菌污染。

1.2.5 对下游提取工艺的影响

消泡剂的加入将给下游的过滤、沉淀等提取工艺带来困难。

因此，在发酵过程中如何避免泡沫的过多产生是保证发酵正常进行的关键。

1.3 泡沫的性质

泡沫体系有独特的性质，研究泡沫的性质，是解决消泡问题的基础。

1.3.1 气泡间液膜的性质

泡沫中气泡间的间距很小，仅以一薄层液膜相隔，研究液膜的性质很有代表意义，又因为，只有含有助泡的表面活性剂，才能形成稳定的泡沫，所以应当首先研究表面活性剂与液膜的关系。如图 8-6 所示，表面活性剂是由疏水基与亲水基构成的化合物，在水中，表面活性剂的分子不停地转动在以下两种情况下泡沫才能比较稳定，停留时间比较长。第一种情况 表面活性剂的亲水基留在水相，疏水基伸到气相中，形成定向吸附层(如图 8-6)。第二种情况 表面活性剂的疏水基在水相中互相靠在一起，减少疏水基与水的接触，形成“胶束”(如图 8-7)。

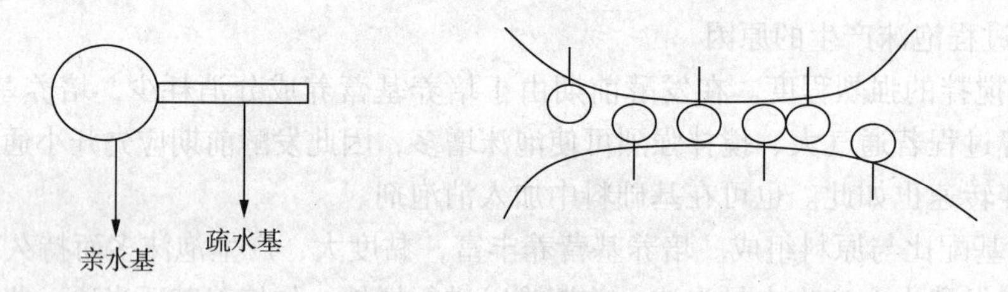

图 8-6 表面剂与液膜的关系一(左图为表面剂，右图为表面剂和液膜关系)

图 8-7 表面剂和液膜的关系二

溶液中当表面活性剂的浓度低于临界胶束浓度时，以第一种情况为主；表面活性剂浓度高于临界胶束浓度时出现第二种情况。在泡沫不断增加时，表面活性剂会从胶束中不断转移到新产生的气液界面上

1.3.2 泡沫是热力学不稳定体系

热力学第二定律指出：自发过程，总是从自由能较高的状态向自由能较低的状态变化。起泡过程中自由能变化如下：

$$\Delta G = \gamma \Delta A$$

式中 ΔG——自由能的变化；

ΔA——表面积的变化；

γ——比表面能。

起泡时，液体表面积增加，ΔA 为正值，因而 ΔG 为正值，也就是说，起泡过程不是自发过程。另一方面，泡沫的气液界面非常大，例如：半径1cm、厚0.001cm的一个气泡，内外两面的气液界面达 $25cm^2$；可是，当其破灭为一个液滴后，表面积只有 $0.2cm^2$，相差上百倍。显然，液体起泡后，表面自由能比无泡状态高得多。泡沫破灭、合并的过程中，ΔA 是一个绝对值很大的负数，也就是说泡沫破灭、合并的过程，自由能减小的数值很大。因此泡沫的热力学不稳定体系，终归会变成具有较小表面积的无泡状态。

1.3.3　泡沫体系的三阶段变化

即使外观看来平静、比较稳定的泡沫体系，泡沫液也在不断地下落、蒸发，不断进行着下述三阶段的变化

(1)气泡大小分布的变化。液膜包裹的一个气泡，就像一个吹鼓了的气球。由于气球膜有收缩力，所以气球中压力大于气球外的压力；同样气泡膜有表面张力，气泡中压力大于气泡外的压力。气泡大小的再分布，就是由气泡膜内气体的压力变化引起的。气泡中气体压力的大小，依赖气泡膜的曲率半径，由定量观点看，气泡内外压差

$$\Delta P = \frac{\text{整个气泡的表面张力}}{\text{气泡的体积}} \times \text{校正系数} K$$

如果起泡膜很薄，内外表面积近似相等，则

$$\Delta P = \frac{\sigma(4\pi R^2 \times 2)K}{4/3\pi R^3} = \frac{6\sigma}{R}K$$

式中　σ——表面张力；

R——泡膜曲率半径；

K——校正系数。

由该式可知：压差 ΔP 与气泡半径成反比。若气泡膜的表面张力均相同，则小气泡中的压力比大气泡中的压力大。因此当相邻气泡大小不同时，气泡会不断地由小气泡高压区，经过吸附、溶解、解析，扩散到大气泡低压区。于是小气泡进一步变小，大气泡进一步变大。即使相邻气泡曲率半径最初差别不大，也会由于 ΔP 的不同，气体的扩散，泡径差别逐渐增大，直至小泡完全并入大泡。结果气泡数目减少，平均泡径增大，气泡大小分别发生变化。

(2)气泡液膜变薄。取一杯泡沫，放置一段时间，就会在杯底部出现一些液体，而逐渐形成液相及液面上的泡沫相这样具有界面的两层。底部出现的液体一部分是泡沫破灭形成的，一部分是气泡膜变薄，排出液体形成的。泡沫生成初期，泡沫液还比较厚，以后因蒸发排液而变薄，泡沫液会受重力的影响向下排液，泡沫液随时间延续而变薄。

(3)泡沫破灭。泡沫由于排液，液量过少，表面张力降低，液膜会急剧变薄，最后液膜会变得十分脆弱，以至分子的热运动都可以引起气泡破裂。因此只要泡沫液变薄到一定程度，泡沫即瞬间破灭。泡沫层内部的小气泡破灭后，虽一时还不能导致气液分离，只是合并成大气泡，但排液过程使泡膜液量大幅度减少，使合并成的大气泡快速地破灭，最后泡沫体系崩溃，气液分离。

2　影响泡沫稳定性的因素

泡沫的稳定性受液体、气体许多性质的影响。不同介质的泡沫，稳定程度相差很多，影响泡沫稳定性的因素十分复杂，概括国内外研究者的说法，主要因素有以下几方面：

2.1 泡径大小

对任何泡沫体系稍加观察都会发现，大泡易于破灭，寿命较长的都是小泡。泡越小，合并成大气泡的历程就越长，而且小气泡的泡膜中所含液量相对比较大，所以较能经受液体流失所造成的稳定性的损失。另一方面，气泡只有上升到液面才能够在破灭之后减少泡沫体积。气泡越小，上升速度越慢。溶液中溶解状态或胶束状态的表面活性剂，在气泡上升的过程中，吸附到气液界面上，形成定向吸附层。小气泡上升慢，给表面活性剂的吸附提供充足的时间，增加了稳定性。

2.2 溶液所含助泡物的类型和浓度

(1)降低表面张力。降低表面张力会降低相邻气泡间的压差。压差小，小泡并入大泡的速度就慢，泡沫的稳定性就好。

(2)增加泡沫弹性。助泡的表面活性剂，吸附在气液界面上，使表面层的组分与液相组分产生差别，因而使泡沫液具有可以伸缩的称为"吉布斯弹性"的性质，对于泡沫稳定性来说表面活性剂使液膜具有"吉布斯弹性"比降低表面张力更重要。吉布斯弹性大，泡沫抵抗变形的能力就大。吉布斯弹性大意味着：当面积发生变化时，表面张力的变化较大，即收缩力较大，泡沫"自愈作用"就强，泡沫也就稳定。单一组分的纯净液体，表面张力不随表面积改变而改变，液体没有弹性，所以纯净液体不会产生稳定的泡沫。

(3)助泡剂浓度。溶液中助泡剂浓度增加，气液界面上的吸附量就增加，液膜弹性随之增加，泡沫稳定性增高，直至到达助泡物的临界胶束浓度为止。到达临界胶束浓度后，气液界面上的定向排列"饱和"，弹性不会再增加，增加胶束浓度只会增大、增多胶束。

2.3 起泡液的黏度

某些溶液，如蛋白质溶液，虽然表面张力不低，但因黏度很高，所产生的泡沫非常稳定。因为黏稠的液膜，有助于吸收外力的冲击，起到缓冲的作用，使泡沫能持久一些。液体黏度对泡沫稳定性的影响比表面张力的影响还要大。

3 消泡剂消泡

泡沫本来是极不稳定的，只因助泡剂的稳泡作用才难以破灭。人们研究消泡剂抵消助泡剂的稳泡作用的机理是近几十年的事。下面分别介绍与稳泡因素有关的几种消泡机理。

3.1 消泡剂可使泡沫液局部表面张力降低，因而导致泡沫破灭

希勒(Shearer，L. T)和艾克斯(Akers，W. W.)在油体系中研究聚硅氧烷油的消泡过程。他们对泡沫体系以1/1000s的速度连续拍照，照片放大100倍，观察到硅油微粒到达泡沫表面使泡沫破灭，气泡合并，气液迅速分离。据研究报道低浓度的，表面张力比起泡液低的物质，如果与起泡液成为均相，则促进起泡；如果呈饱和状态，而且被均匀分散在起泡液中，就可能有消泡作用。附着了消泡剂小滴的泡沫能够迅速破灭，与局部降低表面张力有关。

日本高野信之提出类似的观点：在起泡液中分散的消泡剂颗粒，随着泡沫液变薄，露到表面，因消泡剂表面张力比泡沫液低，该处受到周围的拉伸、牵引，不断变薄，最后破灭。

把高级醇或植物油洒在泡沫上，当其附着到泡沫上，即溶入泡沫液，会显著降低该处的表面张力。因为这些物质一般对水的溶解度较小，表面张力降低只限于局部，而泡沫周围的表面张力几乎没有发生变化。表面张力降低的部分，被强烈地向四周牵引、延展，最后破裂。

3.2 消泡剂能破坏膜弹性而导致气泡破灭

稳泡因素中谈到，因泡膜表面吸附表面活性剂，具有“吉布斯弹性”，当受到外部压力时有自愈作用。消泡剂能破坏泡膜的这种弹性。离子型表面活性剂水溶液产生的泡沫，是因为表面活性剂定向排列形成双电层，借助排斥作用阻碍泡沫合并而使泡沫稳定。这种性质的泡沫，只需向体系中加入一种离子电荷相反的表面活性剂，甚至本身也是助泡剂，就可降低泡沫稳定性。这是因为两种表面活性剂彼此干扰，妨碍在气液界面上定向排列，破坏了膜弹性，因而产生消泡作用。

3.3 消泡剂能促使液膜排液，因而导致气泡破灭

泡沫液厚，泡沫弹性好，自愈效应强；泡膜排液速率反映泡沫的稳定性。起泡体系的黏度越高，排液速度越低，如蛋白质溶液，肽链之间能够形成氢键；有些表面活性剂能与水分子形成氢键，减少泡沫中的排液，起到稳泡作用。加入不产生氢键的表面活性剂，取代产生氢键的表面活性剂，就可以使排液加快。还有另一方面的因素对排液速率有影响。即表面活性剂吸附层与泡膜上两吸附层当中的泡膜液之间亲和力的强弱。表面活性剂与泡膜液亲和性强，泡膜液随吸附层迁移，泡沫就稳定；亲和力弱，泡膜液不随吸附层迁移，泡沫也就不稳定。

4 破泡剂与抑泡剂的区别

4.1 消泡剂可分为破泡剂和抑泡剂

破泡剂是加到已形成的泡沫中，使泡沫破灭的添加剂。如低级醇、天然油脂。一般来说，破泡剂都是其分子的亲液端与起泡液亲和性较强，在起泡液中分散较快的物质。这类消泡剂随着时间的延续，迅速降低效率，并且当温度上升时，因溶解度增加，消泡效率会下降。抑泡剂是发泡前预先添加而阻止发泡的添加剂。聚醚及有机硅等属于抑泡剂。一般是分子与气泡液亲和性很弱的难溶或不溶的液体

4.2 作用机理上的区别

破泡剂的破泡机理大致有两种。第一，吸附助泡剂，这类破泡剂一般是电解质，加入电解质瓦解双电层，即使助泡物被增溶等机理，这样就破坏助泡物的稳泡作用。在这些过程中消泡剂发挥一次消泡作用就被消耗。同时消耗掉相应的助泡物。第二，低级醇等溶解性较大的消泡剂，加到气泡液中局部降低表面张力，发挥破泡作用，同时本身不断破为碎块，陆续溶解而失去破泡作用。破泡过程中，破泡剂不断失效、消耗，而助泡剂却不受影响。抑泡机理为抑泡剂分子在气液界面上优先被吸附，它比助泡剂的表面活性更强，更易吸附到泡膜上，但是由于本身不赋予泡膜弹性，所以不具备稳泡作用。这样当液体中产生泡沫时，抑泡剂首先占据泡膜，抑制了助泡剂的作用，抑制了起泡。

4.3 破泡剂与抑泡剂的相互关系

溶解度大的破泡剂，消泡作用只发挥一次；溶解度小的破泡剂，消泡作用可持续一段时间。如果溶解度进一步降低，即成为抑泡剂。另一方面，破泡剂大量使用，也有抑泡作用，抑泡剂大量使用也有破泡作用。

5 对消泡剂的要求

5.1 在起泡液中不溶或难溶

为破灭泡沫，消泡剂应该在泡膜上浓缩、集中。对破泡剂的情况，应在瞬间浓缩、集

中，对于抑泡的情况应经常保持在这种状态。所以消泡剂在起泡液中是过饱和状态，只有不溶或难溶才易于达到过饱和状态。不溶或难溶，易于聚集在气液界面，易于浓缩在泡膜上，才能在较低浓度下发挥作用。

5.2 表面张力低于起泡液

只有消泡剂分子间作用力小，表面张力低于起泡液，消泡剂微粒才能够在泡膜上浸入及扩展。值得注意的是，起泡液的表面张力并非溶液的表面张力，而是助泡溶液的表面张力。

5.3 与起泡液有一定程度的亲和性

由于消泡过程实际上是泡沫崩溃速度与泡沫生成速度的竞争，所以消泡剂必须能在起泡液中快速分散，以便迅速在起泡液中较广泛的范围内发挥作用。要使消泡剂扩散较快，消泡剂活性成分须与起泡液具有一定程度的亲和性。消泡剂活性成分与起泡液过亲，会溶解；过疏又难于分散。只有亲疏适宜，效力才会好。

5.4 与起泡液不发生化学反应

消泡剂与起泡液发生反应，一方面消泡剂会丧失作用，另一方面可能产生有害物质，影响微生物的生长。

5.5 挥发性小，作用时间长

6 常用消泡剂的种类和性能

6.1 天然油脂

天然油脂是最早用的消泡剂，它来源容易，价格低，使用简单，一般来说没有明显副作用，如豆油、菜油、鱼油等。油脂主要成分是高级脂肪酸酯和高级一元醇酯，还有高级醇、高级烃等。但油脂如保藏不好，易变质，使酸值增高，对发酵有毒性。此外，有些油是发酵产物的前体，如豆油是红霉素的前体，鱼油是螺旋霉素的前体。近年来出于对环境保护的重视，天然产物消泡剂的地位又有些提高，而且还在研究新的天然消泡剂：①酒糟榨出液罗伯茨(Roberts R. T.)在英国酿造业研究基金会资助的试验啤酒厂发现：全麦芽浸出浆桶中最后倒出的沉积物能破灭泡沫。于是联想到，是否可以由制作全麦芽浸出浆以后的酒糟压榨出有效的消泡剂？经过试验，由酒糟中压榨出大约40%液体，在500C真空蒸馏，浓缩19倍，果然得到可用于麦芽汁发酵过程的消泡剂。效果很好，没有副作用。经分析证明，酒糟榨出液中存在$C_8 \sim C_{18}$的全部脂肪酸，存在极性类脂物，尤其是卵磷脂等物，这些物质的协同作用下的消泡作用比这些物质单独消泡作用强得多。②啤酒花油研究发现向啤酒添加1～5μg/g啤酒花油是减轻气泡溢出损失的有效措施。经分析啤酒花油具含有消泡活性的物质有：石竹烯、荷兰芹萜烯、香叶烯和蒎烯等。

6.2 聚醚类消泡剂

聚醚类消泡剂种类很多，我国常用的主要是甘油三羟基聚醚。六十年代发明此类消泡剂，美国道康宁化学公司首先投产。它是以甘油为起始剂，由环氧丙烷，或环氧乙烷与环氧丙烷的混合物进行加成聚合而制成的。只在甘油分子上加成聚合环氧丙烷的产物叫聚氧丙烯甘油定名为GP型消泡剂；用于链霉素发酵，代替天然油加入基础料，效果很好。在GP型消泡剂的聚丙二醇链节末端再加成环氧乙烷，成为链端是亲水基的聚氧乙烯氧丙烯甘油，也叫GPE型消泡剂(泡敌)。按照环氧乙烷加成量为10%，20%，……50%分别称为GPE10，GPE20，……GPE50。这类消泡剂称为“泡敌”。用于四环素发酵效果很好，相当于豆油的10～20倍。

GP 型的消泡剂亲水性差，在发泡介质中的溶解度小，所以宜使用在稀薄的发酵液中。它的抑泡能力比消泡能力优越，适宜在基础培养基中加入，以抑制整个发酵过程的泡沫产生。

GPE 型消泡剂亲水性较好，在发泡介质中易铺展，消泡能力强，但溶解度也较大，消泡活性维持时间短，因此用在黏稠发酵液中效果较好。

有一种新的聚醚类消泡剂，在 GPE 型消泡剂链端用疏水基硬脂酸酯封头，便形成两端是疏水链，当中间隔有亲水链的嵌段共聚物。这种结构的分子易于平卧状聚集在气液界面，因而表面活性强，消泡效率高。这类化合物叫 GPES 型消泡剂。

6.3 高碳醇

高碳醇是强疏水弱亲水的线型分子，在水体系里是有效的消泡剂。上世纪七十年代初前苏联学者在阴离子、阳离子、非离子型表面活性剂的水溶液中试验，提出醇的消泡作用，与其在起泡液中的溶解度及扩散程度有关。$C_7 \sim C_9$ 的醇是最有效的消泡剂。$C_{12} \sim C_{22}$ 的高碳醇借助适当的乳化剂配制成粒度为 $4 \sim 9\mu m$，含量为 $20\% \sim 50\%$ 的水乳液，即是水体系的消泡剂。还有些成酯，如苯乙醇油酸酯、苯乙酸月桂醇酯等在青霉素发酵中具有消泡作用，后者还可作为前体。

6.4 硅酮类

最常用的是聚二甲基硅氧烷，也称二甲基硅油。它表面能低，表面张力也较低，在水及一般油中的溶解度低且活性高。它的主链为硅氧键，为非极性分子。与极性溶剂水不亲和，与一般油的亲和性也很小。它挥发性低并具有化学惰性，比较稳定且毒性小。纯粹的聚二甲基硅氧烷，不经分散处理难以作为消泡剂。可能是由于它与水有高的界面张力，铺展系数低，不易分散在发泡介质上。因此将硅油混入 SiO_2 气溶胶，所构成的复合物，即将疏水处理后的 SiO_2 气溶胶混入二甲基硅油中，经一定温度、一定时间处理，就可制得。也有在硅油和 SiO_2 气溶胶的复合物中添加一种或两种乳化剂，加热溶匀，与增稠剂水溶液混合后乳化。乳化剂有甘油单硬脂酸酯，聚氧乙烯山梨糖醇单硬脂酸酯(Tween60)、聚氧乙烯山梨糖醇单油酸酯(Tween80)、山梨糖醇单硬脂酸酯(Spen60)、山梨糖醇三硬脂酸酯(Spen65)。增稠剂有羧甲基纤维素钠盐。这类消泡剂广泛用于抗生素发酵及食品工业。值得注意的是：消泡剂有选择性。消泡剂用多了有毒性，而且还影响通气和气体分散，因此要少量地多次使用。

7 泡沫在发酵过程中的变化

发酵过程中泡沫的多少受许多因素的影响，如与通气搅拌的剧烈程度、培养基的成分、培养基的灭菌方法、灭菌温度和灭菌时间。泡沫随通气量和搅拌速度的增加而增加，并且搅拌所引起的泡沫比通气来得大。若泡沫过多时，可以通过减少通气量和搅拌速度作消极预防。培养基的成分也是影响泡沫形成的重要因素，玉米浆、蛋白胨、花生饼粉、黄豆饼粉、酵母粉、糖蜜等是主要的发泡物质，起泡能力因原料的品种、产地、贮藏加工条件和配比而有关。如丰富培养基特别是含有花生饼粉或黄豆饼粉的培养基，黏度较大，产生的泡沫多而持久。同一浓度的氮源在同样的发酵条件下，玉米浆的起泡能力最强，其次是花生饼粉，再次是黄豆饼粉。糖类物质起泡能力较低，但在丰富培养基中高浓度糖类物质增加了培养液的黏度，有利于泡沫的稳定。培养基的灭菌方法、灭菌温度和时间，会改变培养基的性质，从而影响培养基的起泡能力。如糖蜜培养基的灭菌温度从110℃升高到130℃（灭菌持续时间为半小时），发泡系数几乎增加一倍，这可能是由于形成大量蛋白黑色素和5－羟甲基糠醛的缘故。

发酵过程中，泡沫的变化随培养液的性质变化而变化，图8－8指出了霉菌发酵过程中液体表面性质与泡沫寿命的关系。发酵初期泡沫的高稳定性与高的表观黏度和低表面张力有关，发酵中后期，随着霉菌产生的蛋白酶、淀粉酶的增多对碳、氮源的利用，造成泡沫稳定的蛋白质分解，培养液黏度降低，促进表面张力上升，泡沫减少。另外菌体也有稳定泡沫的作用。在发酵后期菌体自溶，可溶性蛋白质浓度增加，又促使泡沫上升。

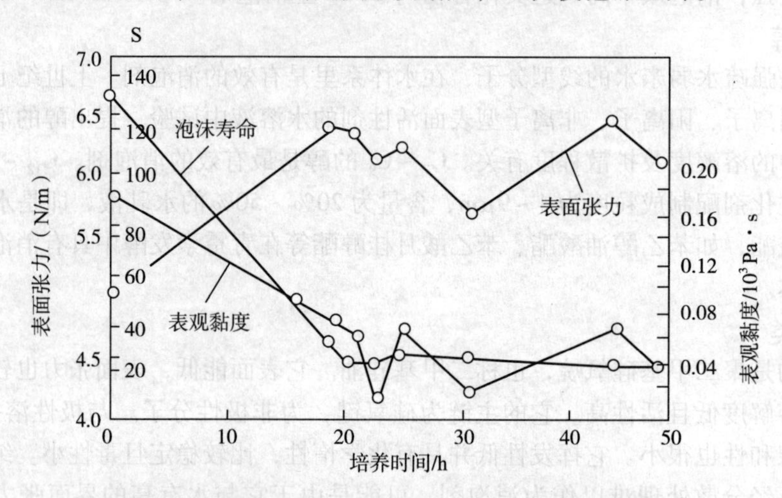

图8－8 霉菌发酵过程中液体表面性质与泡沫寿命的关系

培养基含有：15%玉米粉，5%葡萄糖和6%的种子

8 泡沫的控制

从菌种的选育方面考虑，选育在发酵过程中不产生泡沫且不影响产物形成的突变株；还有报道利用几种微生物进行混合培养，能够控制发酵过程中泡沫的形成，这主要是因为一种菌种产生的泡沫物质可以被另一种协同菌种所利用的缘故。

8.1 机械方法消沫

机械方法消沫是利用机械的强烈振动或压力的变化促使泡沫破碎。机械消沫方法有多种，一种是在罐内将泡沫消除，最简单的是在搅拌轴的上部安装消沫浆，当消沫浆随着搅拌轴转动时，将泡沫打碎。另一种是将泡沫引出罐外，通过喷嘴的加速作用或利用离心力消除泡沫后，液体再返回罐内。也有在罐内装设超声波或超声波汽笛进行消沫。

机械消沫优点是不需引入外来物质，可节省原材料，减少杂菌的污染的机会，也可以减少培养液性质的变化，对提取工艺无任何副作用。缺点是效率不高，对黏度较大的泡沫几乎无作用，也不能消除引起泡沫稳定的根本原因，所以仅作为消沫的辅助方法。

8.2 消沫剂消沫

消沫剂一般是表面活性剂，常用的消沫剂有天然油脂、聚醚类消泡剂、高碳醇、硅酮类、脂肪酸、亚硫酸。其中使用最多的是油脂和聚醚类。

消沫剂的效果和使用方法有密切关系，用消沫剂时加入增效剂可以帮助消沫剂扩散和缓慢释放的作用，可以加速和延长消沫剂的作用。使用方法很多，如加入载体增效，即用惰性载体(包括矿物油、植物油等)将消沫剂溶解分散；消沫剂并用增效，将各种机械消沫剂的优点互补。乳化消沫剂增效，把乳化剂与机械消沫剂混合制成乳剂，以提高分散能力等。另外还可以使用化学和机械方法联合控制泡沫，及采用相应的自动控制系统。

消沫剂的持久性除由其本身的性能决定外，还与加入量和时间有密切的关系。一定用量的消沫剂少量多次的持久效果与少次多量的不一样，少量多次可以收到有效防止泡沫产生和节省用量的双重效果。消沫剂使用之前进行对比实验，找出特定培养基中对微生物生理特征影响最小、对终产物无太大影响、成本低和消沫效果最好的条件。当然，消沫是一种消极的方法，一般万不得已才用。

第 7 节　发酵染菌的检测和防治

1　染菌对发酵的影响

发酵工业生产中，污染杂菌造成发酵失败的事故时常发生，杂菌的污染与防治成为发酵工业中突出的问题。绝大数的工业发酵，无论是单菌发酵还是混合菌种发酵，都是纯种发酵，除了发酵菌种以外的其它微生物被称为杂菌。染菌是指在发酵培养基中侵入了有碍生产的其它微生物。几乎所有的发酵工业都有可能遭遇杂菌或噬菌体的污染。发酵过程中染菌的结果，轻者影响产量或质量，重者可能导致倒罐，严重的甚至停产，造成原料、人力和设备动力的浪费。因此，发酵过程污染杂菌，会严重的影响生产，是发酵工业的致命伤。

1.1　染菌对不同发酵过程的影响

有些发酵过程易染杂菌的，如某些氨基酸、核苷和核苷酸的发酵过程，由于使用的生产菌是多种营养缺陷型微生物，其生长能力差，所需的培养基营养丰富，因此容易受到杂菌的污染，且污染后，培养基中营养成分迅速被消耗，严重抑制了生产菌的生长和代谢产物的生成。

而另一些发酵过程不易受杂菌污染，如柠檬酸等有机酸发酵的过程中，当产酸后，发酵液的 pH 值比较低，杂菌生长十分困难，在发酵中、后期不太会发生染菌，主要是防止发酵前期染菌。

发酵过程染菌的种类不同，对发酵的影响是不一样的。如青霉素发酵染菌，绝大多数杂菌都能直接产生青霉素酶，而另一些杂菌则可被青霉素诱导而产生青霉素酶。因此在青霉素发酵过程中，不论在发酵前期、中期或后期，染有能产生青霉素酶的杂菌，都能使青霉素迅速破坏。疫苗生产中染菌的危害很大。这是一类不需要提纯而直接使用的产品，在其培养过程中，一旦污染杂菌，不论死菌、活菌或内外毒素，都应全部废弃。

谷氨酸(谷氨酸棒状杆菌)发酵周期短，生产菌繁殖快，培养基不太丰富，一般较少污染杂菌，但噬菌体污染对谷氨酸发酵的威胁非常大。如污染了噬菌体，噬菌体的感染力很强，传播蔓延迅速，也较难防治，故危害极大。污染噬菌体后，一般发生溶菌，随之出现发酵迟缓或停止，而且受噬菌体感染后，往往会反复连续感染，使生产无法进行，甚至使种子全部丧失。

不管是对于哪种发酵过程，一旦发生染菌，都会由于培养基中营养成分被消耗或代谢产物被分解，严重影响到产物的生成，使发酵产品的产量大为降低。

1.2 不同时间染菌对发酵的影响

污染时间是指用无菌检测方法检测到的污染时间，不是杂菌窜入培养液的时间。杂菌进入培养液后，需有足够的生长、繁殖的时间才能显现出来，显现的时间又与污染菌量有关。污染的菌量多，显现染菌所需的时间就短，污染菌量少，显现染菌的时间就长。

1.2.1 种子培养期染菌

种子培养主要是微生物细胞生长与繁殖，此时微生物菌体浓度低，培养基的营养十分丰富，因此容易染菌。若将污染的种子带入发酵罐，则危害极大。因此应严格控制种子染菌的发生。

1.2.2 发酵前期染菌

发酵前期菌量不很多，处于生长、繁殖阶段，且还未合成产物（抗生素）或产生很少，抵御杂菌能力弱。相对而言这个时期也容易染菌，染菌后的杂菌将迅速繁殖，与生产菌争夺培养基中的营养物质，干扰了生产菌的正常生长、繁殖及产物的生产。在这个时期要特别警惕以制止染菌的发生。如不慎污染杂菌，可以用降低培养温度，调整补料量，用酸碱调 pH 值，缩短培养周期等措施予以补救。如果前期染菌，且培养基养料消耗不多，可以重新灭菌，补加一些营养，重新接种再用。

1.2.3 发酵中期染菌

发酵中期染菌会导致培养基中的营养物质大量消耗，并严重干扰产生菌的代谢，影响产物的生成。有的污染后杂菌大量繁殖，糖、氮消耗快，菌丝自溶，产生大量泡沫，产物分泌减少或停止。有的污染会使发酵液发臭，发酸，影响代谢产物的积累或产物合成停止；有的染菌后会使已生成的产物被利用或破坏。从目前的情况看，发酵中期染菌一般较难挽救，危害性极大，在生产过程中应尽力做到早发现，快处理。

1.2.4 发酵后期染菌

发酵后期发酵液内已积累大量的产物，特别是抗生素，对杂菌有一定的抑制或杀灭能力。因此染菌不多，对生产影响不大。如果染菌严重，又破坏性较大，可以提前放罐。

发酵过程污染了杂菌，不仅影响了发酵菌种的发酵，而且对发酵结束后产品的提炼也有影响。

1.3 发酵染菌对提炼和产品质量的影响

1.3.1 发酵染菌对过滤的影响

染菌的发酵液一般发黏，菌体大多数自溶，导致发酵液过滤困难。即使采取加热、冷却、添加助滤剂等措施，使部分蛋白质凝聚，但效果并不理想。如污染霉菌时，影响较小，而污染细菌时很难过滤。由于过滤困难而大幅度降低过滤收率，直接影响提炼总收率。

1.3.2 发酵染菌对提炼的影响

染菌发酵液中含有比正常发酵液更多的水溶性蛋白和其它杂质。采用有机溶剂萃取的提炼工艺，则极易发生乳化，很难使水相和溶剂相分离，影响进一步提纯。采用直接用离子交换树脂的提取工艺，如链霉素、庆大霉素，染菌后大量杂菌黏附在离子交换树脂表面，或被离子交换树脂吸附，大大降低离子交换树脂的交换容量，而且有的杂菌很难用水冲洗干净，洗脱时与产物一起进入洗脱液，影响进一步提纯。

染菌对发酵的影响是多方面的，发酵过程中如能及早检测到染菌，及时采取相应的措施，使染菌的危害降低到最低水平。因此，生产上要求能准确、迅速地检查杂菌的污染。

2 无菌状况的检测

发酵过程中如出现发酵异常现象，如溶氧浓度和 pH 值变化规律发生变化，可初步判断为是污染了杂菌，是否染菌应以无菌实验的结果为依据进行判断。目前常用于检查是否染菌的实验方法主要有显微镜检查法、肉汤培养法、平板培养法、基于 PCR 技术的检查方法。

2.1 显微镜观察法

运用显微镜观察法时，先用革兰氏染色法对发酵液样品进行涂片、染色，然后在显微镜下观察微生物的形态特征，根据生产菌与杂菌的特征进行区别，判断是否染菌。如果发现有与生产菌形态特征不一样的其他微生物存在，就可判断为发生了染菌。此法检查杂菌最为简单、最直接，但对含菌少的样品不易得出正确结论，应多检查几个视野；如果发酵菌种处于非同步状态，应注意不同生理状态下的生产菌与杂菌之间的区别，必要时可进行芽孢染色或鞭毛染色。

2.2 肉汤培养法

通常用葡萄糖酚红肉汤作为培养基(pH 值 =7.2)，将待检样品直接接入经灭菌后的肉汤培养基中，分别于 37℃、28℃进行培养，随时观察微生物的生长情况，如果肉汤连续三次发生变色反应(由红色变为黄色)或产生混浊，即可判断为染菌。有时肉汤培养的阳性反应不够明显，而发酵样品的各项参数显示确有可能染菌，并经镜检等其他方法确认连续三次样品有相同类型的异常菌存在，也应该判断为染菌。肉汤培养法常用于检查培养基和无菌空气是否带菌，同时此法也可用于噬菌体的检查。

2.3 平板划线培养或斜面培养检查法

将待检样品在无菌平板上划线，分别于 37℃、28℃进行培养，一般 24h 后即可进行形态观察；若要进一步确证，可配合镜检观察，如果个体形态与菌落形态都与生产菌相异，则可确认污染了杂菌。此法需要严格的无菌操作技术，所需时间长，至少也需 8h，而且无法区分形态与生产菌相似的杂菌。在污染初期，生产菌占绝大多数，污染菌数量很少，所以要做比较多的平行试验才能检出污染菌。

以上三种检查杂菌的方法是根据生产菌与杂菌的形态、生理生化反应来确定的，也可以从生产菌和杂菌的基因序列来区分，从基因水平检测首先得到能反映生产菌与杂菌特征性的基因，16S rRNA 和 18S rRNA 基因分别作为细菌和真菌鉴定的一项重要指标。我们可以用 16S rRNA 和 18S rRNA 基因来判断发酵系统中是否污染杂菌。如何获得这两种基因呢?

2.4 基于 PCR 技术的检查方法，

这些方法可以将极微量的 DNA 进行大量扩增，是获得大量目的基因的一种方法通过 PCR 扩增后比较分析基因序列的特异性来研究发酵液中是否染菌。如 16S rRNA 或 18S rRNA 基因序列的分析方法、ARDRA、DGGE、TGGE、16S rDNA 文库的构建和组成分析技术、T－RFLP 等方法。

2.4.1 16S rRNA 或 18S rRNA 基因序列的分析方法

目前用于 16S rRNA 或 18S rRNA 基因序列分析的常规程序是：利用 16S rRNA 和 18S rRNA 基因两端的保守序列作为 PCR 的引物，以平板分离的不同形态菌的 DNA 为模板，通过 PCR 扩增染色体 DNA 上的 16S rRNA 和 18S rRNA 基因，然后或对 PCR 产物直接进行序列分析；或将PCR产物克隆到质粒载体上，经在菌体内含有16S rRNA和18S rRNA基因的质粒，然后分析16S rRNA和18S rRNA基因的序列。可以测序后GenBank已有的序列进行比对，而得知是污染了什么微生物。

2.4.2 扩增性rDNA限制性酶切片段分析(ARDRA)技术

扩增性rDNA限制性酶切片段分析(Amplified ribosomal DNA restriction analysis, ARDRA)技术是基于PCR技术选择性扩增rDNA片段，再对rDNA片段进行限制性酶切片段长度分析。具体做法是将扩增的16S rDNA分别用两种不同的核酸内切酶对16S rRNA和18S rRNA基因进行ARDRA分型。如有和发酵菌种不同的带型，证明有杂菌存在。

上述方法是以培养出的菌落中提取的DNA为模板，扩增16S rRNA和18S rRNA基因而进行分析的。也可以不经过培养步骤，而直接从发酵液中提取DNA为模板扩增16S rRNA和18S rRNA基因，然后进行分析。如果发酵液染有杂菌，提出的为多种菌的染色体DNA，也就是DNA模板为混合模板，由此扩增的16S rRNA基因为多种菌的基因，通过一般的聚丙烯酰胺或琼脂糖凝胶电泳不能被区分同样长度但序列不同的DNA片段，而通过DGGE/TGGE)技术可区分。

2.4.3 DNA扩增片段电泳检测(DGGE/TGGE)技术

DGGE/TGGE技术在一般的聚丙烯酰胺凝胶基础上，加入变性剂(尿素和甲酰胺)梯度或是温度梯度，从而能够把同样长度但序列不同的DNA片段区分开来。

DGGE/TGGE技术原理是根据不同序列的DNA片段其解链区域和解链行为不一样而在电场中泳动行为不一样而将同样长度DNA片段区分开来的方法。例如一个几百个碱基对的DNA片段一般有几个解链区域，每个解链区域有一段连续的碱基对组成。当温度逐渐升高(或是变性剂浓度逐渐增加)达到其最低的解链区域温度时，该区域这一段连续的碱基对发生解链。当温度再升高依次达到各其他解链区域温度时，这些区域也依次发生解链。直到温度达到最高解链区域温度后，最高的解链区域也发生解链，从而双链DNA完全解链。不同的DNA片段，其解链区域及各解链区域的解链温度不一样，当进行DGGE/TGGE时，同样长度但序列不同的DNA片段会在胶中不同位置处达到各自最低解链区域的解链温度，因此它们会在胶中的不同位置处发生部分解链导致迁移速率大大下降，从而在胶中被区分开来。如电泳带型不一致证明有杂菌的污染。

当发现染菌后，找出染菌的途径和原因，从而采取相应的控制措施。

3 染菌情况分析

染菌的原因有多种，对于实际情况具体分析。一般从染菌种类、染菌时间、染菌规模来分析其原因。

3.1 从染菌的种类分析

从污染杂菌的种类来看，如污染了耐热的芽孢杆菌，多数是由于培养基灭菌不彻底或设备存在死角所致。如污染无芽孢杆菌、球菌等不耐热菌，可能是从蒸汽的冷凝水中带来的，或空气系统不严造成。感染霉菌，一般是由于灭菌不彻底或无菌操作不严造成的。

3.2 从染菌时间分析

早期染菌，除了种子带菌外，主要是培养基或设备灭菌不彻底。中、后期染菌可能与中间补料、设备渗漏以及操作不合理等有关，也可能是空气过滤器不严所致。

3.3 从染菌规模分析

3.3.1 单罐染菌

如果个别发酵罐染菌，不是发酵设施系统问题，而是该罐本身的问题。如种子带菌、培养基灭菌不彻底、罐有渗漏、分过滤器失效，蛇形管的穿孔，有时不易觉察。有时设备破损引起的染菌会出现每批染菌时间前移现象。

3.3.2 多罐染菌

部分发酵罐(或罐组)染菌，例如生产同一产品的几个发酵罐都染菌，可能是发酵设施系统问题，如空气过滤系统有问题，特别是总过滤器长期没有检查，可能受潮失效；移种或补料的分配站有渗漏或灭菌不彻底。

3.3.3 大批发酵罐染菌

大批发酵罐染菌是指整个工厂各个产品的发酵罐都出现杂菌现象，而且染的是同一种菌，主要是空气过滤器除菌不净，空气带菌而造成的。

从不同发酵厂家染菌的统计资料分析结果得出，以设备渗漏和空气带菌染菌较为普遍和严重。不明原因的染菌达24%以上。这表明，目前分析染菌原因的水平还有待于进一步提高。

4 染菌的防止

4.1 防止种子带菌

种子带菌的原因主要有保藏的斜面试管菌种染菌、培养基和器具灭菌不彻底、种子转移和接种过程染菌以及种子培养所涉及的设备和装置带菌等。针对上述染菌原因，生产上常用以下措施防止。

(1)制备种子时对沙土管及摇瓶严格加以控制。防止杂菌的进入而受到污染。具体措施是种子保存管棉花塞应松紧适度，保存温度应保持相对稳定，不宜有大的变化。沙土制备时要多次间歇灭菌。摇瓶瓶塞要确保严密。对菌种培养基进行严格灭菌处理，保证在利用灭菌锅进行灭菌前，先完全排除锅内的空气，以免造成假压，使灭菌的温度达不到预定值，造成灭菌不彻底而使种子带菌。

(2)注意接种时的无菌操作。接种时必须在超净台上操作，超净台装有一台鼓风机，进风口有一粗过滤器，出风口有高效过滤器，保证无菌风从超净台吹出，外界有菌空气不可能进入接种区域，保证无菌条件。接种人员必须穿好无菌服，戴好口罩，手用酒精棉球擦干净。

(3)子瓶、母瓶的移种和培养时应严格按无菌操作进行。

(4)无菌室和摇床间都要保持清洁。无菌室内要供给恒温恒湿的无菌空气，还要装紫外灯用以灭菌，或用化学药品灭菌。对无菌室要求有：在无菌室中装有紫外灯，打开紫外灯，照半小时，关灯后15min再接种。用消毒药水如新洁而灭配成1/1000浓度擦桌子、拖地，开启超净台的通风，

4.2 防止设备渗漏

发酵设备及附件由于化学腐蚀、电化学腐蚀，物料与设备摩擦造成机械磨损以及加工制作不良等原因会导致设备及附件渗漏。设备上一旦渗漏，就会造成染菌，例如冷却盘管、夹套穿孔渗漏，有菌的冷却水便会通过漏孔而进入发酵罐中招致染菌。阀门渗漏也会使带菌的

空气或水进入发酵罐而造成染菌。

设备上的漏隙如果肉眼能看见，容易发现，也容易治理；但有的微小泄漏，肉眼看不见，必须通过一定的试漏方法才能发现。试漏方法可采用水压试漏法。即被测设备的出口处装上压力表，将水压入设备，待设备中压力上升到要求压力，关闭进出水，看压力有否下降。压力下降则有渗漏。但有些渗漏很小，看不出何处漏水，可以用稀碱溶液压入设备，然后用蘸有酚酞的纱布揩，只要酚酞能变红处即为渗漏处。

4.3 防止培养基灭菌不彻底

培养基灭菌方法一般用高压蒸汽灭菌。培养基灭菌前含有大量杂菌，灭菌时如果蒸汽压力不足，就达不到要求的温度；灭菌时产生大量泡沫或发酵罐中有污垢堆积，就会窝藏大量杂菌，造成灭菌不彻底。为什么蒸汽灭菌时会产生大量泡沫呢？培养基和水的传热系数比空气的传热系数大，如果灭菌时升温太快，培养基急剧膨胀，发酵罐内的空气排出较慢，就会产生大量泡沫，泡沫上升到发酵罐顶，泡沫中的耐热菌就不能与蒸汽直接接触，未被杀死。因此，灭菌时缓慢开启蒸汽阀门，或加入少量消泡剂。灭菌时还会因设备安装或污垢堆积造成一些“死角”。这些死角蒸汽不能有效达到，常会窝藏耐热芽孢杆菌，所以设备安装要注意不能造成死角，发酵设备要经常清洗，铲除污垢。

4.4 防止空气引起的染菌

防止无菌空气带菌，就必须从空气的净化工艺和设备的设计、过滤介质的选用和装填、过滤介质的灭菌和管理等方面完善空气净化系统。

选择合适的采气口和空气预处理工艺，尽可能减少空气的带菌量和带油、水量，提高进入过滤器的空气温度，降低空气的相对湿度，保持过滤介质的干燥状态，防止冷却器漏水，防止冷却水进入空气系统等。

过滤器装填要均匀，以防过滤器的失效。棉花－活性炭过滤器长期使用后，棉花和活性炭的体积被压缩而松动，如果上下端棉花铺得厚薄不均，厚的一边阻力大空气不畅通，薄的一边空气容易通过，久而久之，薄的一边长期受空气顶吹而使棉花活性炭改变位置，造成过滤器失效。

过滤器用蒸汽灭菌时，若被蒸汽冷凝水润湿就会降低或丧失过滤效能，灭菌完毕应立即缓慢通入压缩空气，将水分吹干。超细纤维纸作过滤介质，灭菌时必须将管道中冷凝水放干净，以免介质受潮失效。

在生产实践中，空气管道大多与其他物料管道相接，要装上止逆阀防止其它物料窜入空气管道污染过滤器，导致过滤介质失效。

4.5 染噬菌体的防治

发酵生产中噬菌体的危害在国内外都是一个普遍的问题，给生产带来的损失是惊人的。尤其以细菌或放线菌为发酵菌种进行的发酵生产容易受噬菌体的污染，由于噬菌体的感染力非常强，传播蔓延迅速，且较难防治，对发酵生产危害很大。因此噬菌体感染的研究和防治对发酵生产的稳定进行具有重要意义。

5 染噬菌体对发酵的影响

发酵过程中如果受噬菌体的侵染，表现发酵迟缓或停止，一般发生溶菌现象。而且受噬菌体感染后，往往会反复连续感染，使生产无法进行，甚至使种子全部丧失。

5.1 噬菌体污染的判断

发酵过程中发酵液如有下述情况：

(1)镜检可发现菌体数量明显减少，菌体不规则，严重时完全看不到菌体，且是在短时间内菌体自溶；

(2)发酵 pH 值逐渐上升，4～8h 之内可达 8.0 以上，不再下降；

(3)发酵液残糖高，有刺激臭味，粘度大，泡沫多；

(4)生产量甚少或增长缓慢或停止。

从上述现象可以推断发酵受噬菌体污染，是否污染噬菌体，需要做噬菌斑检验来确认。

5.2 产生噬菌体的原因

通常在工厂投产初期受噬菌体的危害少见，经过 1～2 年以后，由于生产和试验过程中不断不加注意地把许多活菌体排放到环境中去，为噬菌体的生长提供了活的菌体，造成了自然界中噬菌体增殖的好机会。噬菌体随着风沙尘土和空气流动传播，以及人们和车辆的往来通过，携带着噬菌体到处传播，使噬菌体有可能潜入生产的各个环节，尤其是通过空气系统进入种子室、种子罐、发酵罐。

5.3 染噬菌体的检测

染噬菌体的检测是通过检验噬菌斑的有无来作出判断，操作时先在培养皿上倒入培养生产菌的培养基(加琼脂)作下层，同样的培养基中加入 20%～30% 培养好的种子液，再加入怀疑染噬菌体的发酵液，摇均匀后，铺上层。培养过夜观察培养皿上是否出现噬菌斑。也可以在上层培养基中不加怀疑染噬菌体的发酵液，而将发酵液直接点种在上层培养基表面，培养过夜，观察有无透明圈出现。

5.4 噬菌体的防治

噬菌体的防治主要从发酵种子的选择，培养及发酵环境控制等方面入手。

(1)选育抗噬菌体的菌种，或轮换使用菌种；

(2)种子和发酵工段的操作人员严格执行无菌操作规程，认真地进行种子保管，不使用本身带有噬菌体的菌种。感染噬菌体的培养物不得带入菌种室、摇瓶间；

(3)认真进行发酵罐、补料系统的灭菌。严格控制逃液和取样分析和洗罐所废弃的菌体。对倒罐所排放的废液应灭菌后才可排放；

(4)必须建立工厂环境清洁卫生制度，定期检查、定期清扫，车间四周有严重污染噬菌体的地方应及时撒石灰或漂白粉；

(5)车间地面和通往车间的道路尽量采取水泥地面；

(6)发现污染了噬菌体，应立即停止搅拌、减小通风，将发酵液加热到 70～80℃ 杀死噬菌体，才可排放。发酵罐周围的管道也必须彻底灭菌；

第 8 节　基质浓度对发酵的影响及补料控制

1　基质浓度对发酵的影响

分批发酵中，当基质浓度过量时，菌体的比生长速率与营养成分的浓度无关。但生长速率是基质浓度的函数。有一种称为 Monod 模型，用以描述基质浓度与生长速率的关系。

Monod 模型描述基质浓度与微生物生长速率的关系：

$$u = u_{max} S/(K_S + S)$$

式中 u——比生长速率；

u_{max}——最大比生长速率；

S——基质浓度；

K_S——底物利用常数，其数值相当于 u 正处于 u_{max} 一半时的底物浓度，是测定微生物对该底物的亲和力(K_S 越高，亲和力越低)。

此式是根据经验拟出的，是将真实情况简单化、经验化。实际上，菌体生长的真实情况包括很多问题，比如抑制问题、阻遏问题、诱导问题等等。基质浓度对菌体生长速率的影响见图 8-9。

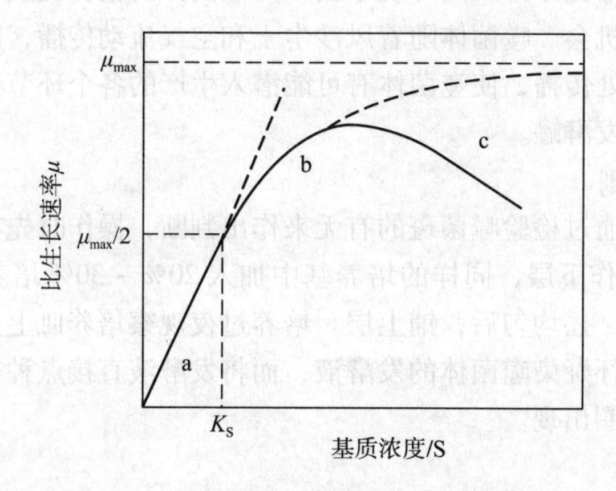

图 8-9 基质浓度对菌体生长速率的影响

图 8-9 是表示菌体生长与基质浓度关系的代表性图式。线段 a 表示在 S 远远小于 K_S 的情况下，比生长速率与基质浓度呈直线关系。线段 b 适用于 Monod 方程式。线段 c 为基质浓度高的区域。正常情况下可达到最大比生长速率 u_{max}；但是，由于代谢产物或基质浓度过高而导致抑制作用，出现比生长速率下降的趋势。

对产物的形成也是如此，培养基过于丰富，有时会使菌生长过盛，发酵液非常黏稠，传质状况很差，菌体细胞不得不花费较多能量来维持其生长环境，即用于非生产的能量大大增加，这对产物合成不利。因此，必须控制基质浓度，使菌体细胞达到一定水平后再逐步加入营养物供合成产物用。

高浓度基质会引起碳分解代谢物阻遏现象，并阻碍了产物的形成。例如，在葡萄糖氧化酶发酵中，以葡萄糖为碳源，它对葡萄糖氧化酶的形成具有双重效应，即低浓度下有诱导作用而高浓度下有分解物阻遏作用。研究结果表明葡萄糖的代谢中间物，如柠檬酸三钠、琥珀酸钠、苹果酸钙和丙酮酸钠，对葡萄糖氧化酶的形成有明显的抑制作用。在葡萄糖氧化酶发酵生产中，葡萄糖用量从 8% 降至 6%，补入 2% 氨基乙酸或甘油，使酶活力分别提高 26% 或 6.7%，葡萄糖浓度的减少能部分解除高浓度葡萄糖所产生的分解代谢物的阻遏作用。

2 补料控制

为了解除基质过浓的抑制、产物的反馈抑制和葡萄糖分解阻遏效应，以避免在分批发酵中因一次性投糖过多造成细胞大量生长，耗氧过多而供氧不足的状况，采用中间补料的培养方法是较为有效的。

采用的方法是在发酵到预定时间，根据基质的消耗速率及设定的残留基质浓度，称取一定量添加物，投入到发酵液中。这是一种经验性的方法，操作比较简单，但对控制发酵不太有效。

随着发酵理论的研究和工业应用的不断发展，从补料方式到计算机最优化控制等都取得较大进展。就补料方式有连续流加和变速流加。每次流加又可分为快速流加、恒速流加、指数速率流加。从补加的培养基成分来区分，又可分成单一组分补料和多组分补料等等。

为了有效地进行中间补料，必须选择恰当的反馈控制参数，以及了解这些参数对于微生物代谢、菌体生长、基质利用以及产物形成之间的关系。采用最优的补料程序也是依赖于比生长曲线形态、产物生成速率及发酵的初始条件等情况。因此，欲建立分批补料培养的数学模型及选择最佳控制程序都必须充分了解微生物在发酵过程中的代谢规律及对环境条件的要求。

反馈控制参数有间接控制参数和直接控制参数，间接控制参数是指以溶氧、pH 值、呼吸熵、排气中二氧化碳分压及代谢物质浓度作为补料控制的参数。直接控制参数是直接以限制性营养物浓度作为补料控制，例如碳源、氮源或碳、氮比等等。目前只有少数基质，如甲醇、乙醇、葡萄糖能直接测量。由于缺乏能直接测量重要参数的传感器，因此直接方法的使用受到了限制。

第 9 节　发酵终点的判断

发酵菌种在发酵容器(即发酵罐)中发酵时间的长短是由产物的生产能力和经济效益决定的。产物的生产能力是指单位时间内单位发酵罐体积的产物积累量。工业发酵过程不仅追求高生产力，而且考虑产品的成本。要以最低的成本获得最大生产能力的时间为最适的发酵时间。在发酵生产中，若发酵周期缩短，设备的利用率提高。但在生产速率较小或停止的情况下，单位体积的产物产量增长就有限；若发酵周期延长，产物的生产能力提高，但动力消耗、管理费用支出，设备消耗等费用在增加，因而产物成本增加。发酵终点的判断需根据具体的发酵类型来确定。

不同类型的发酵，要求达到的目标不同，因而对发酵终点的判断标准也应有所不同。对发酵及原材料成本占整个生产成本主要部分的发酵品种，主要追求提高生产率($kg/m^3 \cdot h$)，得率(kg 产物/kg 基质)和发酵系数(kg 产物/罐容积 m^3 · 发酵周期 h)

下游提取精制成本占主要部分和产品价格比较贵，除了要求高的产率和发酵系数外，还要求高的产物浓度。提高产率就必须缩短发酵周期，这就要在产物合成速率较低时放罐，延长发酵虽然略能提高产物浓度，但生产率下降，且消耗动力，成本提高。

要计算总的发酵产率，可以用放罐时的发酵单位除以总的发酵时间。

从下式可求得分批发酵总生产周期。

$$T = 1/u_{max} \ln X_f / X_0 + t_T + t_L + t_D$$

式中　t_T——放罐检修工作时间；

t_D——洗罐、配料和灭菌时间；

t_L——生长停滞期时间；

X_f——放罐菌体浓度；

X_0——菌体起始浓度；

u_{max}——最大比生产速率。

放罐时间对下游工程有很大影响，如放罐时间太早，会残留过多的养分，对提取不利；如放罐时间太晚，菌丝自溶，不仅延长过滤时间，而且可能使一些不稳定的产物浓度下降，扰乱提取工艺阶段的工作计划。判断放罐指标主要有产物浓度、过滤速度、氨基氮、菌丝形态，pH 值、DO、氨基氮含量、残糖含量、培养液的外观和黏度等。一般，菌丝自溶前有一些迹象，如氨基氮含量、DO 和 pH 值开始上升、菌丝碎片增多、黏度增加、过滤速度下降等。

已有老品种抗生素发酵放罐时间一般按作业计划进行。但在发酵染菌和其他异常情况下，放罐时间要当机立断，以免倒罐，新品种发酵时间的长短需要实验探索。绝大多数抗生素发酵掌握在菌体自溶前放罐，极少数品种在菌丝部分自溶后放罐，以便使胞内抗生素释放出来。总之，发酵终点的判断需综合多方面的因素统筹考虑。

作业与思考

1. 发酵过程的种类有哪些，各自的特点是什么？
2. 发酵过程主要分析项目有那些？
3. 发酵过程的温度会不会变化？为什么？
4. 生物热的大小与哪些因素有关？
5. 温度对发酵有哪些影响？
6. 发酵过程温度的选择有什么依据？
7. 发酵过程中 pH 值会不会发生变化？为什么？
8. pH 值对发酵的影响表现在哪些方面？
9. 发酵过程的 pH 值控制可以采取哪些措施？
10. 为何氧容易成为好氧发酵的限制性因素？
11. 微生物的临界溶氧浓度一般多少，发酵过程中的氧容易不容易满足？
12. 影响微生物需氧的因素有哪些？
13. 发酵过程中溶氧浓度监控的意义？
14. 泡沫对发酵有哪些有益之处，哪些有害之处？
15. 发酵中泡沫形成的原因是什么？
16. 有哪些原因会引起染菌？
17. 染菌以后应采取什么措施？

第9章　发酵微生物反应动力学

微生物反应体系是由菌体、反应基质和微生物代谢产物混合而成的复杂的环境，同时微生物反应条件随着菌体、基质浓度和产物浓度的变化而变化，反过来菌体、基质浓度和产物浓度的变化影响微生物反应体系的环境因素。微生物反应动力学就是研究微生物反应过程中反应环境因素与菌体代谢活动之间的相互作用、相互影响的规律的科学。即用数学模型定量地表示发酵过程中细胞生长、基质消耗和产物生成随时间变化规律。通过对微生物反应动力学的研究，达到对微生物反应条件和反应过程的有效控制，从而提高发酵产物的产率和生产效率。

第1节　发酵反应动力学的研究内容

发酵动力学是研究发酵过程中菌体生长、基质消耗、产物生成的动态平衡及其内在规律。

研究内容包括发酵过程中菌体生长速率、基质消耗速率和产物生成速率的相互关系；环境因素对三者的影响以及影响反应速度的条件。

发酵动力学的研究过程包括：①寻找能反映过程变化的参数；②将各种参数变化和现象与发酵代谢规律联系起来，找出它们之间的相互关系和变化规律；③建立各种数学模型以描述各参数之间与时间变化的关系；④通过计算机的在线控制反复验证各种模型的可行性与适用范围。

1　发酵动力学的研究目的

(1)进行最佳发酵工艺条件的优选和控制，如发酵过程中菌体浓度、基质浓度、温度、pH 值、溶解氧等工艺参数；

(2)根据发酵动力学模型来设计程序，模拟最合适的工艺流程和发酵工艺参数，使生产控制达到自动化和最佳化；

(3)为试验工厂数据的放大和分批发酵过渡到连续发酵提供理论依据。

2　研究发酵动力学的作用

(1)要进行合理的发酵过程设计，必须以发酵动力学模型作为依据；

(2)目前国内外正利用电子计算机，根据发酵动力学模型来设计程序，模拟最优化的工艺流程和发酵工艺参数，从而使生产控制达到最优化；

(3)发酵动力学的研究正在为试验工厂数据的放大、为分批发酵过渡到连续发酵提供理论依据。

3 研究发酵动力学的步骤

(1)为了获得发酵过程变化的第一手资料，要尽可能寻找能反映过程变化的各种理化参数；

(2)将各种参数变化和现象与发酵代谢规律联系起来，找出它们之间的相互关系和变化规律；

(3)建立各种数学模型以描述各参数随时间变化的关系；

(4)通过计算机的在线控制，反复验证各种模型的可行性与适用范围。

4 反应动力学描述的简化

微生物反应过程是复杂群体的生命活动过程，反应体系与化学反应体系相比具有明显的特点：发酵反应体系由气相、液相和固相组成；反应底物(培养基)中有多种营养成分，多种代谢产物，细胞内也具有不同生理功能的大、中、小分子化合物；细胞代谢过程用非线性方程描述。因此，在建立微生物反应动力学模型以前，对菌体生长过程的描述进行简化，反应动力学描述的简化有以下几点：

(1)动力学是对细胞群体的动力学行为的描述，不考虑细胞之间的差别，而是取性质上的平均值，在此基础上建立的模型称为确定论模型，如果考虑每个细胞之间的差别，则建立的模型为概率论模型；

(2)如果在考虑细胞组成变化的基础上建立的模型，称为结构模型，一般选取 RNA、DNA、糖类及蛋白含量做为过程变量。菌体视为单组分的模型为非结构模型，通过物料平衡建立超经验或半经验的关联模型；

(3)如果细胞内的各种成分均以相同的比例增加，称为均衡生长。如果由于各组分的合成速率不同而使各组分增加比例不同，称为非均衡生长。生长模型的简化考虑一般采用均衡生长的非结构模型；

(4)将细胞作为与培养液分离的生物相处理所建立的模型为分离化模型。在细胞浓度很高时采用。如果把细胞和培养液视为一相，建立的模型为均一化模型。

第2节 发酵过程的反应描述

1 发酵过程的反应描述

微生物反应过程是一系列复杂的生物化学反应过程。微生物是该反应过程的主体，从培养基中吸取养分，通过胞内特定酶系的反应，将基质转化为细胞组分，实现生长、繁殖。因此微生物是生物催化剂，又是一微小的反应容器。微生物反应的本质是复杂的酶催化反应体系。酶能够进行再生产。

微生物反应是非常复杂的反应过程，具有如下特点：

(1)反应体系中有细胞的生长，基质消耗和产物的生成，有各自的最佳反应条件；

(2)微生物反应有多种代谢途径；

(3)微生物反应过程中，细胞形态、组成要经历生长、繁殖、维持、死亡等若干阶段，不同菌龄，有不同的活性。

为了对微生物反应进行定量描述，需要定量地测量菌体细胞如何将基质转化为产物。

工业微生物发酵生产中，描述微生物反应过程的参数为得率(或产率，转化率，Y)：包括生长得率($Y_{X/S}$)和产物得率($Y_{P/S}$)。得率：是指被消耗的物质和所合成产物之间的量的关系。

生长得率：是指每消耗1g(或mo1)基质(一般指碳源)所产生的菌体重(g)。生长得率可用下式表示为

$$Y_{X/S} = \frac{\Delta X}{-\Delta S} \tag{9-1}$$

式中 $Y_{X/S}$——基质消耗的生长得率，g/g；

ΔX——菌体生长量的干重，g；

$-\Delta S$——基质消耗量，g。

如果基质是氧气，则生长得率可表示为

$$Y_{X/O} = \frac{\Delta X}{-\Delta O_2} \tag{9-2}$$

式中 $Y_{X/O}$——相对于氧气消耗的生长得率，g/g；

$-\Delta O_2$——氧气消耗量，g。

产物得率：是指每消耗1g(或1mol)基质所合成的产物g数(或mol数)。这里消耗的基质是指被微生物实际利用掉的基质数量，即投入的基数减去残留的基质量。

$$Y_{P/S} = \frac{\Delta P}{-\Delta S} \tag{9-3}$$

式中 $Y_{P/S}$——相对于基质消耗的代谢产物得率，g/g；

ΔP——表示基质消耗量，g。

此外，还有相对于菌体生长的产物得率($Y_{P/X}$)和相对于基质消耗的能量(ATP)得率($Y_{ATP/S}$)等。

转化率：往往是指投入的原料与合成产物数量之比。

提高微生物转化率的措施三种，首先，要筛选优良的菌种，其本身就应具备高的生长得率；其二，要选择合适的培养基配方，提供略微过量的其他营养物质，使碳源成为最终的限制性物质；其三，还须选择和控制合适的培养条件，使得微生物的代谢按所需方向进行。另外，在发酵的操作过程中要尽量防止杂菌污染。

2 发酵过程反应速度的描述

微生物发酵过程可用反应式简单描述为：

$$S(\text{底物}) \xrightarrow{\text{菌体}} X(\text{菌体}) + P(\text{产物})$$

单位时间内单位菌体消耗基质或形成产物(菌体)的量称为比速，是生物反应中用于描述反应速度的常用概念。

菌体的生长比速：单位时间内单位菌体形成菌体的量，称为菌体的生长比速。用μ表示。

菌体的生长速率：单位时间内形成菌体的量，称为菌体的生长速率。用于描述微生物生长情况。用 r_X 表示。

基质的消耗比速：系指单位时间内单位菌体消耗营养物质的量。它表示细胞对营养物基质利用的速率或效率。在比较不同微生物的发酵效率上这个参数很有用。用 q_S 表示。

基质的消耗速率：系指单位时间内菌体消耗营养物质的量。它表示反应体系中营养物基质的消耗速度。用 r_S 表示。

产物的形成比速：系指单位时间内单位菌体合成产物的量，它表示细胞合成产物的速度或能力，可以作为判断微生物合成代谢产物的效率。用 q_p 表示。

产物的形成速率：系指单位时间内合成产物的量，它表示细胞合成产物的速度或能力。用 r_p 表示。

各种速率和比速的计算方法因微生物培养方法不同而异。

第3节　分批培养动力学

微生物培养过程根据培养条件要求分为好氧培养和厌氧培养。好氧发酵有液体表面培养、在多孔或颗粒状固体培养基表面上培养和通氧深层培养几种方法。厌氧发酵采用不通氧的深层培养。无论好氧与厌氧发酵都可以通过深层培养来实现，这种培养均在具有一定径高比的圆柱形发酵罐内完成。根据底物和产物的加入和释放方式分为分批培养（分批发酵）、连续培养（连续发酵）和流加培养（流加发酵）。

(1)分批式培养。底物一次装入罐内，在适宜条件下接种进行反应，经过一定时间后将全部反应系取出。

(2)半分批式培养。也称流加式操作。是指先将一定量底物装入罐内，在适宜条件下接种使反应开始。反应过程中，将特定的限制性底物送入反应器，以控制罐内限制性底物浓度保持一定，反应终止取出反应系。

(3)连续式培养。反应开始后，一方面把底物连续地供给到反应器中，另一方面又把反应液连续不断地取出，使反应条件不随时间变化。

发酵工业中常见的分批方法是采用单罐深层培养法，每一个分批发酵过程都经历接种，生长繁殖，菌体衰老进而结束发酵，最终提取出产物。这一过程中在某些培养液的条件支配下，微生物经历着由生到死的一系列变化阶段，在各个变化的进程中都受到菌体本身特性的制约，也受周围环境的影响。

分批发酵的具有以下特点：微生物所处的环境是不断变化的；可进行少量多品种的发酵生产；发生杂菌污染能够很容易终止操作；当运转条件发生变化或需要生产新产品时，易改变处理对策；对原料组成要求较粗放；分批培养过程中细菌生长曲线：可分为调整期、对数生长期、减速期、平衡期和衰亡期五个阶段。

1　分批发酵中细胞生长动力学

1.1　延滞期

把微生物从一种培养基中转接到另一培养基的最初一段时间里，尽管微生物细胞的重量有所增加，但细胞的数量没有增加。这段时间称之为延滞期。延滞期细胞本身面临着一系列的变化，如 pH 值的改变、营养物质供给增加等。因而，延滞期的微生物主要是适应新的环境，让细胞内部对新环境作出充分反应和调节，从而适应新的环境。从生理学的角度来说，延滞期是活跃地进行生物合成的时期。微生物细胞将释放必需的辅助因子，合成出适应新环境的酶系，为将来的增殖作准备。

影响延滞期长短的因素有：接种材料的生理状态，如果接种物正处于指数生长期，则延滞期可能根本就不出现，微生物在新的培养基中迅速开始生长繁殖，如果接种物在原培养基中已将营养成分消耗殆尽，则要花费较长时间来适应新培养基。培养基的组成和培养条件也可影响延滞期的长短。接种物的浓度对延滞期长短也有一定影响，加大接种浓度可相应缩短延滞期。

延滞期长短对发酵结果的影响表现为接种后延滞期的长短关系到发酵周期的长短，而与产物形成速率和产率并无必然联系。实际生产过程中，为缩短发酵周期、提高设备利用率、提高体积生产率，就必须尽可能地缩短延滞期。通过选择处于指数生长期的种子，扩大接种量缩短延滞期。但是，如果要扩大接种量，又往往需要多级扩大制种，这不仅增加了发酵的复杂程度，又容易造成杂菌污染，故而应从多方面考虑。

1.2 对数生长期

延滞期后是对数生长期。此时，如以细胞数日或生物量的对数对时间作 ·对数图，将得一直线，因而这一时期称作指数生长期。指数生长期细胞保持均恒生长，由于此时培养基中的营养成分远远过量，且积累的代谢产物尚不足以抑制微生物本身的生长繁殖，因而微生物的生长速率不受这些因素的影响，而仅与微生物本身在发酵液中的生物量浓度 X(g/L)相关

$$\mu = \frac{1}{X}\frac{dX}{dt} \tag{9-4}$$

式中 X——细胞干重浓度，kg/m^3；

t——时间，s；

μ——比生长速率，s^{-1}。

对数生长阶段，细胞的生长不受营养物质和代谢产物的限制，因此比生长速率达到最大值 μ_m,有

$$\frac{dX}{dt} = \mu_m X \tag{9-5}$$

如在 t_1 时间时的细胞浓度为 X_1；在 t_2 时的细胞浓度为 X_2，积分上式得

$$\ln\left(\frac{X_2}{X_1}\right) = \mu_m (t_2 - t_1) \tag{9-6}$$

$$x_2 = x_1 \exp[\mu_m (t_2 - t_1)] \tag{9-7}$$

从式(9-7)可知，在对数生长期，细胞浓度随时间呈指数增长。当细胞浓度增长一倍所需时间称为倍增时间(t_d 表示)，t_d 为倍增时间，根据式(9-7)得

$$t_d = \frac{\ln 2}{\mu_m} = \frac{0.693}{\mu_m} \tag{9-8}$$

细菌的倍增时间一般为 0.25 ~ 1h，酵母约为 1.15 ~ 2h，霉菌约为 2 ~ 6.9h。

1.3 减速期

微生物在对数生长期后，培养基中营养物质浓度下降，有害产物逐渐积累，微生物细胞的比生长速率逐渐下降，进入减速期。细胞的比生长速率和限制性基质的浓度 S 有如下关系：

$$\mu = \mu_m \frac{S}{K_s + S} \tag{9-9}$$

式中 S——限制性基质浓度，mol/m^3；

K_s——底物相关常效，mol/m^3。

K_s 数值相当于 μ 正处于 μ_{max} 一半时的底物浓度，是测定微生物对该底物的亲和力（K_s 越高，亲和力越低）。

如果各种营养物质均大大过量的话，则 $\mu = \mu_m$，这时便是指数生长期。也就是说，处于指数生长期的微生物，其生长繁殖不受营养物质的限制，因而具有最大比生长速率。如果发酵的目的是为了获得微生物菌体的话，则应尽量设法维持指数生长期。

式(9-9)为 Monod 方程，描述基质浓度与微生物生长速率的关系。Monod 模型是理想化、简单化、经验化。实际上，菌体生长的真实情况包括很多问题，比如抑制问题、阻遏问题、诱导问题等等。当高浓度的基质和代谢产物有抑制作用时，Monod 方程不适合此类情况。

微生物的最大比生长速率在工业上的意义：为保证工业发酵的正常周期，要尽可能地使微生物的比生长速率接近其最大值。最大比生长速率不仅与微生物本身的性质有关，也与所消耗的底物以及培养的方式有关。限制微生物生长代谢的并不是发酵液中营养物质的浓度，而是营养物质进入细胞的速度。

1.4 稳定期

在细胞生长代谢过程中，培养基中的底物不断被消耗，一些对微生物生长代谢有害的物质在不断积累。受此影响，微生物的生长速率和比生长速率就会逐渐下降，直至完全停止，这时就进入稳定期。处于稳定期的生物量基本不变，其浓度达到最大值，不再增加，细胞比生长速率为零，此期也称为静止期。但微生物细胞的代谢还在旺盛地进行着，细胞的组成物质还在不断变化。当微生物赖以生存的培养基中存在多种营养物质时，微生物将优先利用其易于代谢的营养物质，至其耗用完时，降解利用其他营养物质的酶才能诱导合成或解除抑制。此时，有的细胞开始老化、裂解，形成芽孢，并向培养基中释放出新的碳水化合物和蛋白质等，这些物质可以用来维持生存下来的细胞的缓慢生长。微生物的很多代谢产物，尤其是次级代谢产物，是在进入稳定期后才大量合成和分泌的。

1.5 死亡期

在死亡期，细胞的营养物质和能源储备已消耗殆尽，不能再维持细胞的生长和代谢，因而细胞开始死亡。在发酵工业生产中，在进入死亡期之前应及时将发酵液放罐处理。此时期如以生存细胞的数目的对数对时间作半对数图，可得一直线，这说明微生物细胞的死亡呈指数比率增加。用公式表示为

$$X = X_m \exp(-at) \tag{9-10}$$

式中 X_m——静止期细胞浓度，kg/m^3；

a——细胞比死亡速率，s^{-1}；

t——进入衰亡期时间，s。

2 分批发酵产物形成的动力学

微生物的代谢途径复杂多样，产物的形成过程非常复杂，Gaden 从产物形成与能量代谢的内在联系出发，将产物的形成方式分为以下三类：

2.1 生长产物合成偶联型(Ⅰ型发酵)

与菌体生长偶联型产物通常都直接涉及微生物的产能降解代谢途径，或是正常的中间代谢产物。如酵母发酵生成酒精，以及葡萄糖酸和大部分氨基酸、单细胞蛋白都属于这种类型。

在这种类型的发酵中，微生物的生长、碳水化合物的降解代谢和产物的形成几乎是平行进行的，营养期和分化期彼此不分开。产物合成速度与微生物生长速度呈线性关系，而且生长与营养物的消耗成准定量关系。所以，对于这种类型的产物来说，调整发酵工艺参数，使微生物保持高的比生长速率，对于快速获得产物、缩短发酵周期十分有利。

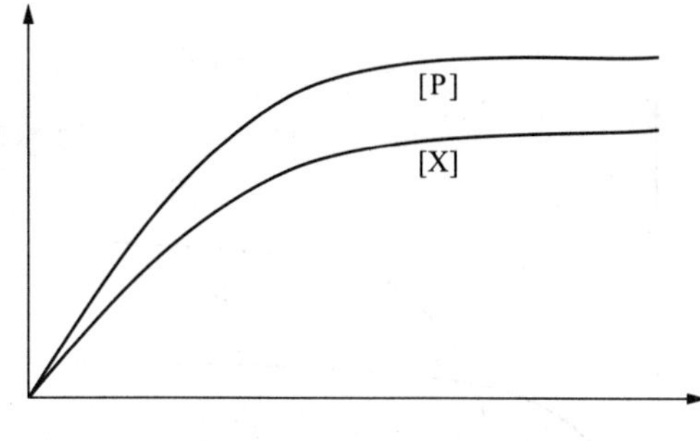

图 9－1 产物形成与菌体生长偶联型

注：[P]代表代谢产物形成量；[X]代表菌体形成量

图 9－1 为产物形成与菌体生长偶联型示意图。

产物形成与菌体生长偶联型的代谢产物生成速率和比生成速率为

$$r_P = \frac{dp}{dt} = Y_{P/X}\frac{dx}{dt} = Y_{P/X}\,\mu X \tag{9-11}$$

$$q_p = Y_{P/X}\,\mu \tag{9-12}$$

式中 $Y_{P/X}$—相当于菌体生长的产物得率，其表达式为

$$Y_{P/X} = \frac{Y_{P/S}}{Y_{X/S}} \tag{9-13}$$

2.2 生长与产物合成非偶联类型

多数次生代谢产物的发酵属这种类型，如各种抗生素和微生物毒素等物质的生产速率很难与生长相联系。产物合成速度与碳源利用也不存在定量关系。一般产物的合成是在菌体的浓度接近或达到最高之后才开始的，此时比生长速率已不处于最高速率。在这一类型的发酵中，起初是微生物的初级代谢和菌体生长，而没有产物的合成。此时，营养物质的消耗非常大。当培养基中的营养物质消耗尽、微生物的生长停止以后，产物才开始通过中间代谢大量合成，见图 9－2。即产生该类产物的微生物，其营养期和分化期在时间上是完全分开的。此种类型代谢产物生成速率和比生成速率写作

$$r_p = \beta X \tag{9-14}$$

$$q_p = \beta \tag{9-15}$$

式中 β—非生长偶联比生长速率。

2.3 生长产物合成半偶联类型

生长产物合成半偶联型亦称Ⅱ型。它是介于生长产物合成偶联型与生长产物合成非偶联之间的中间类型，产物的合成存在着与生长相联和不相联两个部分，通常都间接地与微生物的初级产能代谢途径相关，是由产能代谢派生的代谢途径产生的。柠檬酸、衣糠酸、乳酸和部分氨基酸为这种类型产物的典型代表。在分批发酵中，这种类型产物的形成分成两个极限：起初，微生物消耗大量底物用于产能代谢和生长，而产物形成很缓慢，甚至根本不形成；此后，当微生物的生长速率开始减慢后，细胞开始大量消耗底物以合成产物。对这类产物来说，营养期和分化期在时间上是彼此分开的。该类型的动力学产物合成比速率的最高时刻要迟于比生长速率最高时刻的到来，见图 9－3。此种类型的代谢产物生成速率和比生长速率为

$$r_p = \frac{dp}{dt} = \alpha \frac{dX}{dt} + \beta X \tag{9-16}$$

$$q_p = \alpha\mu + \beta \tag{9-17}$$

式中 α——与非生长偶联的菌体生产能力。

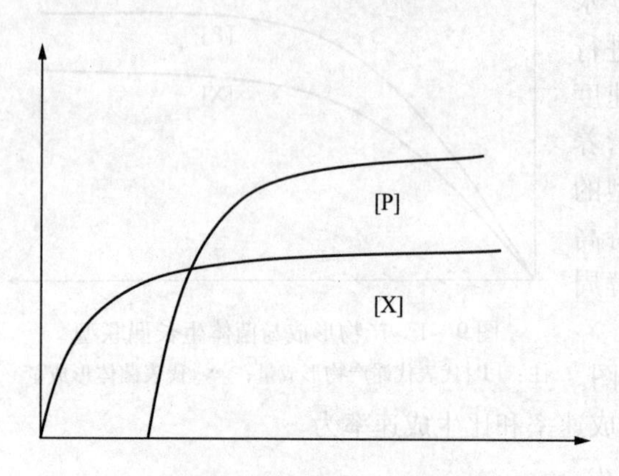

图9-2 产物形成与菌体生长非偶联型示意图

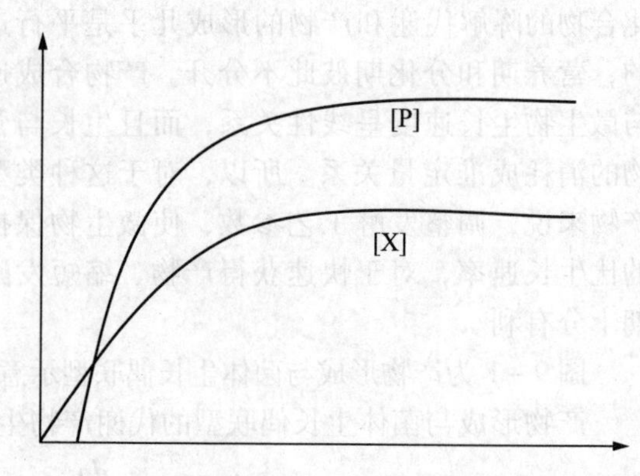

9-3 产物形成与菌体生长部分偶联型示意图

3 基质消耗动力学

用生长得率($Y_{X/S}$)和产物得率($Y_{P/S}$)表示对碳源的总消耗。根据物料衡算有

$$r_S = -\frac{dS}{dt} = \frac{\mu X}{Y_{X/S}} \tag{9-18}$$

在总消耗的碳源中一部分形成细胞物质，一部分形成产物，一部分是维持细胞最低活性所需消耗的能量。用公式表示为

$$r_S = -\frac{dS}{dt} = \frac{\mu X}{Y_G} + mX + \frac{1}{Y_p}\frac{dP}{dt} \tag{9-19}$$

式中 Y_G——细胞的生长得率系数，g/mol；

m——细胞的维持系数，mol/(g·h)；

Y_P——产物得率系数，mol/mol。

维持系数是微生物的特征值，其定义为单位质量该菌体在单位时间内，因维持消耗的基质量。

对于一种菌株，一般来讲，单位重量的细胞在单位时间内用于维持消耗所需的基质的量是一个常数。维持系数越低，菌株的能量代谢效率越高。

如果用比速率来表示基质消耗，即

$$q_S = \frac{r_s}{X} = -\frac{1}{X}\frac{dS}{dt} = \frac{\mu}{Y_{X/S}} \tag{9-20}$$

因为 $q_p = \frac{1}{X}\frac{dp}{dt}$ (9-21)

由式(9-19)得

$$q_S = \frac{\mu}{Y_G} + m + \frac{q_P}{Y_p} \tag{9-22}$$

若产物生成忽略不计，合并式(9－18)和式(9－19)得

$$\frac{1}{Y_{X/S}}=\frac{1}{Y_G}+\frac{m}{\mu} \tag{9-23}$$

式中　$Y_{X/S}$与μ易测出，而Y_G和m很难直接测定。通过对式(9－23)作图法求得Y_G和m。$Y_{X/S}$与μ的测定用连续培养法。

第4节　连续培养动力学

与在密闭系统中进行的分批培养相反，连续培养是在开放系统中进行的。所谓连续培养，是指以一定的速率向发酵液中添加新鲜培养基的同时，以相同的速率流出培养液，从而使发酵罐内的液量维持恒定不变，使培养物在近似恒定状态下生长的培养方法。恒定状态可以有效地延长分批培养中的指数生长期。在恒定的状态下，微生物所处的环境条件，如营养物质浓度、产物浓度、pH值，以及微生物细胞的浓度、比生长速率等可以始终维持不变，甚至还可以根据需要来调节生长速率。

1　连续培养的工艺种类

1.1　均匀混合的生物反应器

在这种反应器中，培养基经搅拌而混合均匀，反应器中的各部分培养基间不存在浓度梯度。这种连续培养装置又可进一步分为恒化器和恒浊器两种。

1.1.1　恒化器

是一种设法使培养液流速保持不变，并使微生物始终在低于其最高生长速率条件下进行生长繁殖的一种连续培养装置。这是一种通过控制某一种营养物的浓度，使其始终成为生长限制因子的条件下达到的，因而可称为外控制式的连续培养装置。在恒化器中，一方面菌体密度会随时间的增长而增高，另一方面，限制生长因子的浓度又会随时间的增长而降低，两者互相作用的结果，出现微生物的生长速率正好与恒速流入的新鲜培养基流速相平衡。这样，既可获得一定生长速率的均一菌体，又可获得虽低于最高菌体产量，却能保持稳定菌体密度的菌体。

1.1.2　恒浊器

是根据培养器内微生物的生长密度，并借光电控制系统来控制培养液流速，以取得菌体密度高、生长速度恒定的微生物细胞的连续培养器。在这一系统中，当培养基的流速低于微生物生长速度时，菌体密度增高，这时通过光电控制系统的调节，可促使培养液流速加快，反之亦然，并以此来达到恒密度的目的。因此，这类培养器的工作精度是由光电控制系统的灵敏度来决定的。在恒浊器中的微生物，始终能以最高生长速率进行生长，并可在允许范围内控制不同的菌体密度。在生产实践上，为了获得大量菌体或与菌体生长相平行的某些代谢产物如乳酸、乙醇时，都可以利用恒浊器。在恒浊器中，微生物可维持该培养在分批培养时达到的最大生长速率。一般来说，恒浊器较难控制，目前大多数研究工作者都利用恒化器进行连续培养的研究。

1.2　活塞流反应器

这是一种不均一的管状反应器，培养基由反应器的一端流入，而从另一端流出。在这种

反应器中，没有返混现象，因而，反应器内的培养基呈极化状态，在其不同的部位，营养物的成分、细胞数目、传质效果、氧供应和生产量都不相同。对于这类反应器，在其入口处，加入物料的同时也必须加入微生物细胞。通常是在反应器的出口处装一支路，使细胞返回，也可以来自另一连续培养装置(种子供应系统)。另外，这种反应器常用于固定化菌和固定化细胞所催化的反应，这时就无需再在进料口处加入催化剂。

2 连续发酵类型

2.1 单级连续发酵

罐内的微生物细胞在连续培养之前是以分批发酵方式培养，进入对数期后以恒定速度加入培养液。培养液以一定的流速不断地流加到带机械搅拌的发酵罐中，与罐内发酵液充分混合，同时带有细胞和产物的发酵液又以同样流速连续流出。

2.2 反馈式调节单级连续培养

单级连续发酵中流出的细胞和产物发酵液通过用一个装置将流出的发酵液中部分细胞返回(反馈)发酵罐，就构成循环系统。这种培养方式称为反馈式调节单级连续培养系统。

2.3 多级连续发酵

将若干搅拌发酵罐串联起来，就构成多罐均匀混合连续发酵装置。新鲜培养液不断流入第一只发酵罐，发酵液以同样流速依次流入下一只发酵罐，在最后一只罐中流出。多级连续发酵可以在每个罐中控制不同的环境条件以满足微生物生长各阶段的不同需要，并能使培养液中的营养成分得到较充分的利用，最后流出的发酵液中细胞和产物的浓度较高，所以是最经济的连续方法。

3 连续培养动力学

3.1 单级连续培养动力学方程

在单级连续发酵过程中，培养液以一定的流速不断地流加到带机械搅拌的发酵罐中，与罐内发酵液充分混合，同时带有细胞和产物的发酵液又以同样流速连续流出。菌体、基质和产物的变化量等于加入量、生成量和流出量的代数和。加入反应器中的培养液中，菌体生成量与产物浓度为零。由于反应器内各组分是均匀的，流出液中包含了各种组分。用公式表示如下：

$$V\frac{dX}{dt}=V\mu X-FX \tag{9-24}$$

$$V\frac{dS}{dt}=F(S_{in}-S)-Vq_{s}X \tag{9-25}$$

$$V\frac{dp}{dt}=Vq_{p}X-FP \tag{9-26}$$

式中 V——反应器内培养液体积，L；

F——培养基流入或培养液流出速率，L/h；

S_{in}——流入培养基中限制性基质浓度，g/L；

S——反应器内或流出液中限制性基质浓度，g/L。

用 D 表示稀释率，那么

$$D=\frac{F}{V} \tag{9-27}$$

稀释率的定义是单位时间内加入的培养基体积占反应器内培养液体积的比例。其单位是 h^{-1}。

由式(9－24)～式(9－26)除以 V 得

$$\frac{dX}{dt}=\mu X-DX=(\mu-D)X \tag{9-28}$$

当连续反应达到稳定状态时，

$$\frac{dX}{dt}=\frac{dS}{dt}=\frac{dp}{dt}=0 \tag{9-29}$$

则

$$\mu=D \tag{9-30}$$

这是单级连续培养的一个重要特征。因此当体积一定时，培养液流入速率的变化可以控制菌体生长速率的大小。而分批培养中菌体的比生长速率不能人为控制的。

由等式(9－25)和式(9－26)两边除以 V 得

$$\frac{dS}{dt}=D(S_{in}-S)-q_s X \tag{9-31}$$

$$\frac{dp}{dt}=q_p X-DP \tag{9-32}$$

将 Monod 方程、菌体得率和产物得率代入式(9－28)、式(9－31)和式(9－32)，得以下方程

$$\frac{dX}{dt}=(\frac{\mu_{max}S}{K_S+S}-D)X \tag{9-33}$$

$$\frac{dS}{dt}=D(S_{in}-S)-\frac{X}{Y_{X/S}}\frac{\mu_{max}S}{K_S+S} \tag{9-34}$$

$$\frac{dP}{dt}=\frac{Y_{P/X}\mu_{max}}{K_S+S}X-DP \tag{9-35}$$

式(9－33)～式(9－35)表明，培养液中菌体浓度、基质浓度和产物浓度与比生长速率相关。当微生物反应达到稳态时，三者的浓度为

$$\bar{X}=Y_{X/S}(S_{in}-\frac{K_S D}{\mu_{max}-D}) \tag{9-36}$$

$$\bar{S}=\frac{K_S D}{\mu_{max}-D} \tag{9-37}$$

$$\bar{p}=Y_{p/x}\frac{\bar{X}}{\bar{S}} \tag{9-38}$$

式中 $\bar{X}$——稳定状态时菌体浓度，g/L；

$\bar{S}$——稳定状态时基质浓度，g/L；

$\bar{p}$——稳定状态时产物浓度，g/L。

3.2 反馈式单级连续培养动力学方程

单级连续发酵中流出的细胞和产物发酵液通过用一个过滤器将流出的发酵液中部分细胞返回(反馈)发酵罐，构成循环系统。如图 9－4 所示，在此培养系统中，菌种的循环相当于不断地于反应器中接种，这样不但有利于提高反应器中细胞浓度，也有利于提高操作系统的稳定性。对于这种连续培养方式可有如下的物料平衡式。

$$V\frac{dX}{dt}=V\mu\bar{X}+rFg\bar{X}-(1+r)F\bar{X} \quad (9-39)$$

$$V\frac{dS}{dt}=FS_{in}+rFS-(1+r)FS-\frac{V\mu X}{Y_{X/S}} \quad (9-40)$$

式中　r——再循环培养液的比例；

g——分离器中细胞的浓缩倍数。

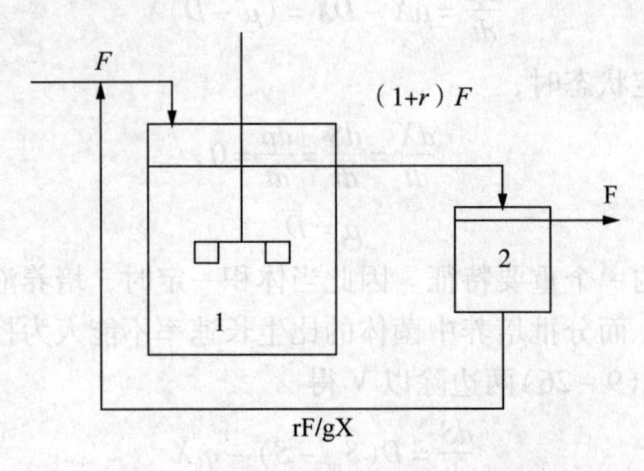

图 9-4　反馈式的单级连续培养系统

1—反应器；2—分离器

等式(9-39)和式(9-40)两边除以 V，得

$$\frac{dX}{dt}=\mu\bar{X}+r\frac{F}{V}g\bar{X}-(1+r)\frac{F}{V}\bar{X} \quad (9-41)$$

$$\frac{dS}{dt}=\frac{F}{V}S_{in}+r\frac{F}{V}S-(1+r)\frac{F}{V}S-\frac{\mu X}{Y_{X/S}} \quad (9-42)$$

反应过程达到稳定状态时，

$$\frac{dX}{dt}=\frac{dS}{dt}=0 \quad (9-43)$$

则由式(9-41)得

$$\mu+rDg-(1+r)D=0 \quad (9-44)$$

整理得

$$\mu=(1+r-rg)D \quad (9-45)$$

从式(9-45)可知，在反馈式单级连续培养过程中，细胞的比生长速率不等于稀释率。由于 $g>1$，$r>0$，则从上式可知 $D>\mu$。

由式(9-42)得

$$\bar{X}=\frac{F}{V}\frac{Y_{X/S}}{\mu}[S_{in}+rS-(1+r)S]=\frac{D}{\mu}Y_{X/S}(S_{in}-S) \quad (9-46)$$

将式(9-45)代入式(9-46)得

$$\bar{X}=\frac{Y_{X/S}(S_{in}-S)}{1+r(1-g)} \quad (9-47)$$

由 Monod 方程可得

$$S=\frac{\mu K_S}{\mu_{max}-\mu} \quad (9-48)$$

将式(9-45)代入式(9-48)得

$$S=\frac{K_S D(1+r-rg)}{\mu_{max}-D(1+r-rg)} \tag{9-49}$$

将式(9-49)代入式(9-47)得出反应器内菌体浓度

$$\bar{X}=\frac{Y_{X/S}}{1+r+rg}\left[S_{in}-\frac{K_S D(1+r-rg)}{\mu_{max}-D(1+r-rg)}\right] \tag{9-50}$$

3.3 多级连续发酵动力学

我们设连续发酵系统由 n 个反应器组成，第一个反应器发酵方式与单级连续培养相同，以后每个反应器的进料都是前一级反应的出料，菌体的比生长速率不再与稀释率相等。如培养基流入反应器的流量为 F，由物料横算可以得出第 n 个反应器的菌体浓度、限制性基质浓度及产物浓度的算式为

$$\frac{dX_n}{dt}=D(X_{n-1}-X_n)+\mu_n X_n \tag{9-51}$$

$$\frac{dS_n}{dt}=D(S_{n-1}-S_n)-\frac{1}{Y_{X/S}}\mu_n X_n \tag{9-52}$$

$$\frac{dp_n}{dt}=D(P_{n-1}-p_n)+Y_{P/X}\mu_n X_n \tag{9-53}$$

当多级连续发酵体系达到稳定状态时，$\frac{dX_n}{dt}=\frac{dS_n}{dt}=\frac{dp_n}{dt}=0$ 则

$$X_n=\frac{DX_{n-1}}{D-\mu_n} \tag{9-54}$$

$$\mu_n=D(1-\frac{X_{n-1}}{X_n}) \tag{9-55}$$

$$S_n=S_{n-1}-\frac{\mu_n X_n}{DY_{X/S}} \tag{9-56}$$

$$P_n=P_{n-1}+\frac{Y_{P/X}\mu_n X_n}{D} \tag{9-57}$$

3.4 连续发酵的特点

连续发酵的优点有四方面，其一，有利于缩短发酵周期，提高劳动生产率。连续发酵减少分批发酵中的清洗、投料、消毒等辅助时间，大大缩短发酵周期和提高设备利用率。同时连续培养过程始终使细胞生长处于最高生长繁殖状态，因此可明显提高生产效率，特别是对生产周期短的产品，效果更为显著；其二，连续发酵生产过程比较稳定、均衡，各项参数也较恒定，便于自动化控制，产品质量稳定；其三，由于连续发酵采用管道化和自动化生产，明显降低劳动强度，大大提高了发酵的生长效率和设备利用率；其四，从系统外部予以调整，使菌体维持在衡定生长速度下进行连续生长和发酵。要维持这一衡定的速度，必须使发酵罐中发酵液的稀释度，恰恰等于该微生物的生长速度。

尽管连续发酵有许多优点，但连续发酵存在一些问题，特别是以中间代谢产物为发酵产品的发酵，在理论和实践上都没有完全解决，如发酵过程中微生物生理生化特性变化，发酵动力学等并未充分了解。在生产上要保持在连续发酵的整个过程中，生产菌株不发生退化也十分不容易。长时间的连续发酵中对发酵设备和空气净化系统的无菌要求更高。不能保持长时间的无菌操作是导致连续发酵失败的主要原因。对于某些原材料价格昂贵的产品，由于连续发酵对基质利用率较低，往往造成生产成本的增加。

连续发酵与分批发酵相比有以下缺点：菌种易于退化；其次是易遭杂菌污染。所谓“连续”是有时间限制的，一般可达数月至一、二年，在连续培养中，营养物的利用率一般亦低于分批培养。

连续培养在生产上的应用还很有限的原因：①许多方法只能连续运转 20 ~ 200h，而工业系统则要求必须能稳定运行 500 ~ 1000h 以上；②工业生产规模长时间保持无菌状态有一定困难；③连续培养所用培养基的组成要保持相对稳定，这样才能取得最大产量，而工业培养基的组成成分，如玉米浆、蛋白胨和淀粉等，在批与批之间有时会出现较大变化；④当使用高产菌株进行生产时，回复突变可能发生。在连续培养过程中，回复突变的菌株有可能会取代生产菌株而成为优势菌株。

由于采用连续发酵的方法可以有效地提高产量，但是也存在着某些较难克服的困难，因此目前仅在一些比较简单的发酵产品中应用，如酵母，单细胞蛋白，酒精发酵、丙酮乙醇、石油脱蜡、活性污泥废水处理等。其余产品的连续发酵尚未工业化生产。

作业与思考

1. 细菌群体从开始生长到死亡分为哪四个时期？哪个时期的代谢旺盛，个体形态和生理特性稳定，常作为菌种？
2. 哪个时期细菌活菌数量最多，大量积累代谢产物？
3. 在生产中，如何延长稳定期，提高代谢产物的产量？
4. 什么叫分批培养和连续培养，各有什么特点？

第 10 章 发酵原料灭菌及空气除菌

现代微生物工业生产过程，大多数是纯种发酵技术，在发酵全过程中只有生产菌而不能有其他微生物。如果不慎污染了杂菌，对发酵工业产生不良后果如下：①如杂菌的污染，因杂菌的消耗使生物反应的基质和产物受到损失，影响生产菌的生长，造成生产能力的下降；②污染的杂菌产生一些代谢产物，或杂菌生长后改变了发酵液的某些理化性质，使产物的提取变得困难，造成收得率降低，或是产品质量下降；③污染的杂菌可能会分解生产菌所产生的目标产物，而使生产失败；④污染杂菌的大量繁殖，会改变反应介质的 pH 值，从而使生物反应发生异常变化。⑤如果发生噬菌体污染，微生物细胞被裂解，而使发酵生产失败。

基于上述原因，发酵生产在严格的条件下进行纯培养，具体采取以下措施：①使用的培养基和设备须经灭菌；②好氧培养过程中使用的空气应严格除菌处理；③设备应严密，生物反应器中要维持高于环境的压力；④培养过程中加入的物料应经过灭菌；⑤使用无污染的纯粹种子。无菌操作技术在发酵工业中是关系到发酵成败与否的重要环节。

第 1 节 培养基的灭菌

在介绍培养基灭菌之前，先明确几个容易混淆的概念。

灭菌：是指把物体上所有的微生物（包括细菌芽孢在内）全部杀死的方法，通常用物理方法来达到灭菌的目的。

消毒：是指杀死病原微生物、但不一定能杀死细菌芽孢的方法。通常用化学的方法来达到消毒的作用。用于消毒的化学药物叫做消毒剂。

防腐：是指防止或抑制微生物生长繁殖的方法。用于防腐的化学药物叫做防腐剂。

除菌：用过滤方法除去空气或液体中微生物及孢子的过程称为除菌。

不同的杀菌技术适应于不同的杀菌对象，灭菌是杀灭所有的生物体，因此这种灭菌方法特别适合培养基等物料的无菌处理。消毒一般只能杀死营养细胞，不能杀灭细菌芽孢和真菌孢子等等，适合于发酵车间的环境和发酵设备、器具的无菌处理。在微生物工业中防腐主要用于配制好未及时使用培养基的防杂菌污染的措施。除菌适合于在高温下灭菌导致营养成分破坏的培养基成分的灭菌，也适合于空气的无菌处理。

1 灭菌方法

常见的灭菌方法有：化学药品灭菌法、射线灭菌法、干热灭菌法、湿热灭菌法、过滤除菌方法等。

1.1 化学药品灭菌

一些化学试剂由于破坏微生物细胞的结构成分或干扰了微生物的代谢过程而使微生物死亡。这些化学药品有重金属盐类、酚类、醇类、酸类、醛类。重金属盐类中如象升汞、红汞、硫柳汞及硫酸铜是通过与微生物细胞蛋白质成分的巯基结合而使微生物失去活性；硝酸银是通过沉淀细胞蛋白质而使微生物失去活性。石碳酸、来苏儿等酚类、醇类和酸类药剂破坏微生物细胞膜和使细胞蛋白质变性而使微生物致死。甲醛、戊二醛等醛类物质破坏微生物细胞蛋白质的氨基和氢键而使其失去活性。

1.2 射线灭菌法

最常用的是用紫外光线进行无菌室灭菌。2537Å 波长的紫外线具有极强烈的杀菌效力，它的主要作用是使微生物的 DNA 分子产生的胸腺嘧啶的二聚体，导致细胞死亡。无菌室常用的紫外灯功率为 30W，安装在操作台上方一米左右高处，每次照射 15～30min 既可。紫外线有很强的杀菌力，但穿透力很弱，一张薄纸即可完全挡住紫外线，因此待灭菌物品必须置于紫外光直接照射下，而且在一定范围内作用强度与距离平方成反比。此外，紫外线对人体组织有一定刺激作用，眼睛、皮肤受照射后会产生某些症状，所以工作人员在无菌室操作时应关闭紫外灯。

干热灭菌法和湿热灭菌法是属于高温灭菌技术。高温致死微生物的原理是由于它使微生物的蛋白质和核酸等重要生物高分子发生变性、破坏，例如它可使核酸发生脱氨、脱嘌呤或降解，以及破坏细胞膜上的类脂质成分等。湿热灭菌要比干热灭菌更有效，这一方面是由于湿热易于传递热量，另一方面是由于湿热更易破坏保持蛋白质稳定性的氢键等结构，从而加速其变性。

1.3 干热灭菌法

干热灭菌法包括烘干和灼烧。烘干主要用于金属制品或清洁玻璃器皿的灭菌，将金属制品或清洁玻璃器皿放入电热烘箱内，在 150～170℃下维持 1～2h 后，即可达到彻底灭菌的目的。在这种条件下，可使细胞膜破坏、蛋白质变性、原生质干燥，以及各种细胞成分发生氧化。

灼烧是一种最彻底的干热灭菌方法，但它只能用于接种环、接种针等少数对象的灭菌。

1.4 湿热灭菌法

湿热灭菌法利用饱和蒸气灭菌的技术。因为蒸汽有很强的穿透力，而且在冷凝时放出大量潜热，很容易使蛋白质凝固而杀灭各种微生物。湿热灭菌法比干热灭菌法更有效。多数细菌和真菌的营养细胞在 60℃左右处理 5～10min 后即可杀死；酵母菌和真菌的孢子稍耐热些，要用 80℃以上的温度处理才能杀死；而细菌的芽孢最耐热，一般要在 120℃下处理 15min 才能杀死。

1.4.1 湿热灭菌法种类

（1）常压湿热灭菌法。常压湿热灭菌法常用的有巴氏消毒法和间歇灭菌法。巴氏消毒法是一种低温消毒法。巴氏消毒法（pasteurization）用于牛奶、啤酒、果酒和酱油等不能进行高温灭菌的液体的一种消毒方法，其主要目的是杀死其中无芽孢的病原菌（如牛奶中的结核杆菌或沙门氏菌），而又不影响它们的风味。巴氏消毒法有三种方法：其一是低温维持法：在 63～65℃下保持 30min 可进行牛奶消毒；其二是高温瞬时法：用于牛奶消毒时只要在 71～72℃下保持 15s 即可。其三为超高温巴氏消毒法：即在 132℃下保持 1～2s 就可起到杀死无芽孢的病原菌。间歇灭菌法：又称丁达尔灭菌法或分段灭菌法。适用于不耐热培养基的灭菌。操作方法是：将待灭菌的培养基在 80～100℃下蒸煮 15～60min，以杀死其中所有微生物的营养细胞，然后置室温或 37℃下保温过夜，诱导残留的芽孢发芽，第二天再以同法蒸煮和保温过夜，如此连续重复 3 天，即可在较低温度下达到彻底灭菌的效果。

(2)加压湿热灭菌法。加压湿热灭菌法是一种常规加压灭菌法。其操作方法是将盛有适量水的加压蒸汽灭菌锅加热煮沸，彻底驱尽锅内冷空气后将锅密闭，再继续加热至121℃(压力为0.1MPa)，时间维持15~20min，也可采用在较低的温度(115℃，即0.07MPa)下维持35min的方法。此法适合于一切微生物学实验室、医疗保健机构或发酵工厂中对培养基及多种器材、物料的灭菌。

1.4.2 影响加压蒸汽灭菌效果的因素

影响加压蒸汽灭菌效果的因素有灭菌物体的含菌量，灭菌锅内空气排除程度，灭菌对象的pH值，灭菌对象的体积，加热与散热速度。

(1)灭菌物体含菌量的影响。天然原料尤其是麸皮等植物性原料配成的培养基，一般含菌量较高，而用纯粹化学试剂配制成的组合培养基，含菌量低。

(2)灭菌锅内空气排除程度的影响。检验灭菌锅内空气排除度，可采用多种方法。最好的办法是灭菌锅上同时装有压力表和温度计，其次是将待测气体通过橡胶管引入深层冷水中，如只听到"扑扑"声而未见有气泡冒出，也可证明锅内已是纯蒸汽了。

(3)灭菌对象pH值的影响。pH值的大小影响微生物的耐热性。如灭菌培养基的pH值在6.0~8.0时，微生物不易死亡；pH值小于6.0时，因为H^+容易进入微生物细胞，能够改变微生物的生理和生化反应促使细胞死亡。即培养基pH值愈低，灭菌所需的时间愈短。

(4)灭菌对象的体积。要防止用常规的压力和时间在加压灭菌锅内进行大容量培养基的灭菌。

(5)加热与散热速度。这两段时间也对灭菌效果和培养基成分发生影响。为了使科学研究的结果有良好的重复性，在灭菌操作中对这些技术细节都应加以注意。

1.4.3 高温对培养基成分的有害影响及其防止

高温对培养基成分的有害影响主要是破坏了培养基的营养成分，从而影响微生物的生长繁殖。

消除高温有害影响的具体措施如下：

(1)改变加热灭菌法，避免高温灭菌方法引起的营养成分的破坏；

(2)对易破坏的含糖培养基进行灭菌时，应先将糖液与其他成分分别灭菌后再合并；

(3)对含Ca^{2+}或Fe^{3+}的培养基与磷酸盐先作分别灭菌，然后再混合，就不易形成磷酸盐沉淀；

(4)对含有在高温下易破坏成分的培养基(如含糖组合培养基)可进行低压灭菌(在112℃即0.06MPa下灭菌15min)或间歇灭菌；

(5)在大规模发酵工业中，可采用连续加压灭菌法进行培养基的灭菌；

(6)过滤除菌法

(7)其他方法

在配制培养基时，为避免发生沉淀，一般应按配方逐一加入各种成分。另外，加入0.01%EDTA或0.01%NTA(氮川三乙酸)等螯合剂到培养基中，可防止金属离子发生沉淀。最后，还可以用气体灭菌剂如氧化乙烯等对个别成分进行灭菌处理。

1.5 过滤除菌方法

过滤除菌法是将液体或气体用微孔薄膜过滤，使大于孔径的细菌等微生物颗粒阻留，从而达到除菌目的。过滤除菌大多用于遇热容易变性而失效的试剂或培养液。目前，大多实验室采用微孔滤膜滤器除菌。关键步骤是安装滤膜及无菌过滤过程。滤膜过滤装置、烧结玻璃滤板过滤器、石棉板过滤器(Seitz 滤器)、素烧瓷过滤器以及硅藻土过滤器等。过滤除菌的缺点是无法去除其中的病毒和噬菌体。

2 培养基的灭菌

由于蒸汽具有大量潜热、穿透力强，能够增加菌体水分和降低蛋白质变性温度，蒸汽灭菌(即湿热灭菌)是培养基灭菌最常用、且最有效的灭菌方法。

2.1 湿热灭菌的基本原理：

湿热灭菌是直接用蒸汽灭菌。蒸汽冷凝时释放大量潜热，并具有强大的穿透力，在高温和水存在时，微生物细胞中的蛋白质极易发生不可逆的凝固性变性，致使微生物在短时间内死亡。由于湿热灭菌有经济和快速等特点，因此被广泛用于工业生产。

用蒸汽加热的方法对培养基灭菌的要求是：既要达到一定的灭菌程度，又要尽量减少营养成分的破坏。

不同的微生物有其各自的生命活动范围，可以用最低温度、最适温度、最高温度和致死温度来表示。当微生物处于小于最低温度的环境中，其代谢活动处于休眠状态。当微生物处于高于最高温度的环境中，其中的蛋白质会发生不可逆的凝固变性，导致微生物的死亡。把致死微生物死亡的最低温度界限称为致死温度。致死温度与处理时间有关，在致死温度下，杀死全部微生物所需要的时间称为致死时间。在致死温度以上，温度愈高，致死时间愈短。由于不同微生物的化学组成结构不同，对热的抵抗力也不同。把微生物对热的抵抗力用热阻来表示。热阻是指微生物在某一特定条件(主要是温度和加热方式)下致死时间。相对热阻是指某一微生物在某条件下的致死时间与另一微生物在相同条件下致死时间的比值。一般以大肠杆菌的热阻作为比较的基准来计算其他微生物的热阻。

微生物湿热灭菌过程中，活菌数不断减少，其减少量随残留活菌数的减少而递减，培养基中微生物受热死亡的速率与残存的微生物数量成正比，这是对数残留定律，以下式表示

$$-\frac{dN}{dt}=kN \tag{10-1}$$

式中 N——培养基中活的微生物个数；

t——时间，s；

k——比死亡速率(既灭菌速率常数)；

dN/dt——活菌数瞬时变化速率。

若开始灭菌($\tau=0$)时，培养基中活的微生物数为 N_0，将式(10-1)积分则得出

$$\int_{N_0}^{N_\tau}\left(\frac{dN}{N}\right)=-k\int_0^t dt \tag{10-2}$$

$$\frac{N_t}{N_0}=e^{-kt} \tag{10-3}$$

$$t=\frac{1}{k}\ln\frac{N_0}{N_t}=\frac{2.303}{k}\lg\frac{N_0}{N_t} \tag{10-4}$$

式中 t——灭菌时间，s；

k——反应速度常数或比死亡速率，与菌的种类和加热温度有关，s^{-1}；

N_0——灭菌开始时，污染的培养基中杂菌个数，个/mL；

N_t——经过灭菌时间 t 后，残存活菌个数，个/mL。

另一方面，灭菌速率常数 K 随着温度的变化而变化，阿仑尼乌斯曾提出温度与 K 的关系式

$$K = A\exp - \Delta E/RT \tag{10-5}$$

式中 K——菌死亡的速度常数（s^{-1}），当反应物的浓度为单位浓度时，则反应速度常数在数值上等于反应速度；

A——阿累尼乌斯常数，s^{-1}；

R——气体常数，1.987 × 4.817J/(k · mol)；

T——绝对温度，K；

ΔE——杀死细菌芽孢的活化能。

培养基灭菌前，对于其中的微生物的热死特性不了解，所以一般取嗜热芽孢杆菌的 K 值进行计算，这时 $A = 1.34 \times 10^{36} s^{-1}$，$\Delta E = 28440\ kJ/mol$。

则式(10-5)得

$$\lg k = \frac{14847}{T} + 36.2 \tag{10-6}$$

在对数残留方程中，如果要达到绝对灭菌，既 $N_t = 0$，所需灭菌时间为无穷大。这在生产上是不可能的。因此在实际生产中进行灭菌设计时采用 $N_t = 0.001$，即在灭菌失败的概率为千分之一。

由式(10-3)和式(10-5)可得

$$\ln \frac{N_0}{N_t} = Ate^{-\Delta E/RT} \tag{10-7}$$

把 $\ln \frac{N_0}{N_t}$ 称为 Del 系数，此系数表示一定温度和时间条件下，活菌数减少的数量，其值越大，表示灭菌越彻底。如果以达到某一 Del 值所需时间的自然对数与绝对温度的倒数作图，可得一直线，直线的斜率与灭菌过程的活化能有关，如图 10-1 所示，从图中可知，不同灭菌温度值和时间段的组合中可得到相同的灭菌效果，即高温瞬时灭菌和低温长时间灭菌均可得到同样的灭菌效果。

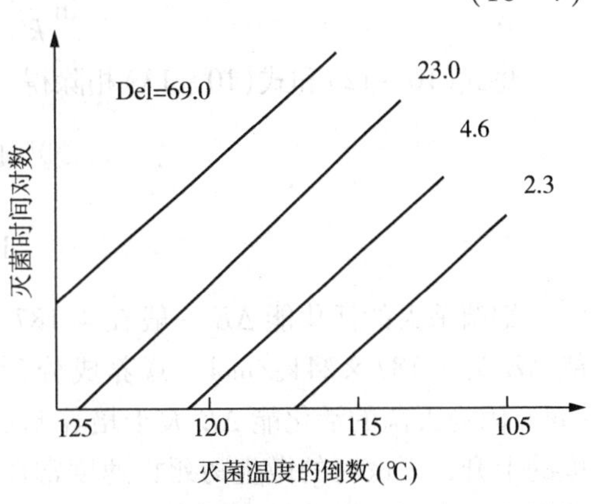

图 10-1 灭菌时间和温度对 Del 系数的影响

2.2 培养基灭菌温度的选择

培养基灭菌时，温度高不仅有利于杀死杂菌，对培养基的糊化和水解也有利。但是高温会造成培养基营养成分的破坏，从而改变培养基 pH 值，降低营养物浓度等等。因此选择合适的培养基温度不仅能起到彻底灭菌的目的，也能保证培养基营养成分破坏最少。

因为培养基的破坏属于分解反应，也可看作是化学动力学中的一级反应，反应动力学方程为

$$\frac{dc}{dt} = -k'c \tag{10-8}$$

式中 c——反应物浓度，mol/L；

t——反应时间，s；

k'——分解反应速率常数，s^{-1}。

化学反应中，当其他条件不变时，分解速率常数 k' 和温度的关系也可用阿仑尼乌斯方程式表示

$$k' = A'e^{-\Delta E'/RT} \tag{10-9}$$

式中 A'——分解反应阿仑尼乌斯常数；

$\Delta E'$——分解反应所需的活化能，J/mol；

R——气体常数，8.314J/(mol·K)；

T——热力学温度，K。

培养基营养成分的破坏需要一定的能量。据资料报道杀死某些微生物的 ΔE 比某些维生素分解的 ΔE 要高，即在任何温度下杀死微生物所需的时间都比培养基中各营养物分解的时间要长。那么如何选择既能杀死微生物，又能尽量减少培养基成分破坏的灭菌条件呢？现在来计算一下温度从 T_1 升到 T_2 时，灭菌时的速度常数 k 和培养基成分破坏时的速度常数 k' 的变化。

由式(10-5)可知，灭菌温度为 T_1 时有

$$k_1 = Ae^{-\Delta E/RT_1} \tag{10-10}$$

灭菌温度为 T_2 时有

$$k_2 = Ae^{-\Delta E/RT_2} \tag{10-11}$$

式(10-10)和式(10-11)两式相除后取对数得

$$\ln\frac{k_2}{k_1} = \frac{\Delta E}{R}\left(\frac{1}{T_1} - \frac{1}{T_2}\right) \tag{10-12}$$

同样，营养成分的破坏可得类似的关系

$$\ln\frac{k'_2}{k'_1} = \frac{\Delta E'}{R}\left(\frac{1}{T_1} - \frac{1}{T_2}\right) \tag{10-13}$$

将式(10-12)和式(10-13)相除得

$$\frac{\ln\dfrac{k_2}{k_1}}{\ln\dfrac{k'_2}{k'_1}} = \frac{\Delta E}{\Delta E'} \tag{10-14}$$

细菌杀灭的活化能 ΔE 一般在 4.187×(50～100)kJ/mol 的范围内，葡萄糖破坏的活化能 $\Delta E'$ 为 4.187×24kJ/mol，营养成分(维生素)破坏的活化能 $\Delta E'$ 为 4.187×(2～26)kJ/mol。因为灭菌的活化能 ΔE 大于培养基成分分解的 $\Delta E'$，因此 $\ln k_2/k_1 > \ln k_2/k'_1$，即随着温度的上升，灭菌时的微生物死亡速度常数的增加大于培养基成分分解的倍数。换言之，当灭菌温度上升时，微生物杀灭速度的上升超过培养基成分破坏的速度。根据这一理论，培养基灭菌采用高温短时间的方法，以减少营养成分的破坏。营养成分因温度增加破坏也加剧，但因为灭菌时间大为缩短，总的破坏量因此减少。为了清楚说明这一结论，表 10-1 列出了达到完全灭菌的温度、时间和营养成分的破坏量。

表 10-1 灭菌温度和灭菌时间对营养成分的破坏

温度/℃	灭菌时间/min	营养成分破坏/%
100	400	99.3
110	36	67.0
115	15	50.0
120	4	27.0
130	0.5	8.0
140	0.08	2.0
150	0.01	<1.0

3　培养基的分批灭菌

培养基的分批灭菌也称实罐灭菌，是指将配制好的培养基放在发酵罐中，通入蒸气进行灭菌的过程。这种灭菌用于生产规模较小的发酵工厂的发酵罐和培养基的同时灭菌。如果将发酵罐单独灭菌则为空罐灭菌，即空消。无论是实消或者是空消均属于常规的加压灭菌。分批灭菌是间歇操作，升温和冷却是分阶段进行，由于升温和冷却需要时间长，发酵罐周转率低，不适于大规模连续生产。而分批灭菌由于所需的设备简单，投资少；灭菌后再次污染的可能性小，灭菌效果可靠。因此分批灭菌是中小型发酵罐常用的灭菌方法。

3.1　培养基的分批灭菌过程

分批灭菌是将培养基置于发酵罐中用蒸汽加热，达到预定灭菌温度后，维持一定时间，再冷却到发酵温度，然后接种发酵。整个灭菌过程包括加热、保温和冷却三个阶段，灭菌主要是保温过程中实现的，而加热和冷却这两阶段也起灭菌作用，因此分批灭菌的计算应包括加热、保温和冷却三个阶段。

3.1.1　加热阶段

发酵罐中培养基的加热有两种方式，其一是通过夹套或蛇管中通入蒸汽的间接加热。其二是直接向培养基通入蒸汽的直接加热方法。也可以两种方法同时进行。

培养基灭菌如采用间接加热方法，加热过程中蒸汽温度不发生变化，而发酵罐中的培养基温度随时间不断上升。设蒸汽温度为 T_s，在时间间隔 dt 中，培养基温度变化为 dT，根据热量平衡，则

$$GCdT = hF(T_s - T)dt \tag{10-15}$$

式中　G——培养基的质量，kg；

C——培养基的热容，J/(kg·℃)；

h——夹套或蛇管的总传热系数，J/(m^2·s·℃)；

T——培养基温度,℃；

T_s——蒸汽温度,℃；

F——传热面积，m^2。

间接加热过程中忽略传热系数随温度的变化，式(10-15)积分后可得

$$t = \frac{GC}{hF}\ln\frac{T_s - T_i}{T_s - T_f} \tag{10-16}$$

式中　T_i 和 T_f 表示升温开始和结束时培养基的温度。

间接加热方法是不稳定的传热过程，传热系数也是变化的，计算时取平均值进行计算。一般夹套的总传热系数大约在 230~350J/(m^2·s·℃)，蛇管的总传热系数可取 350~520J/(m^2·s·℃)。

培养基灭菌如采用直接加热方法，则升温时间为

$$t = \frac{GC(T_f - T_i) + Q'}{(\lambda - C_w)S} \tag{10-17}$$

式中　S——通入蒸汽的质量流量，kg/s；

λ——蒸汽的热焓，J/kg；

C——冷凝水的热容，J/(kg·℃)；

Q'——操作过程中散失的热量，J。

在加热过程中发酵罐散失的热量 Q'，估算为培养基加热所需热量的10%～20%。

在加热升温阶段，培养基温度升高，比死亡速率 k 也不断增大，由式(10－6)求得不同温度下的比死亡速率。如温度从 T_i 上升到 T_f，平均速率常数 k_m 通过下式求得

$$k_m = \frac{\int_{T_i}^{T_f} k dT}{T_f - T_i} \tag{10-18}$$

如果欲求升温结束时残存活菌数 N_1，则由(10－3)求得

$$N_1 = \frac{N_0}{e^{k_m t}} \tag{10-19}$$

升温阶段直接和间接加热时蒸汽用量可由下式求得

$$S_t = \frac{GC(T_f - T_i) + Q'}{(\lambda - C_s T_f)} \tag{10-20}$$

3.1.2　保温维持阶段

在保温阶段，培养基温度恒定不变，微生物的比死亡速率 k 不变，则由式(10－3)求得

保温时间为
$$t = \frac{1}{k}\ln\frac{N_0}{N_1} \tag{10-21}$$

保温时，考虑到灭菌时存在热量散失；并且可能灭菌装置内传热不均衡，可能造成设备或培养基局部温度偏低的现象；当培养基中含有固体物时，其颗粒的热阻较大，其中的微生物不易死亡，所以实际灭菌时保温时间比理论计算值要长。

在保温阶段蒸汽用量可用下式估算

$$S_t = 1.19F\sqrt{P/V}\cdot t \tag{10-22}$$

式中　t——蒸汽排放时间或保温维持时间，s；

F——蒸汽排放口面积，m^2；

P——罐内蒸气的绝对压力，Pa；

V——蒸汽的比体积，m^3/kg。

保温阶段发酵设备的排汽口的大小由阀门来确定，而阀门开启时通道面积难以估计，因此保温时蒸汽用量以经验估算，一般以直接加热时的30%～50%计算。

3.1.3　冷却降温阶段

发酵罐中培养基温度的下降是通过夹套或蛇管实现的。冷却降温过程中，夹套或蛇管中冷却水及培养基温度均随时间而不断变化，根据热量恒算有

$$GC\frac{dT}{dt} = WC_W(T_{W_0} - T_{W_i}) = hA\Delta T_m \tag{10-23}$$

式中　T——培养基温度，K；

W——冷却水的质量流量，kg/s；

C_W——冷却水的比热容，J/(kg·k)；

T_{W_i}——冷却水的进口温度，K；

T_{W_0}——冷却水的出口温度，K；

ΔT_M——培养基与冷却水的平菌温差，K。

如果假设培养基内温度是均匀的，培养基内温度是相同的，则培养基与冷却水的平均温差 ΔT_m(传热的平均推动力)为

$$\Delta T_m = \frac{(T - T_{W_i}) - (T - T_{W_0})}{\ln \frac{T - T_{W_i}}{T - T_{W_0}}} = \frac{T_{W_0} - T_{W_i}}{\ln \frac{T - T_{W_i}}{T - T_{W_0}}} \tag{10-24}$$

由式(10－23)得

$$WC_w (T_{W_0} - T_{W_i}) = hA \frac{T_{W_0} - T_{W_i}}{\ln \frac{T - T_{W_i}}{T - T_{W_0}}} \tag{10-25}$$

整理后得

$$\frac{T - T_{W_i}}{T - T_{W_0}} = \exp\left(\frac{KF}{WC_W}\right) = B \tag{10-26}$$

在上式中，K、F、W、C_W 为定值，则 B 为常数，将式(10－26)代入式(10－23)，积分整理得降温时间为 $t = \frac{GC}{WC_W} \cdot \frac{B}{B-1} \cdot \ln \frac{T_i - T_{W_i}}{T_f - T_{W_i}}$ (10－27)

其中 T_i 和 T_f 分别为降温开始和结束时的培养基温度。如果用绝对温度取代式(10－27)中相应的摄氏温度，整理后即得出培养基绝对温度与降温时间的关系：

$$T = T_{W_i}[1 + \beta \exp(-\alpha t)] \tag{10-28}$$

式中

$$\alpha = \frac{WC_W}{GC}[1 - \exp(-\frac{KF}{WC_W})] \tag{10-29}$$

$$\beta = \frac{T_i - T_{W_i}}{T_{W_i}} \tag{10-30}$$

3.2 培养基分批灭菌工艺流程简述

在大型发酵罐中加入培养基是通过管路将配制罐配好的培养基输入发酵罐中进行灭菌；小型发酵罐将培养基直接到入发酵罐中灭菌。培养基灭菌之前应先将空气过滤器及空气管路进行灭菌，并用空气将过滤器吹干。

培养基分批灭菌工艺流程包括预热、加热、保温和冷却等步骤。

3.2.1 培养基预热

培养基预热是通过发酵罐的夹套或蛇管完成的。操作之前，首先放去夹套或蛇管中的冷水通入蒸汽开始加热，同时进行搅拌以助热传递。将罐内的空气通过空气管路排尽。发酵罐内温度达到 80～100℃时，关闭通入夹套的蒸汽。预热的作用是：①防止培养基与直接导入蒸汽的温差过大而引起发酵罐中产生冷凝水使培养基稀释；②防止直接将蒸汽导入培养基引起的泡沫上升而导致物料外溢；③防止直接通入蒸汽引起的空穴状况。

3.2.2 培养基加热

培养基加热可通过两路进气或三路进气法直接将蒸汽通入培养基中进行升温。从空气进口和出料口两路同时进蒸汽为两路进汽。蒸汽直接从通风、取样和出料口进入罐内直接加热，直到所规定的温度，并维持一定的时间。这就是所谓的“三路进气”。进气时打开接种、补料、消泡和酸碱管道阀门进行排气灭菌。当发酵罐温度上升 121℃，进入保温阶段。

3.2.3 培养基保温

发酵罐内温度达到 121℃时，调节好进汽和排汽的平衡，控制好温度和压力，将发酵罐罐内的温度维持在 121℃30min。蒸汽通过空气出口管路排出。

3.2.4 培养基冷却

达到保温时间后，关闭从空气进口和出料口两路进入的蒸汽。关闭接种阀，将末端的蒸气排空。将冷却水迅速通入夹套，使夹套内的蒸汽排出，冷却发酵罐内的培养基。温度降到100℃时通入无菌空气，干燥空气过滤器并防止发酵内负压的形成。控制发酵罐内的压力缓慢下降，并保持压力不低于0.03MPa。定时排放空气过滤器和收集器中的冷凝水。温度低于70～80℃时，将冷却水通入出口空气冷凝器。达到设定温度后，关小夹套进水阀，保持发酵罐温度恒定，等待接种。

3.2.5　分批灭菌注意事项：

(1)发酵设备的各路蒸汽进口要畅通。防止短路逆流；罐内液体翻动要剧烈，以使罐内物料达到均一的灭菌温度。

(2)管道的排气量不宜过大，以节约蒸汽用量。

(3)灭菌将要结束时，应立即引入无菌空气以保持罐压，然后开夹套或蛇管冷却水冷却，以避免管压迅速下降产生负压而吸入外界空气，或引起发酵罐破坏。

(4)在引入无菌空气前，发酵罐内压力必须低于过滤器压力，否则培养基将倒流进入过滤器内。

4　培养基的连续灭菌

分批灭菌的升温、保温和冷却过程是在发酵罐完成的，这样不仅降低了发酵罐的利用率，而且由于升降温时间长，对培养基成分破坏严重。随着发酵罐的大型化，分批灭菌越来越不能适应工业化的发酵生产。连续灭菌是将在配制罐配制好的培养基在发酵罐外连续加热、保温和冷却后进入发酵罐内的过程。连续灭菌的加热、保温和冷却分别在加热器、维持罐和冷却器不同的容器中连续进行，因此在生产实际中把连续灭菌过程称为连消。即培养基的连续灭菌就是将配制好的培养基在向发酵罐输送的同时进行加热、保温和冷却，进行灭菌。

培养基连续灭菌时，首先对发酵罐进行空消，以注入经过灭菌的培养基。另外加热器、维持罐和冷却器也应先进行灭菌，然后进行培养基连续灭菌。培养基的不同组分耐热与不耐热的(糖和氮源)，在不同温度下灭菌。由于连续灭菌过程中加热和冷却时间短，有利于减少营养物质的破坏。但连消设备比较复杂，投资较大。

4.1　培养基的连续灭菌流程

连续灭菌有各种各样的工艺流程，常见的有连消塔式连续灭菌流程，喷射加热式连续灭菌流程，薄板换热器连续灭菌流程。

4.1.1　连消塔式连续灭菌流程

连消塔式连续灭菌流程是国内最常见的灭菌流程。连消塔式连续灭菌设备由配料罐、泵、加热塔、维持罐和冷却器构成，如图10－2所示，在配料罐中进行培养基的配制和预热，预热的培养基由配料罐放出，通过连消泵被转入加热器或连消塔底部，加热到灭菌温度，由加热塔的顶部流出，进入维持罐，保温一定时间后从维持罐的顶部侧面流出，经喷淋冷却器冷却到发酵温度，流入到生产发酵罐。灭菌时培养基在加热塔内温度加到132℃，并在加热塔内维持10～20s，再送入维持罐保温10min左右。用连消塔式连续灭菌时注意培养基输入的压力与蒸汽总压力相接近，否则培养基的流速不稳定，影响培养基灭菌质量。

连消塔式连续灭菌的设备庞大，尤其维持罐的直径大，不能保证物料先进先出，可能引起物料灭菌的局部过热和灭菌不彻底的现象；另外冷却器的管道过长，对黏度大的培养基易堵塞。

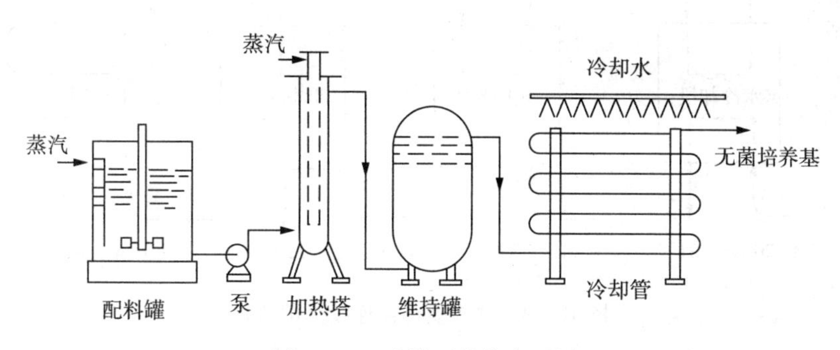

图 10－2　连续灭菌的流程图

4.1.2　喷射加热式连续灭菌流程

喷射加热式连续灭菌方法的加热、保温和冷却方式与连消塔式连续灭菌不同，如图10－3所示，采用了蒸汽喷射式加热器加热，真空冷却器冷却培养基，保温是在保温管道中进行，灭菌温度下的保温时间由维持管道的长度来保证。运用喷射加热式连续灭菌时，培养基经过渐缩喷嘴以高速度喷出的同时将高温蒸汽吸入，并与物料直接混合，使培养基迅速升到灭菌温度，在维持管道完成保温阶段后通过膨胀阀进入真空冷却器急速冷却。

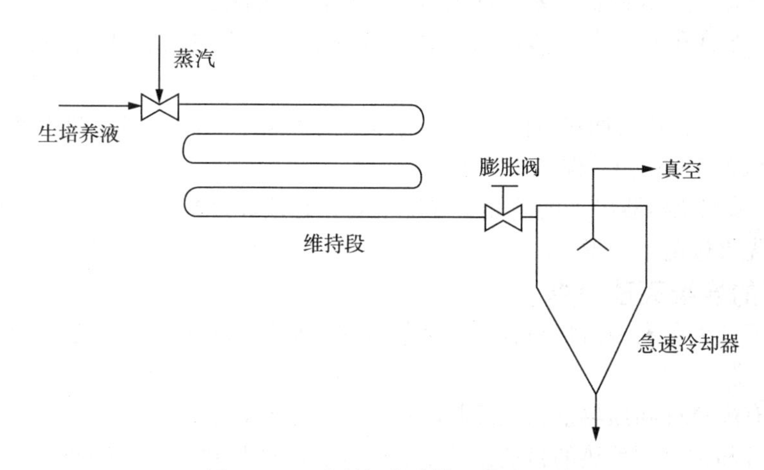

图 10－3　喷射加热连续灭菌流程图

喷射加热式连续灭菌方法由于受热时间短，培养基养分损失少；此流程能保证培养基的先进先出，不会使培养基过热或灭菌不彻底现象。

4.1.3　薄板换热器连续灭菌流程

如图 10－4 所示，薄板换热器连续灭菌流程其设备仅由薄板换热器构成，培养基的加热和冷却均在薄板换热器中完成。灭菌时，蒸汽在薄板换热器的加热阶段使培养基温度升高，经过薄板换热器的保温段保温一段时间后，进入薄板换热器的冷却段冷却。在此流程中，培养基在设备中同时完成预热、灭菌及冷却过程，由于培养基的预热过程既是灭菌过的培养基冷却过程，因此节约了蒸汽及冷却水的用量。尽管加热和冷却所需的时间比使用喷射式连续灭菌时间长，但灭菌周期比分批灭菌小的多。

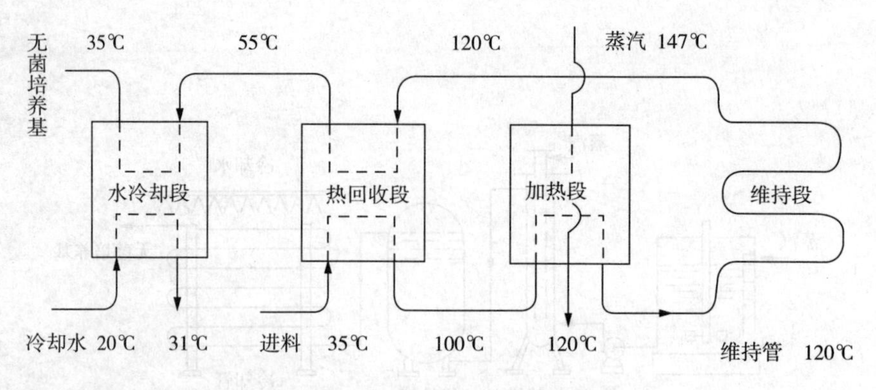

图 10－4　薄板换热器连续灭菌流程

4.1.4　连续灭菌流程操作

(1)空罐灭菌。空罐灭菌也称空消。无论是种子罐、发酵罐、还是尿素(或液氨)罐、消泡罐，当培养基(或物料)尚未进罐前对罐进行预先灭菌，为空罐灭菌。为了杀死所有微生物特别是耐热的的芽孢，空罐灭菌要求温度较高，灭菌时间较长，只有这样才能杀死设备中各死角残存的杂菌或芽孢。

(2)预热。预热可在培养基配置罐或预热罐中进行，使培养基温度升到 50～70℃。预热后，一些不溶性物料发生糊化，不易沉淀。经过预热的培养基在用蒸汽进一步加热时，避免了培养基与蒸汽温差过大而产生水汽撞击振动，噪音大大减少。

(3)加热。加热升温使高温蒸汽与物料迅速接触混合并使其温度很快升高到灭菌温度(126～132℃)。

(4)保温。由于加热器加热时间短，对培养基的灭菌不彻底，因此利用维持罐使培养基在灭菌温度下保持 5～8min，保证灭菌的效果。

(5)冷却。从维持容器出来的培养基温度很高，必须经冷却器冷却后，温度下降到 40～50℃，输入预先灭过菌生产罐。

4.2　培养基的连续灭菌设备

培养基的连续灭菌设备由预热容器、加热容器、保温设备和冷却设备组成。

4.2.1　预热容器

预热容器有配料罐和预热桶，在配料罐中既可以配制培养基，又能对培养基预热。预热桶的作用是定容和预热。预热的目的是使培养基在后续的加热过程中能快速升到灭菌温度。

4.2.2　加热容器

目前的连续灭菌加热容器有连消塔和喷射式加热器等。连消塔有套管式和汽液混合式

两种塔式加热器。套管式连消塔由多孔的蒸汽导入管和套管相套构成，如图 10－5 所示，蒸汽导入管上有许多小孔，这些小孔的总截面积应等于或小于导入管的截面积，小孔在导入管的分布是上疏下密，小孔与管壁成 45°开口，孔径为 5～8mm。加热时培养基由加热塔的下端进入，在两管的间歇内流动，蒸汽从塔顶通入导入管，再经过小孔喷出与内外管的物料混合而加热。汽液混合式加热器如图 10－6 所示，物料从下端进入，蒸汽由侧面进入后形成环行加热，上升的物料被中间的圆形挡板阻挡，从四周冲出，随即与侧面进入的蒸汽混合，又进行了第二次加热。目前国内外使用最多的连续灭菌加热器是喷嘴式加热器，如图 10－7 所示，蒸汽由吸口吸入，培养基从中间喷嘴喷出，在喷嘴出口处快速混合加热。

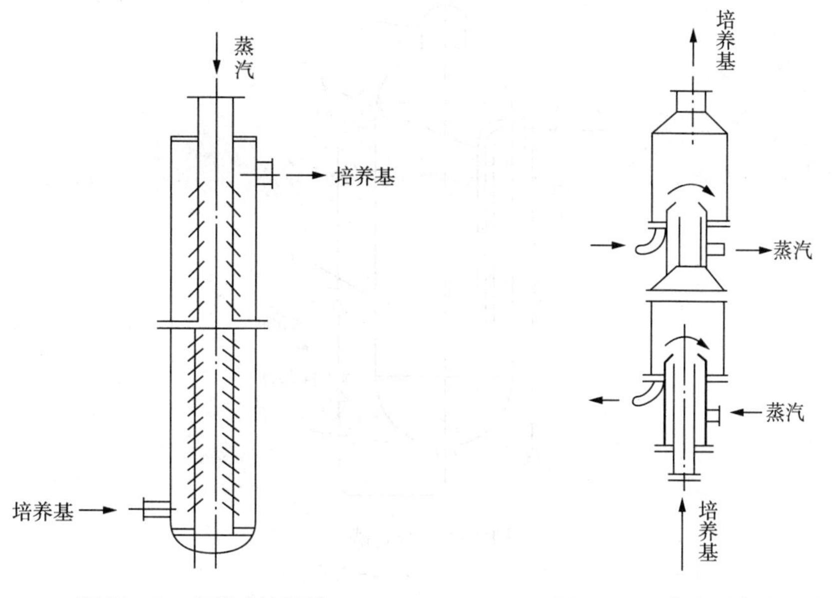

图 10－5　套管式连消塔　　　　图 10－6　汽液混合式连消塔

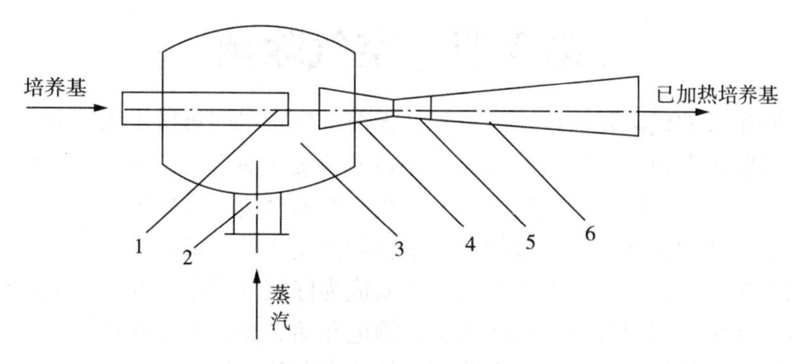

图 10－7　喷射式加热器

1—喷嘴；2—吸入口；3—吸入室；4—混合盆嘴巴；5—混合段；6—扩大室

4.2.3　保温设备

保温设备有罐式保温设备和管式保温设备，保温设备常常用保温材料包裹。维持罐为一直立长筒形，如图 10－8 所示，筒上连有物料进出管道，需要保温时打开进料管，关闭出料管，培养基由加热容器进入保温罐中保温。达到保温时间，关闭进料管，打开出料管，利用蒸汽的压力排出培养基。由于维持罐的直径比进料管直径大的多，先进入保温罐的培养基不能先出，使培养基的保温时间延长，加重了培养基营养成分的破坏。管式保温设备通常为蛇管状，培养基在管内湍流区形成活塞流状态，减少培养基返混，避免培养基营养成分的破坏。

4.2.4　冷却设备

冷却设备有喷淋冷却器、真空冷却器、板式冷却器、螺旋冷却器、真空闪冷却器。喷淋冷却器是较为广泛应用的冷却设备。这种冷却器是从设备的上部均匀地淋在水平排列的冷却管上，冷却从下部进入排列管的培养基，使培养基的温度降低。

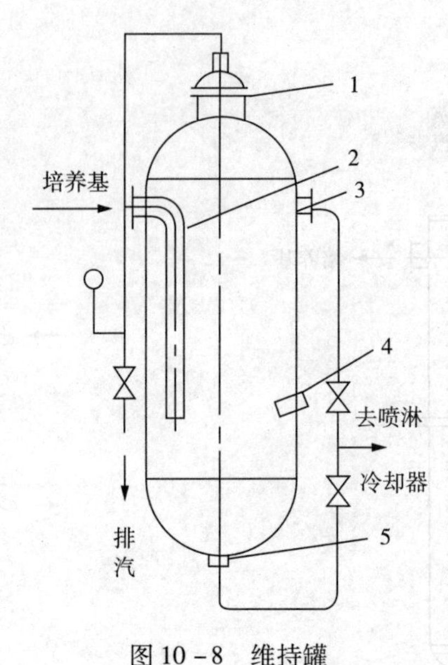

图 10－8　维持罐

1—人孔；2—进料管；3—出料管；4—测温孔；5—排尽管

第 2 节　空气除菌

好氧微生物生长和代谢要消耗大量氧气，无菌空气对于好氧微生物发酵是不可缺少的发酵条件，空气的除菌在微生物好氧发酵生产中占有重要的地位。自然空气中含有灰尘颗粒、水蒸气和各种杂菌，如将这种空气通入发酵系统，杂菌迅速生长繁殖，和生产菌争夺营养成分，干扰了发酵生产的正常进行，致使发酵过程的产品产量的降低，染菌严重的会使发酵生产中断，造成严重的经济损失。因此空气的除菌成为好氧发酵成败的一个重要环节。空气除菌的方法很多，如化学试剂灭菌、射线灭菌、静电除菌、加热灭菌和过滤除菌等等。

化学试剂灭菌和射线灭菌常用于无菌室、培养室和种子培养室等的空气除菌。静电除菌是利用静电引力吸附带电粒子而达到除菌除尘的目的。可以除去空气中大多数水雾、尘埃和微生物，由于对微粒的吸附作用小，常常和高效过滤器结合使用。

加热灭菌法有用蒸汽、电能和空气压缩过程中产生的热量灭菌。蒸汽、电能除菌需要消耗大量能源和增加许多换热设备，在实际生产过程中一般不采用这种加热方法。空气被压缩时所产生的热量进行加热除菌是生产上常常使用的一种有效杀菌方法。介质过滤除菌是使空气通过经高温灭菌的介质过滤层，将空气中的微生物等颗粒阻截在介质层中，而达到除菌的目的。

从可靠性，经济适用与便于控制等方面考虑，目前仍以介质过滤法较好，也是大多数发酵厂广泛采用的方法。

1　过滤除菌原理

目前发酵工厂采用的空气过滤设备大多数是传统的深层过滤设备，滤层厚度一般为 1 ~ 2m，所用的过滤介质一般是棉花、活性炭，也有采用玻璃纤维、焦炭等。对不同的材料，材料的不同规格，材料的填充情况不同，都会得到不同的过滤效果。微粒随气流通过滤层时，滤层纤维所形成的网格阻碍气流前进，使气流出现无数次改变运动速度和运动方向，绕过纤维前进；这些改变引起微粒以对滤层纤维产生惯性冲击、阻拦、重力沉降、布朗扩散、静电吸引等作用而把微粒滞留在纤维表面上。

1.1 阻拦截留

微粒随空气气流向前运动，当气流为层流时，随气流运动的粒子在接近纤维表面的部分由于与过滤介质接触而被纤维吸附捕集，这种作用称之为阻拦截留。空气流速愈小，纤维直径愈细，阻拦截留作用愈大。但是在介质过滤的除尘除菌中，阻拦截留并不起主要作用。

1.2 惯性碰撞截留

空气气流流速大时，气流中的微粒具有较大的惯性力。当微粒随气流以一定速度向纤维垂直运动因受纤维阻挡而急剧改变运动方向时，由于微粒具有的惯性作用使它们仍然沿原来方向前进碰撞到纤维表面，产生摩擦黏附而使微粒被截留在纤维表面，这种作用称惯性碰撞截留。截留区域的大小决定于微粒运动的惯性力，所以，气流速度愈大，惯性力大，截留效果也愈好。此外，惯性碰撞截面作用也与纤维直径有关，纤维愈细，捕集效果愈好。惯性碰撞截面在介质除尘中起主要作用。

1.3 布朗扩散运动

直径小于1μm的微粒在运动中往往产生一种不规则的布朗运动，使微粒间相互凝集成较大的粒子，从而发生重力沉降或被介质敲留。但是这种作用只有在气流速度较低时才较显著。

1.4 重力沉降作用机理

重力沉降是一个稳定的分离作用，当微粒所受的重力大于气流对它的拖带力时，微粒就容易沉降。就单一的重力沉降情况下，大颗粒比小颗粒作用显著，对于小颗粒只有在气流速度很慢时才起作用。一般它是与拦截作用相配合的，即在纤维的边界滞留区内，微粒的沉降作用提高了拦截滞留的捕集效率。

1.5 静电吸附作用机理

干空气对非导体的物质相对运动磨擦时，会产生诱导电荷，纤维和树脂处理过的纤维，尤其是一些合成纤维更为显著。悬浮在空气中的微生物微粒大多带有不同的电荷，如枯草杆菌孢子20%带正电荷，20%带负电荷，15%中性，这些带电的微粒会受带异性电荷的物体所吸引而沉降。此外，表面吸附也归属于这个范畴，如活性炭的大部分过滤效能应是表面吸附的作用。

2 空气除菌设备

发酵对无菌空气的要求有无菌、无灰尘、无杂质、无水、无油、正压等几项指标；发酵对无菌空气的无菌程度要求是：只要在发酵过程中不因无菌空气染菌，而造成损失即可。空气要达到绝对无菌在目前是不可能的，也是不经济的。在工程设计中一般要求1000次使用周期中只允许有一个菌通过，即经过滤后空气的无菌程度为 $N=10^{-3}$。

空气净化的流程为通过吸气口吸入的空气先经过压缩前的过滤，进入空气压缩机，此时空气温度达到120~150℃，然后冷却(20~25℃)，除去油、水，再加热至30~35℃。最后通过总过滤器和分过滤器除菌，获得洁净度、压力、温度和流量都符合要求的无菌空气。

空气净化需要的设备有取气管、粗过滤器、压缩机、冷却设备、除油除水设备、总过滤器和分过滤器。

2.1 高空取气管

高空取气管是远离地面几十米的管子。一般而言，地面附近空气中所含的微生物和灰尘等均比高空空气中含的多，据资料介绍，每升高10m，空气中杂菌可降低一个数量级，因此从高空取气要比从低空取气有利得多。

2.2 粗过滤器

高空取气管取到的气体含有较大的灰尘颗粒，容易磨损空气压缩机，因此在空气压缩前先经过粗过滤器过滤。良好的粗过滤器避免增加空气压缩机的吸入负荷和降低空气压缩机的排气量。粗过滤器有布袋过滤器、填料过滤器、油浴洗涤过滤器和水雾除尘过滤器等等。

布袋过滤器多用绒布或合成纤维滤布缝制成与骨架相同形状的布袋，绷紧固定于进风口，并将所有会造成短路的空隙缝紧。布袋过滤器过滤效率高，但阻力大。使用时应定期换洗滤布，减少滤布的阻力，提高过滤效果。

填料过滤器用油浸铁回丝、玻璃纤维或其他合成纤维等作填料制成的过滤器。过滤效果比布袋过滤器好，阻力损失也较小，而填料过滤器结构复杂，体积庞大，占地面积也较大；填料过滤器的内部填料经常换洗才能保持一定的过滤作用。

油浴洗涤过滤器的主要零件为油箱和滤网构成。空气进入油浴洗涤过滤器先经过油箱中的油层洗涤，空气中的微粒被油黏附而逐渐沉降于油箱底部被除去。由于经过油洗的空气含有油滴，需要用去油装置(百叶窗式圆盘)分离大油滴，再经气液过滤网分离小油滴，然后由中心管吸入压缩机。这种过滤设备效果好，过滤阻力小，但耗油量大，如图10－9所示。

水雾除尘过滤器是用水雾洗涤空气，空气中的灰尘、微生物微粒被黏附沉降，从器底排出。水雾洗涤后空气带有细微水雾，需要经过过滤网过滤后排出进入空压机。若水雾太多，会降低空压机的排气量，如图10－10所示。

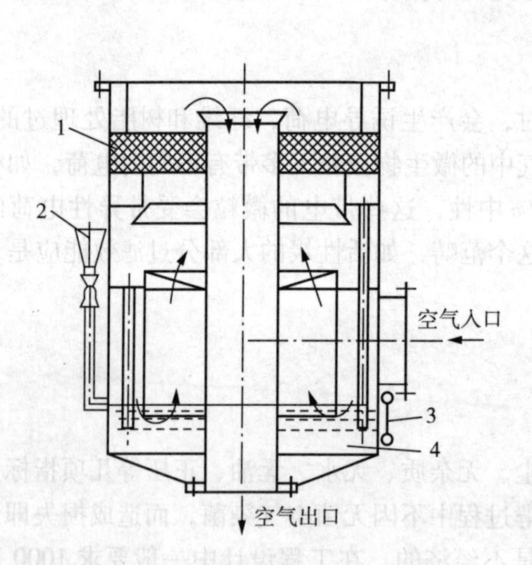

图10－9 油浴洗涤装置的结构

1—滤网；2—加油斗；3—油镜；4—油层

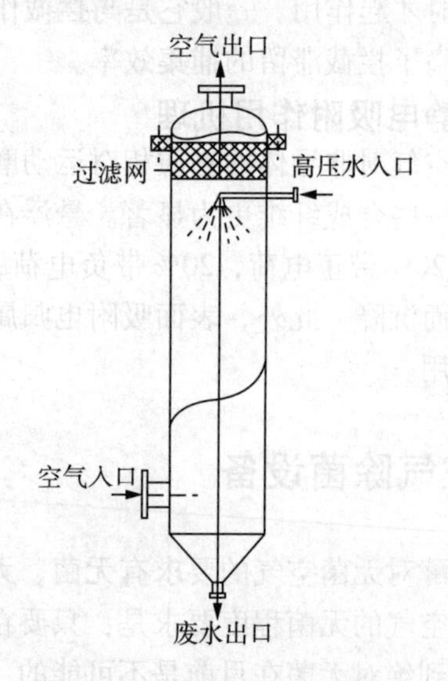

图10－10 水雾除尘装置结构

2.3 空气压缩机

空气压缩机是气源装置中的主体，它是将原动机(通常是电动机)的机械能转换成气体压力能的装置，是压缩空气的气压发生装置。空气压缩机的种类很多，按工作原理可分为容积型压缩机和速度型压缩机。容积型压缩机的工作原理是压缩气体的体积，使单位体积内气体分子的密度增加以提高压缩空气的压力；速度型压缩机的工作原理是提高气体分子的运动速度，使气体分子具有的动能转化为气体的压力能，从而提高压缩空气的压力。

2.4 空气贮罐

为了维持空气压缩机排出空气压力的稳定，防止空气量的脉动，在紧接空压机后安装空气贮罐，并且空气贮罐利用重力沉降作用去处部分油雾。空气贮罐容积大，结构简单，罐外的上部安装安全阀和压力表，也有的空气贮罐内加装冷却蛇管，利用空气冷却器排出的冷却水进行冷却。

2.5 冷却设备

冷却器是换热设备的一类，用以冷却流体。通常用水或空气为冷却剂以除取热量。用空气冷却热流体的换热器称为空气冷却器，空气冷却器管内的热流体通过管壁和翅片与管外空气进行换热。常用的空气冷却器有立式列管式热交换器、沉浸式热交换器和喷淋式热交换器等等。由于空气的传热系数低，设计时应采取恰当的方式来提高传热系数。

2.6 油水分离器

压缩空气的除油除水设备很多，按分离气液的方式可以分为：一种是利用离心力进行沉降的旋风分离器，如图 10－11 所示；另一种是利用惯性截流的填料式分离器，如图 10－12 所示。

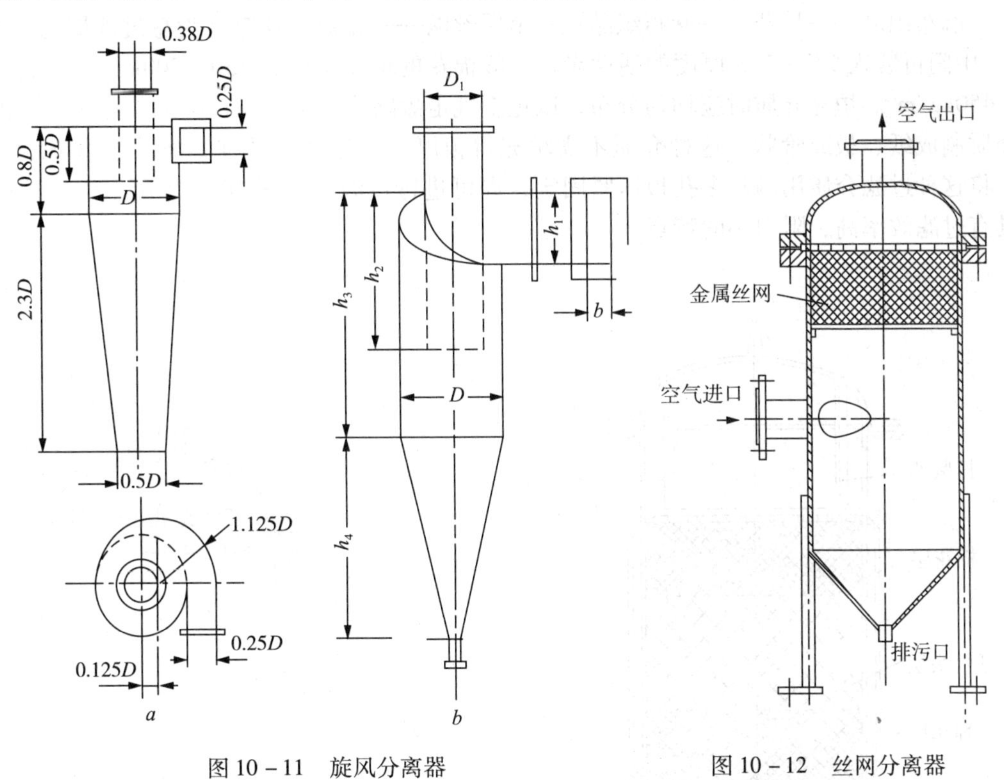

图 10－11　旋风分离器　　　图 10－12　丝网分离器

旋风分离器是一种分离气体－固体、气体－液体的分离设备。当带有液体和固体的气体以切线方向进入旋风分离器在器内作圆周运动，水滴和固体颗粒因比空气质量大得多，所以具有较大的惯性力。所以空气在分离器内作圆周运动时，水滴和颗粒仍作直线运动，当碰在器壁上时即可沉降。旋风分离器结构简单，阻力小，对于 10μm 以上的微粒分离效果较高，而对于 10μm 以下的微粒分离困难。由于冷凝水雾的粒子大小在 110～200μm，往往采用旋风分离器除水。

填料式分离器可除去细小的雾状颗粒(5μm)，但对于雾沫浓度较大的空气，会因雾沫堵塞而增大分离阻力。填料式分离器的填料有焦碳、活性碳、瓷环、金属车屑、金属丝网和塑料丝网等等。填料高度一般为150~300mm，其内部同时采用直接拦截，惯性碰撞，布朗扩散及凝聚等机理，能有效地去除空气中的水、油雾、尘埃，内部不锈钢丝网可清洗，使用寿命长，其分离效率达98%~99%。

2.7 空气过滤器

空气过滤器是除去空气中微生物的重要设备，空气过滤器的过滤效果直接影响发酵生产能否顺利进行。目前已发展了许多种类的过滤器，根据过滤介质孔径的大小分为两类：一是孔径小于细菌和孢子的过滤器，当空气通过这种过滤器时，微生物可以被阻留在介质的一侧，而达到彻底清除微生物，因此把此种介质称为绝对过滤介质，象聚乙烯醇缩甲醛树脂(PVF)介质孔径小于0.3μm，其除菌效果和通气性好，使用期限一年以上。另一类为孔径大于微生物的过滤介质，象棉花、玻璃纤维、合成纤维和颗粒活性炭这些介质。用这些介质可构成两种过滤器：一种为用上述介质填充的过滤器，如图10-13所示，这种过滤器是圆筒形容器，其内有两层多孔筛板将过滤介质压紧并加以固定。其过滤介质装填一般为：上部和下部装填棉花，顺序为孔板——金属丝网——麻布织品——棉花——麻布织品——活性炭——麻布织品——棉花——麻布织品——金属丝网——孔板。其厚度为总过滤层的1/4~1/3，中间再装入1/2~1/3厚度的活性炭。一般棉花的填充密度为150~200kg/m^2，活性炭40~450kg/m^2。填充介质时应均匀分布，以免空气走短路或发生介质被吹翻。另一种是将过滤介质制成纸、板或管状，这种介质不需填充得很厚，如超玻璃纤维滤纸、金属烧结板等等。将这种过滤介质用两片多孔板压紧固定，即可进行过滤。如图10-14所示，这种过滤器具有过滤效率高、阻力小的特点。

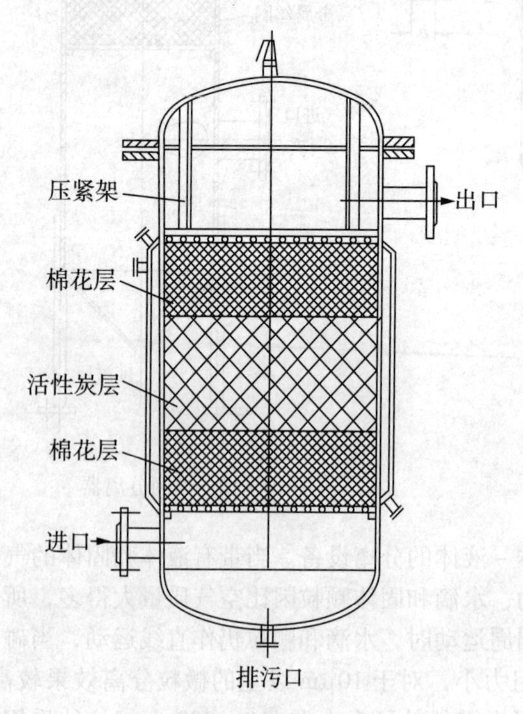

图10-13 介质过滤器

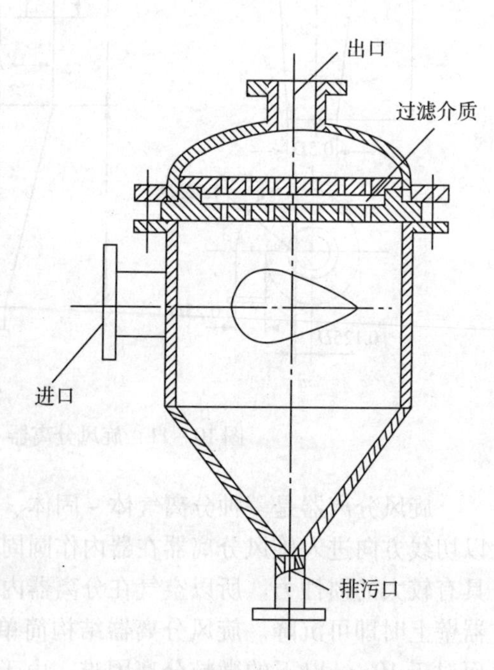

图10-14 超细玻璃纤维过滤器

介质过滤效率与介质纤维直径关系很大，在其他条件相同时，介质纤维直径越小，过滤效率越高。对于相同介质，过滤效率与介质滤层厚度、介质填充密度和空气流量有关。

鉴于目前所采用的过滤介质均需要干燥条件下才能进行除菌，因此需要围绕介质来提高除菌效率。

(1)设计合理的空气预处理设备，选择合适的空气净化流程，以达到除油、水和杂质的目的；

(2)设计和安装合理的空气过滤器，选用除菌效率高的过滤介质；

(3)保证进口空气清洁度，如加强生产场地卫生管理，正确选择进风口，加强空气压缩前的预处理；

(4)降低进入空气过滤器的空气相对湿度，如使用无油润滑的空气压缩机，加强空气冷却和去油，提高进入过滤器的空气温度。

压缩空气进入过滤器后便引起活性炭颗粒之间相互顶撞与摩擦，久而成为粉末(灰化)，活性炭的体积也逐渐变小，于是过滤器内的空间逐渐增大，到达一定程度时，便会发生棉花成90°翻身现象。这样空气便会未经过滤而进入罐内，引起染菌。

棉花经过多次加热灭菌后，颜色逐渐变深，靠近过滤器壁的棉花，因经受夹层蒸汽的烤干，受热更为剧烈，更容易变成粉末，而被空气带走，造成过滤层有缝隙，使过滤层疏松而漏风。甚至还因过高的压力和过长时间的烘烤而引起棉花活性炭着火的事故。

3 空气过滤除菌流程

3.1 对空气除菌流程的要求

要制备较高无菌程度，具有一定压力的无菌空气，它的流程设备有空气压缩机。附属设备要求尽量采用新技术，提高效率，减少设备，精简设备投资、运转费用和动力消耗，简便操作。要保持过滤器有比较高的过滤效率，应维持一定的气流速度和不受油、水的干扰。气流速度可由操作来控制；要保持不受油、水干扰则要有一系列冷却、分离、加热的设备来保证空气的相对湿度在50%～60%的条件下过滤。

流程的制订就根据所在的地理、气候环境和设备条件而考虑。在环境污染比较严重的地方，要考虑改变吸风的条件，以降低过滤器的负荷，提高空气的无菌程度；在温暖潮湿的南方，要加强除水设施，以确保和发挥过滤器的最大除菌效率；在压缩机耗油严重的设备流程中则要加强消除油雾的污染等等。

3.2 空气过滤除菌流程

(1)两级冷却、加热的空气除菌流程。两级冷却、加热的空气除菌流程的特点是两次分离、两级冷却及适当加热(见图10－15)，其特点是油和水去除较完全，同时也可节约冷却用水。压缩空气被一级冷却到30～35℃，多数水和油雾聚集，通过旋风分离器处理后进入二级冷却器冷却到20～25℃，空气中的水分和油雾结成小雾粒，用丝网除沫器处理，可分离雾粒。加热器把经丝网除沫器处理的空气的相对湿度降到50%～60%，保证进入过滤器的空气为干空气，可以提高过滤效率。两级冷却、加热的空气除菌流程能适应各种气候条件，充分去除空气中的油和水，并使空气在低湿度条件下进入过滤器，大大提高了过滤效率。

(2)冷热空气混合式除菌流程。冷热空气混合式除菌流程由粗过滤器、压缩机、储罐、冷却器、丝网分离器和总过滤器组成(如图10－16所示)。当压缩空气从储罐出来，其中部分经冷却、油水分离后与另一部分未经冷却、油水分离处理的高温压缩空气混合，两部分压缩空气混合后温度为30～35℃，达到微生物发酵温度，并且此混合压缩空气的湿度在60%以下，能够保证总过滤器的过滤除菌效率。冷热空气混合式除菌流程的特点是设备简单，适合气候寒冷、中等湿度地区。

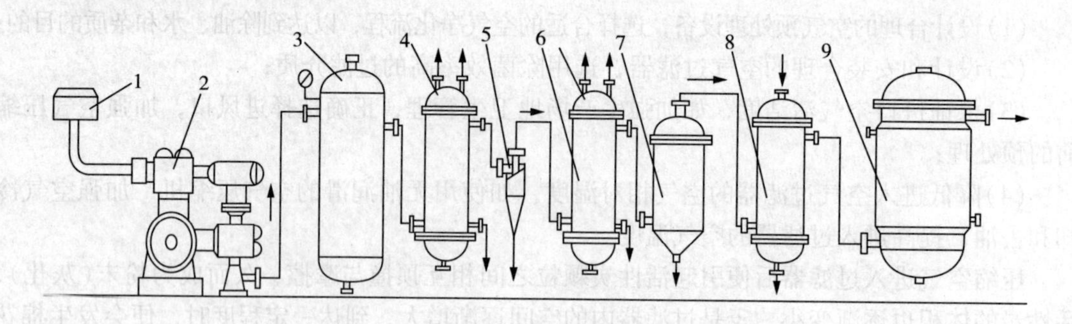

图10－15　两级冷却、加热的空气除菌流程

1—粗过滤器；2—压缩机；3—储罐；4—过滤器；5—旋风分离器；6—冷却器；7—丝网除沫器；8—加热器；9—过滤器

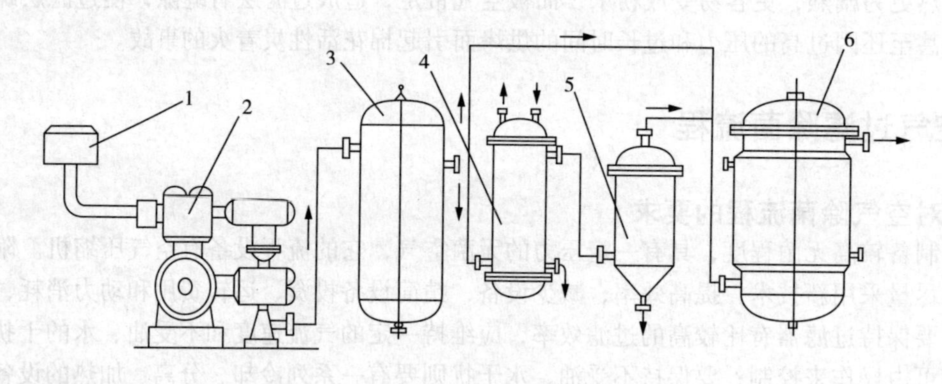

图10－16　冷热空气直接混合式除菌流程

1—粗过滤器；2—压缩机；3—储罐；4—冷却器；5—丝网分离器；6—总过滤器

(3)高效前置过滤除菌流程

高效前置过滤除菌流程是在空气压缩机压缩前先经过高效过滤器过滤空气，此时空气的无菌程度已达到99.9%。这样无菌的空气经冷却、分离和主过滤后，提高了空气的无菌程度，保证发酵生产的安全(见图10－17)。

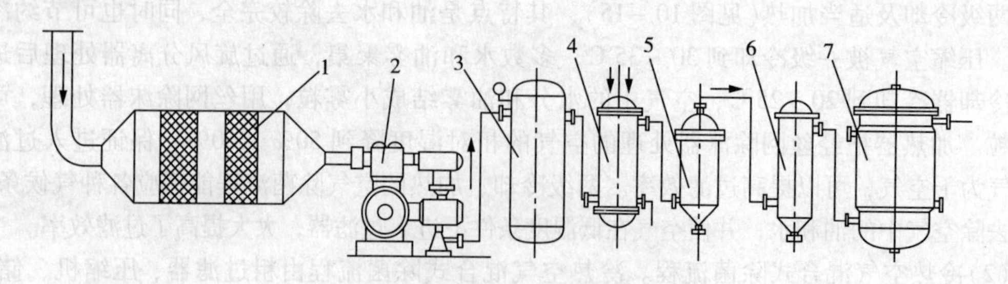

图10－17　高效前置过滤器除菌流程

1—高效前置过滤器；2—压缩机；3—储罐；4—冷却器；5—丝网分离器；6—加热器材；7—过滤器

作业与思考

1. 灭菌方法有哪些，举例说明。
2. 何为培养基的分批灭菌？
3. 常用的空气除菌方法有哪些？
4. 空气除菌的介质有哪些？

第 11 章　发酵设备

第 1 节　发酵设备概述

发酵设备是微生物工业中重要的设备之一。发酵主要设备分为发酵罐和种子罐，它们各自都附有原料(培养基)调制、蒸煮、灭菌和冷却设备，通气调节和除菌设备，以及搅拌器等作用。种子罐是确保发酵罐培养所必需的菌体量为目的的设备；发酵罐为承担产物的生产任务。它必须能够提供微生物生命活动和代谢所要求的条件，并便于操作和控制，保证工艺条件的实现，从而获得高产。

发酵罐是为一个特定生物化学过程的操作提供良好而满意的环境的容器。对于某些工艺来说，发酵罐是个密闭容器，同时附带精密控制系统；而对于另一些简单的工艺来说，发酵罐只是个开口容器，有时甚至简单到只要有一个开口的坑。

一台优良的发酵设备应具备如下条件：

(1)应具有严密的结构，防止杂菌的污染；

(2)良好的液体混合特性，实现微生物发酵过程中的传质传热；

(3)良好的传质传热速率，保证微生物发酵过程中所需的溶解氧；

(4)具有配套而又可靠的检测、控制仪表，随时监测发酵状态。

发酵罐设备的发展经历了五个阶段：第一阶段是 1900 年以前，是现代发酵罐的雏形，它带有简单的温度和热交换仪器；第二阶段为 1900～1940 年之间，出现了 $200m^3$ 的钢制发酵罐，在面包酵母发酵罐中开始使用空气分布器，机械搅拌开始用在小型的发酵罐中；第三阶段为 1940～1960 年之间，机械搅拌、通风，无菌操作和纯种培养等一系列技术开始完善，发酵工艺过程的参数检测和控制方面已出现，耐蒸汽灭菌的在线连续测定的 pH 值电极和溶氧电极，计算机开始进行发酵过程的控制。发酵产品的分离和纯化设备逐步实现商品化；第四阶段是 1960～1979 年，机械搅拌通风发酵罐的容积增大到 $80 \sim 150m^3$。由于大规模生产单细胞蛋白的需要，又出现了压力循环和压力喷射型的发酵罐，它可以克服一些气体交换和热交换问题。计算机开始在发酵工业上得到广泛应用；第五阶段是 1979 年至今。生物工程和技术的迅猛发展，给发酵工业提出了新的课题。于是，大规模细胞培养发酵罐应运而生，胰岛素，干扰素等基因工程的产品走上商品化。

现代发酵罐和传统发酵设备相比具有显明的特点：

(1)发酵罐与传统发酵设备的突出差别是对纯种培养的要求之高，几乎达到十分苛刻的程度。因此，发酵罐的严密性，运行的高度可靠性是发酵工业的显著特点；

(2)现代发酵工业为了获取更大的经济利益，发酵罐更加趋向大型化和自动化发展；

(3)在发酵罐的自动化方面，作为参数检测的眼睛如 pH 值电极、溶解氧电极、溶解 CO_2 电极等的在线检测在国外已相当成熟。国内目前尚处于起步阶段，发酵检测参数还只限于温度、压力、空气流量等一些最常规的参数。

典型发酵体系由种子制备设备、主发酵设备、辅助设备(无菌空气和培养基的制备)、发酵液预处理设备、粗产品的提取设备、产品精制与干燥设备、流出物回收、利用和处理设备等组成。

目前按微生物的特点和发酵罐设备的特点，发展了许多种类的发酵设备。如按微生物生长代谢需要分类：可分为好气发酵罐和厌气发酵罐。抗生素、酶制剂、酵母、氨基酸，维生素等产品是在好气发酵罐中进行的；需要强烈的通风搅拌，目的是提高氧在发酵液中的传质系数；丙酮丁醇、酒精、啤酒、乳酸等采用厌气发酵罐。不需要通气。按照发酵罐设备特点分为机械搅拌通风发酵罐和非机械搅拌通风发酵罐，机械搅拌通风发酵罐：包括循环式，如伍式发酵罐，文氏管发酵罐，以及非循环式的通风式发酵罐和自吸式发酵罐等。非机械搅拌通风发酵罐：包括循环式的气提式、液提式发酵罐，以及非循环式的排管式和喷射式发酵罐。这两类发酵罐是采用不同的手段使发酵罐内的气、固、液三相充分混合，从而满足微生物生长和产物形成对氧的需求。如按照容积分类：一般认为500L以下的是实验室发酵罐；500～5000L是中试发酵罐；5000L以上是生产规模的发酵罐。

第2节　厌氧发酵设备

厌氧发酵设备是密闭厌氧发酵罐，对这类发酵罐的要求是：能封闭；能承受一定压力；有冷却设备；罐内尽量减少装置，消灭死角，便于清洗灭菌。其发酵罐因不需要通入昂贵的无菌空气，因此在设备放大、制造和操作时，都比好气发酵设备简单得多。酒精和啤酒都属于嫌气发酵产物，酒精和啤酒发酵设备是典型的厌氧分批发酵设备。

下面以酒精发酵设备为例介绍厌氧发酵设备。

1　酒精发酵罐的结构

酒精发酵是酵母菌将糖转化为酒精的过程，酒精发酵罐首先应能够满足酵母生长和代谢对环境的要求。酵母发酵过程中产生大量的热量，如果不及时排出热量，将会影响酵母菌的代谢途径，导致酒精产量降低。因此要求酒精发酵罐的结构有利于及时移走在生化反应过程中将释放的生物热。因此酒精发酵对酒精发酵罐的结构要求：首先满足工艺要求，有利于发酵热的排出；其次从结构上有利于发酵液的排出；再次有利于设备清洗、维修以及设备制造安装方便等问题。

酒精发酵罐筒体结构为圆柱形，它的容积常大于50m^3，罐高与罐径之比为1∶2，罐的上、下部都是锥形的。底盖和顶盖均为碟形或锥形。罐顶装有人孔、视镜及二氧化碳回收管、进料管、接种管、压力表和测量仪表接口管等。罐底装有排料口和排污口；罐身上下部装有取样口和温度计接口，对于大型发酵耀，为了便于维修和清洗，往往在近罐底也装有人孔。如图11－1所示。

2　发酵罐的冷却装置

发酵罐的冷却装置因发酵罐的大小而异。对于中小型发酵罐，多采用罐顶喷水淋于罐外壁表面进行膜状冷却；对于大型发酵罐，罐内装有冷却蛇管或罐内蛇管和罐外壁喷洒联合冷却装置，为避免发酵车间的潮湿和积水，要求在罐体底部沿罐体四周装有集水槽。采用罐外列管式喷淋冷却的方法，具有冷却发酵液均匀，冷却效率高等优点。

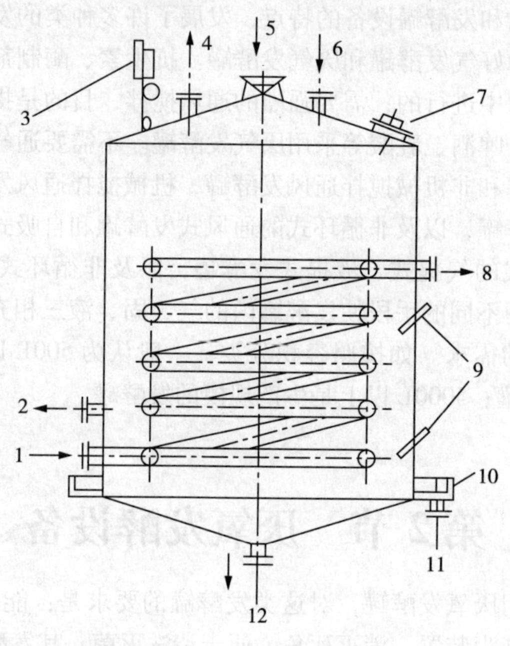

图 11－1　酒精发酵罐

1—冷却水入口；2—取样口；3—压力表；4—二氧化碳出口；5—喷淋水入口处；6—料液及酵母入口；7—入口；8—冷却水出口；9—温度计；10—喷淋水收集槽；11—喷淋水出口；12—发酵液及污水排出口

3　酒精发酵罐的洗涤

酒精发酵罐的洗涤过去均由人工操作，不仅劳动强度大，而且 CO_2 气体一旦没彻底排除，工人入罐清洗会发生中毒事故。近年来，酒精发酵罐已逐步采用水力喷射洗涤装置，从而改善了工人的劳动强度和提高了操作效率。大型发酵罐采用这种水力洗涤装置尤为重要。

3.1　水力喷射装置

水力喷射装置如图 11－2，是由一根两头装有喷嘴的洒水管组成。两头喷水管弯有一定的弧度，喷水管上均匀地钻有一定数量的小孔，喷水管安装时呈水平，喷水管借活接头和固定供水管相连接，它是借喷水管两头喷嘴以一定喷出速度而形成的反作用力，使喷水管自动旋转。对于 120m³ 的酒精发酵耀，采用 36mm × 3mm 的喷水管，管上开有 44 × 30 个小孔，两头喷嘴口径为 9mm。

3.2　高压强的水力喷射洗涤装置

高压强的水力喷射洗涤装置见图 11－3，它是一根直立的喷水管，沿轴向安装于罐的中央，在垂直喷水管上按一定的间距均匀地钻有 4～6mm 的小孔，孔与水平呈 20°角，水平喷水管借活接头，上端和供水总管，下端与垂直分配管相连接，洗涤水压为 0.6～0.8MPa。水流在较高压力下，由水平喷水管出口处喷出，使其以 48～56r/min 自动旋转，并以极大的速度喷射到罐壁各处，而垂直的喷水管也以同样的水流速度喷射到罐体四壁和罐底。约 5min 即可完成洗涤作业。洗涤水若用废热水，还可提高洗涤效果。

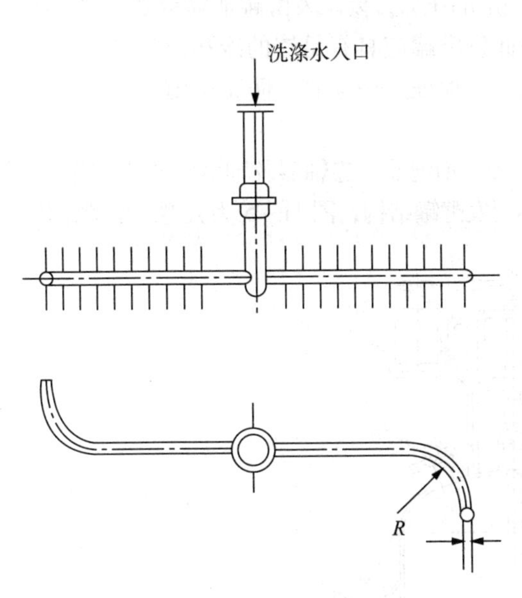

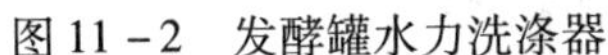

图 11－2　发酵罐水力洗涤器

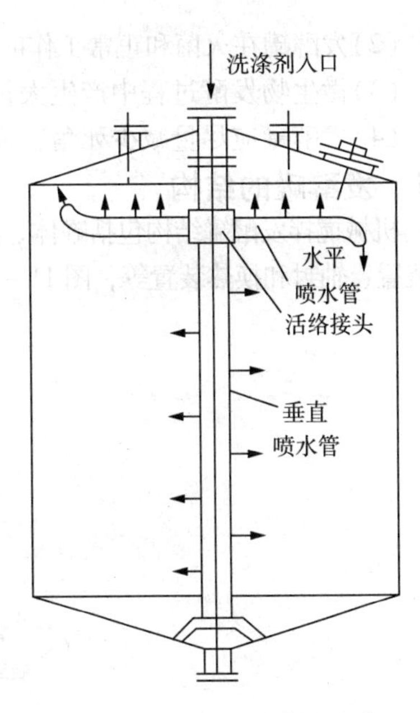

11－3　高压水力喷射洗涤装置

在发酵罐使用中，防止罐内超压和真空状态对罐体的损坏。超压一般是由于酵母发酵旺盛时产生的大量二氧化碳所致。真空是由发酵罐放料速度过快或进风量不足引起负压。另外，罐内留有二氧化碳气体，清洗时含碱性物质的洗涤液与二氧化碳反应使其浓度降低而形成真空。

第3节　通风发酵罐

目前用于生产的大多数微生物是好氧的，因此用于好氧发酵的设备种类多种多样。按照能量输入的方式，可将好氧发酵罐分成三类：内部机械搅拌型、外部液体搅拌型和空气喷射提升式发酵罐。如标准式发酵罐（机械搅拌发酵罐或通用式发酵罐）、伍式发酵罐和机械搅拌自吸式发酵罐属于内部机械搅拌型发酵罐。外部液体搅拌型发酵罐依靠外部循环泵来搅拌发酵液，或是在液体进入发酵罐外装有文丘管，依靠液体的高速流动，吸入空气，使气液混合。空气喷射提升式发酵罐是依靠压缩空气作为能量输入，促使发酵液翻动混合。高位塔式发酵罐和深井曝气污水处理罐是属于空气喷射提升式发酵罐。

1　机械搅拌发酵罐

机械搅拌发酵罐是发酵工厂常用类型之一，也称为标准式或通用式发酵罐。它是利用机械搅拌器的作用，使空气和发酵液充分混合促使氧在醪液中溶解，以保证供给微生物生长繁殖、发酵所需要的氧气。为了提高微生物的生产效率，发酵容器除满足发酵罐的基本条件外，还需满足几个要求：

(1)为了保证氧的利用率较高，发酵罐身要较长，即发酵罐应有适宜的径高比，一般径高比为1.7～4；

(2)发酵罐在灭菌和正常工作时，要承受一定的压力，要求发酵罐能够承受一定的压力；

(3)微生物发酵过程中产生大量热量，因此发酵罐应具有足够的冷却面积；

(4)发酵罐应尽量减少死角，避免藏污积垢，保证灭菌彻底，防止染菌。

1.1 发酵罐的结构

机械搅拌发酵罐结构包括罐体、搅拌器、挡板、消泡器、连轴器及轴承、变速装置、空气分布装置、轴封和换热装置等，图11－4所示为小型发酵罐结构，图11－5为大型发酵罐结构。

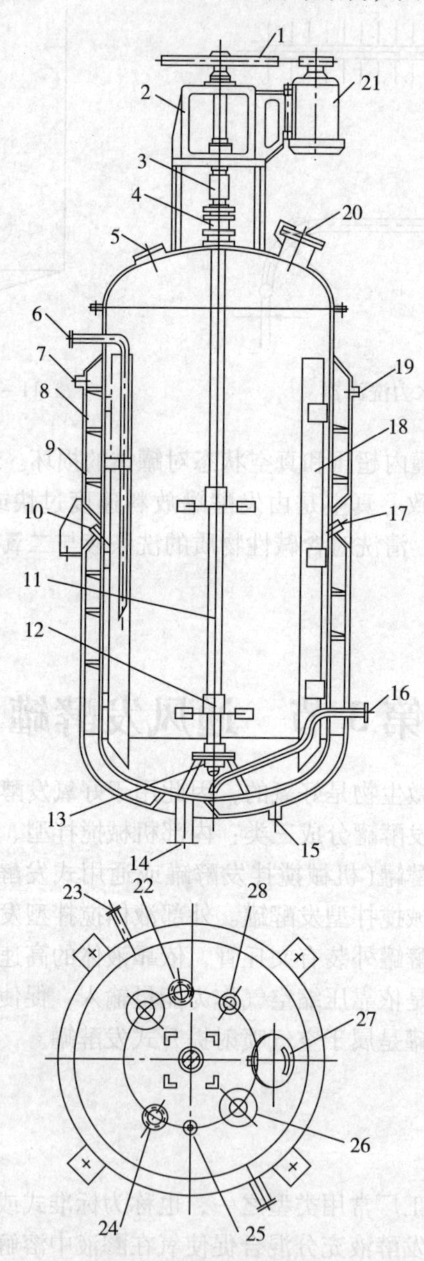

图11－4 小型发酵罐结构

1—三角皮带转轴；2—轴承支架；3—联轴节；4—轴封；5—窥镜；6—取样；7—冷却水出口；8—夹套；9—螺旋片；10—温度计接口；11—轴；12—搅拌器；13—底轴承人 14—放料口；15—冷水进口；16—通风管；17—热电偶接口；18—挡板；19—接压力表；20—手孔；21—电动机；22—排气口；23—取样口；24—进料口；25—压力表接口；26—窥镜 27—手孔；28—补料口

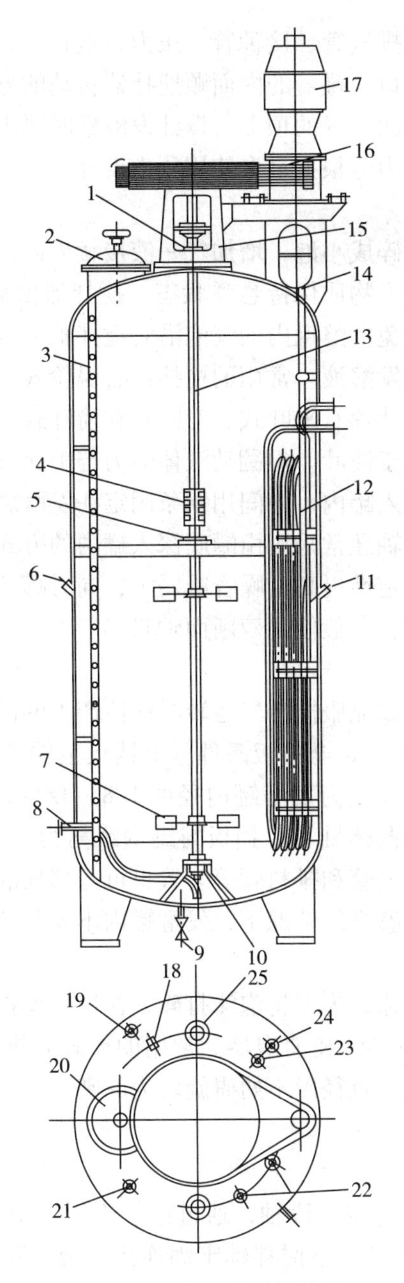

图 11－5　大型发酵罐结构

1—轴封；2—人孔；3—梯子；4—联轴节；5—中间轴承人；6—热电偶接口；7—搅拌器；8—通风管；9—放料口；10—底轴承人；11—温度计；12—冷却管；13—轴；14—取样口；15—轴承柱；16—三角皮带转轴；17—电动机；18—压力表；19—取样口；20—人口；21—进料口；22—补料口；23—排气口；24—回流口；25—窥镜

1.1.1　罐体

罐体形状为圆柱状，两端用椭圆形或碟形封头焊接。这种形状的发酵罐受力均匀，死角少，物料易排出。罐体材料为碳钢和不锈钢，大型发酵罐可用衬不锈钢或复合不锈钢制成。发酵罐的罐体上装有各种装置。发酵罐的顶部装有供清洗用的快开手孔或人孔，在罐顶还装有窥镜和孔灯。发酵罐内装有蒸气吹管，用来冲洗玻璃镜窥镜和孔灯观察罐内情况。接于罐顶的接管有进料管、补料管、排气管、接种管、压力表接管。罐身上有冷却水进出管、空气进管、温度计管、测控仪器接口。罐盖的内面顺搅拌器转动的方向装有弧形挡板，可以减少逃液。取样管可以装在罐的侧面或罐的顶上。设计发酵罐时要求，罐体上的管越少越好，能合并的应尽量合并。罐体的压力应根据最大使用压力设计。

1.1.2 搅拌器

搅拌器的作用是将空气打碎成小泡，增加气—液接触界面，提高氧的传质速率；同时使发酵液充分混合，液体中的固形物质保持悬浮状态。搅拌器由搅拌轴、圆盘和搅拌叶构成。搅拌轴的中央装有圆盘可以避免发酵罐内的气泡沿着搅拌轴上升溢出。圆盘上搅拌叶的作用将轴附近的大气泡打碎及翻动发酵液。常用的搅拌器有涡轮式、螺旋桨式、平桨式，以涡轮式使用最广泛。涡轮式搅拌器叶片有平叶式、弯叶式和箭叶式三种，不同的搅拌叶粉碎气泡的能力不同，平叶大于弯叶大于箭叶。但翻动液体能力与上相反。

搅拌轴安装一般由罐顶伸入罐内、中间用钢条固定在发酵罐内壁上，下部固定在发酵罐的底部。但大型发酵罐的搅拌轴通常采用由罐底深入罐内的方式，这样安装方式可使发酵罐重心降低，轴的长度缩短，稳定性提高，噪音减弱了，同时罐顶有更多空间来安装机械消沫装置。下伸轴对轴封要求较高，一般使用双断面轴封。

1.1.3 挡板

在发酵罐内壁安装挡板可以克服搅拌器运转时液体产生的涡流，促使液体激流翻动，增加溶解氧速率。一般 4 ~6 块可满足全挡板条件。全挡板条件是指在一定转速下再增加罐内附件而轴功率保持不变。挡板宽度为发酵罐内径的 1/8 ~1/12，挡板与罐壁保持一定距离，以避免形成死角，防止物料与菌体堆积。挡板与罐壁距离为罐内径的 1/5 ~1/8。发酵罐中除了档板外，还有冷却器、通气管和排料管等装置也可起挡板的作用。如果发酵罐的换热装置是列管或盘管时，并且在足够多的情况下，发酵罐内不安装挡板。

1.1.4 消泡器

大多数发酵过程均产生泡沫，为了将泡沫打碎，在机械搅拌式发酵罐的搅拌轴或另从罐引入的轴(指搅拌轴由罐底伸入时)装消泡器。常用的形式有锯齿式、梳状式和孔板式。装于搅拌轴上，齿面略高于液面。直径以不妨碍旋转为原则。发酵罐顶部有离心式消沫器和碟片式离心消沫器。

1.1.5 连轴器及轴承

小型发酵罐搅拌轴较短，只需一段轴，通过法兰将搅拌轴连接。大型发酵罐搅拌轴较长，常分为 2 ~3 段，用连轴器使上下搅拌轴牢固连接。为了减少震动，中型发酵罐一般在罐内装有底轴承。大型发酵罐除装底轴承外，还有中间轴承，底轴承和中间轴承的水平位置应能够适当调节。轴的连接应垂直，中心线应对正。

1.1.6 变速装置

发酵罐使用的变速装置有三角皮带传动，圆柱或螺旋圆锥齿轮减速装置。也可采用无级变速装置。其中以三角皮带传动较为简单。

1.1.7 通气装置

通气装置是将无菌空气吹入发酵罐中，并使空气均匀分布。通气装置的形式有单孔管和环形多孔管等。单孔管的出口位于下面搅拌器的下边，为了避免培养液中的物质在单孔管口堆积和罐底固形物沉淀，单孔管的管口是朝下，管口对正罐底中央，与管底距离约为 40mm，这样空气分散效果较好。环形多孔管的环直径约为搅拌器直径的 0.8 倍较有效，小孔直径为5~8mm，喷孔口向下，小孔的总面积等于通风管的截面积。通气量小的情况下，气泡的直径与空气喷口直径有关。喷口直径越小，气泡直径越小，氧的传质系数越大。但在需氧发酵过程中，通气量较大，气泡直径与通气量有关而与小孔直径无关。环形多孔管空气分散效果不及单管式分布装置，同时由于喷孔容易被堵塞，已很少使用。

1.1.8 轴封

轴封可使固定的发酵罐与转动的搅拌轴之间能够密封，防止泄露和杂菌污染。常用的轴封有填料函轴封和端面轴封。

填料函轴封由填料箱提、填料底承套、填料压盖和压紧螺栓等零件构成，使旋转轴达到密封的效果。

端面轴封的构件是动环和静环，由两者组成的摩擦轴是密封最重要的元件。密封作用是靠弹性元件(弹簧、波纹管等)的压力使垂直于轴线的动环和静环光滑表面紧密地相互配合，并作相对转动而达到密封的效果。

填料函轴封的优点使结构简单，缺点是死角多，很难彻底灭菌，容易渗漏和染菌；轴的磨损程度较严重；填料压紧后摩擦功率消耗大；寿命短，经常维修。端面轴封优点是清洁；密封可靠；不会泄露和很少泄露；无死角，可防止染菌；摩擦功率损耗小，使用寿命长。轴和轴套不受磨损；对轴的精度和光洁度没有填料轴封要求严格，对轴的震动敏感性小。因此发酵工业生产中大多使用的是端面轴封。

1.1.9 换热装置

换热装置有夹层式换热装置和蛇形管换热装置。夹层式换热装置用于小型发酵罐，种子罐。夹层的高度比静止液面高度高，无须进行冷却面积的设计。夹层式换热装置结构简单，加工容易，罐内无冷却装置，死角少，容易进行清洁灭菌工作。其缺点是传热壁较厚，冷却水流速低，降温效果差。不适宜于大型发酵罐的换热。蛇形管换热装置适于大型发酵罐的换热，蛇形管换热装置是将竖式的蛇管分组安装于发酵罐内，有安装四组、六组或八组等等，依据发酵罐的直径选择蛇管的组数。蛇形管换热装置的优点是冷却水在管内的流速大，传热系数高，降温效果好。

1.2 标准式发酵罐的几何尺寸

标准式发酵罐的尺寸是有一定比例，高径比一般在1.7~4之间，但高位发酵罐的高径比可达10以上。搅拌器直径与发酵罐内径比为1/2~1/3。发酵罐通常安装两组搅拌桨叶，两组搅拌桨叶的间距约为搅拌器直径的3倍。大型发酵罐或发酵液高度较高可安装3组或4组以上的搅拌桨叶。最下面一组搅拌桨叶与风管出口较接近为好，与罐底的距离一般等于搅拌桨叶的直径，不宜小于0.8，否则会影响液体的循环(见图11-6)。

2 其他类型的发酵罐

机械搅拌发酵罐特别适合于放热量大、需氧高的发酵反应。这种发酵罐的优点是：气、液充分混合，提高溶氧系数；操作方便，适应性强，pH值、温度等技术参数易控制。机械搅拌发酵罐缺点是发酵罐结构复杂，不易清洗，容易造成杂菌污染；机械搅拌需要传动装置，动力消耗相应增大；机械搅拌的剪切力对于丝状微生物发酵不利。

目前，发酵工业除了采用通用式发酵罐外，用于好氧微生物发酵的发酵罐还有自吸式发酵罐、高位筛板式发酵罐和空气带升式发酵罐等。

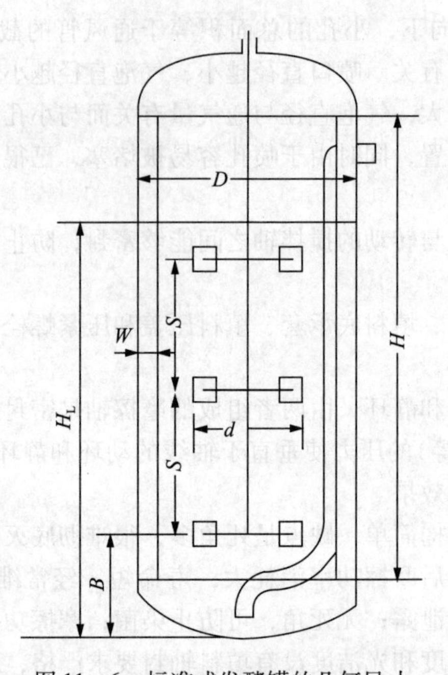

图 11－6　标准式发酵罐的几何尺寸

H—发酵罐筒身高度；D—发酵罐内径；W—挡板的宽度难关；B—下搅拌桨距底部的间距

d—搅拌器直径；S—两搅拌桨的间距；H_L—液位高度

2.1　空气带升环流发酵罐

空气带升环流发酵罐结构简单，冷却面积小，没有机械搅拌传动设置，操作噪声小，而且没有剪切力。适合动植物细胞的培养。不适合高黏度和和含大量固体培养液发酵。

空气带升环流发酵罐根据环流管安装的位置分为内环流式和外环流式两种，如图 11－7所示，在罐外装有上升管。上升管两端与罐底和罐的上部相连，构成循环系统。在上升管的下部装有空气喷嘴，空气喷嘴以 250～300m/s 的速度喷入上升管，借喷嘴的作用将空气泡分割成细泡，与上升管的发酵液密切接触。由于上升管的发酵液轻，加上压缩空气的喷流动

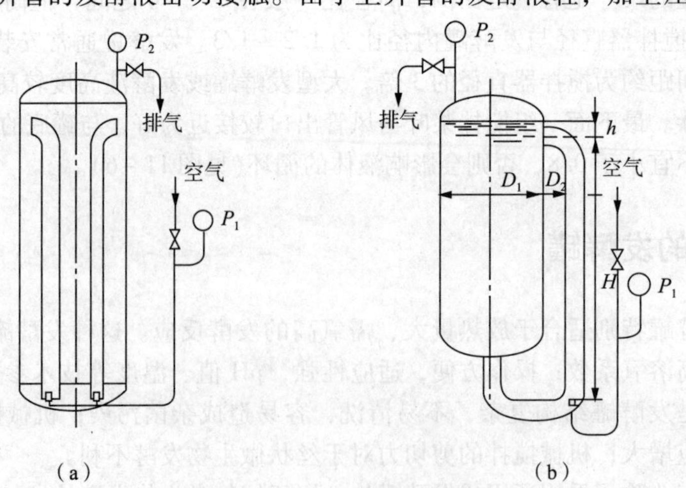

图 11－7　空气带升式环流式发酵罐

(a)内循环带升式发酵罐　(b)外循环带升式发酵罐

能，因此使上升管的液体上升，管内液体下降而进入上升管，形成反复的循环，供给发酵液所消耗的溶解空气量，使发酵正常进行。

2.2 机械搅拌自吸式发酵罐

机械搅拌自吸式发酵罐不需空气压缩机供应压缩空气，而是利用搅拌器旋转时产生的轴吸力吸入空气。搅拌器是带有固定导轮的三棱空心叶轮(见图11－8)，叶轮快速旋转时液体被甩出使叶轮中心形成负压，从而能够将罐外空气吸到罐内。

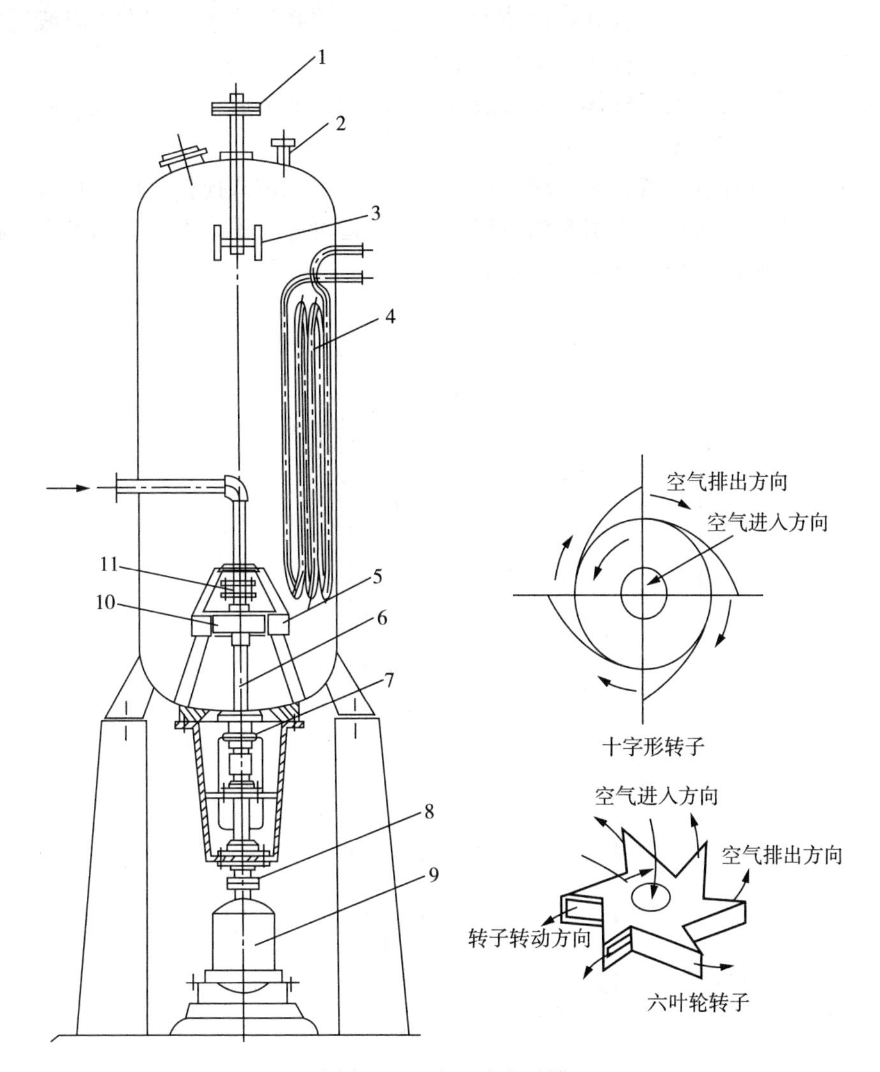

图11－8　自吸式发酵罐

1—皮带轮；2—排气管；3—消沫器；4—冷却排管；5—定子；6—轴；7—双端面轴封；8—联轴节；9—马达；10—自顺转子；11—端面轴封

机械搅拌自吸式发酵罐的优点：节约空气净化系统中的空气压缩机、冷却器、油水分离器、空气储罐、总过滤器等设备，减少厂房占地面积；减少发酵设备投资；设备便于自动化、连续化，降低劳动强度，减少劳动力；设备结构简单，溶氧效率高，操作方便。

机械搅拌自吸式发酵罐缺点：由于罐压低，在某些发酵中易引起染菌；其次搅拌转速高，有可能使菌丝被搅拌器切断，使正常生长受到影响。所以在抗生素发酵上较少采用。但在食醋发酵、酵母培养、生化曝气中采用。

2.3 高位塔式发酵罐

高位塔式发酵罐属于非机械搅拌式发酵罐，适用于多级连续发酵。发酵罐内没有机械搅拌装置，因此省去了轴封装置。而是在罐内装有若干块筛板，压缩空气由罐底导入，经过筛板逐渐上升，气泡在上升过程中带动发酵液同时上升，上升后的发酵液又通过筛板上带有液封作用的降液管下降而形成循环。即是利用通入反应器内的空气上升时的动力来带动发酵液运动，从而达到混合的目的，见图11－9。这种发酵罐内装有多块多孔水平筛板，其上设有降液口，用来阻挡上升的气泡，并可以使发酵液循环。多孔筛板的作用在于阻截气泡，使其聚集形成气层，气体通过多孔板时，又被重新分散为小泡，空气进入培养液中在发酵罐内经过多次聚集与分散，既延长了气体与发酵液的接触时间，又形成了新的气液界面，减少了液膜阻力，提高了氧的利用率。

高位塔式发酵罐优点是省去了机械搅拌装置，避免了机械式搅拌反应器轴封不严密而引起的杂菌污染和因为机械搅拌而引起的剪切力损伤。造价为通用式发酵罐的1/3左右，操作费用也相应降低。因此相应降低了生产成本。

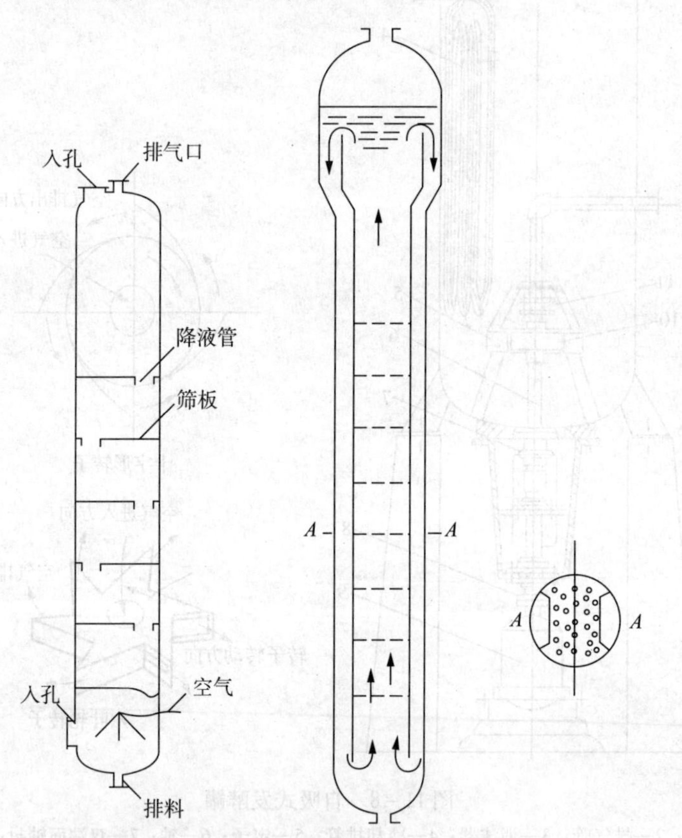

图11－9　高位塔式发酵罐

第4节　发酵罐的放大

发酵罐的放大是把小型设备中进行科学实验所获得的成果在大生产设备中予以再现的手段，它不是等比例放大，而是以相似论的方法进行放大。既比拟放大。

一个生物反应过程的开发，通常是在实验室规模、中试规模优化研究的基础上最后才在大型生产设备中投入生产的。但在不同大小的反应器中进行相同的生物反应时，在发酵罐质量、热量和动量传递上的差别，有可能导致反应速率以及反应时具体过程的差异，从而导致反应的异化。因此，发酵罐的比拟放大是生物化学工业中的一个重要研究课题。

发酵容器比拟放大的基本方法：首先必须找出表征此系统的各种参数，将它们组成几个具有一定物理含义的无因次数，并建立它们间的函数式，然后用实验的方法在试验设备中求得此函数式中所包含的常数和指数，则此关系式在一定条件下便可用作为比似放大的依据。比拟放大是化工过程研究和生产中常用的基本方法之一。发酵罐的类型很多，所适用的体系也各异，因此发酵罐的放大方法是多种多样的。现主要有经验放大法、因次分析法、时间常数法和数学模拟法等等。下面就介绍一些经验放大方法。

经验放大方法是依据对已有发酵罐生物反应器的操作经验所建立起来的一些规律进行放大方法。而就目前的研究现状来看，这些规律的建立多半是定性的，只需要一些简单的定量关系即可放大反应器。下面以几何尺寸放大和空气流量放大为例介绍经验放大方法。

1　几何尺寸放大法

几何尺寸放大法按小的与大的装置各部分几何尺寸比例大致相同放大。但是，为了避免设备直径过大，大设备的高径比往往大一些。如果放大倍数为 m，则

$$m=\frac{V_2}{V_1}$$

式中　m——发酵罐放大倍数；

V_1——实验罐的体积；

V_2——生产罐的体积。

几何尺寸放大法是几何相似，因而有

$$\frac{H_1}{D_1}=\frac{H_2}{D_2}=A$$

式中　A——发酵罐高径比；

H_1——实验罐的高度；

H_2——生产罐的高度；

D_1——实验罐的直径；

D_2——生产罐的直径。

$$\frac{V_2}{V_1}=\frac{\frac{\pi}{4}D_2^2H_2}{\frac{\pi}{4}D_1^2H_1}=\frac{\frac{\pi}{4}D_2^2D_2A}{\frac{\pi}{4}D_1^2D_1A}=\left(\frac{D_2}{D_1}\right)^3=m$$

$$\frac{D_2}{D_1}=m^{1/3}\qquad\qquad\frac{H_2}{H_1}=m^{1/3}$$

2　空气流量放大

表示空气流量方法一般有两种：一是用流量体积比表示（VVM），即单位体积培养液 V_L

在单位时间内通入的空气量 Q_0。用公式表示为

$$VVM=\frac{Q_0}{V_L}$$

式中　VVM——流量体积比，$m^3/(m^3.min)$。

另一种是以空气直线速度表示(ϖ_g)，ϖ_g单位是 m/h。两种表示方法的换算关系为

$$\varpi_g=\frac{Q_0(60)(273+T)(9.81\times10^4)}{\frac{\pi}{4}D^2(273)p}=\frac{27465.6Q_0(273+T)}{PD^2}$$

$$=\frac{27465.6(VVM)(V_L)(273+T)}{PD^2}(m/h)$$

$$Q_0=\frac{\varpi_g PD^2}{27465.6(273+T)}(m^3/min)$$

$$VVM=\frac{\varpi_g PD^2}{27465.6(273+T)V_L}[m^3/(m^3\cdot min)]$$

上面各式中　D——发酵罐直径，m；

T——发酵罐内温度；

V_L——发酵液体积，m^3；

P——液柱平均绝对压力。

空气流量放大方法有三种：①以单位培养液体积中空气流量相同的原则放大，即 VVM 不变的放大；②以空气直线流速相同的原则放大，即ϖ_g一定的放大；③以 K_{La}值相等的原则放大。

下面介绍这三种放大方法和结果：

(1)以单位培养液体积中空气流量相同的原则放大。

采用此法放大时，$(VVM)_1=(VVM)_2$　根据上式得

$$\varpi_g\propto\frac{(VVM)V_L}{PD^2}\propto\frac{(VVM)D}{P}$$

因此：

$$\frac{(\varpi_g)_2}{(\varpi_g)_1}=\frac{D_2}{D_1}=\frac{P_1}{P_2}$$

结合几何相似原则，当已知 D_1、P_1 时，根据上式求 D_2、P_2 以及其他关联参数。

(2)以空气直线流速相同的原则放大。

以空气直线流速相同的原则放大时，$(\varpi_g)_1=(\varpi_g)_2$

因为　$$\frac{(\varpi_g)_2}{(\varpi_g)_1}=\frac{(VVM)_2}{(VVM)_1}\times\frac{P_1D_1^2}{P_2D_2^2}\times\frac{(V_L)_2}{(V_L)_1}=1$$

所以　$$\frac{(VVM)_2}{(VVM)_1}=\frac{P_2}{P_1}\times\frac{D_2^2}{D_1^2}\times\frac{(V_L)_1}{(V_L)_2}=\frac{P_2}{P_1}\times\frac{D_1}{D_2}$$

结合几何相似原则，当已知 D_1、P_1 时，根据上式求 D_2、P_2 以及其他关联参数。

(3)以 K_{La}值相等的原则放大。

有的菌种在深层发酵时耗氧速率很快，因此溶氧速率能否与之平衡就可能成为生产的限制性因素。对于这类发酵一般是以 K_{La} 值相等的原则放大。耗氧速率可以用实验法测定。在小型试验发酵罐里进行发酵过程，用适当的仪器记录发酵液中的溶氧浓度。按等 K_{La} 值相等

原则，就可以放大成生产型的发酵设备。根据资料报道，$K_{La} \propto [\frac{Q_G}{V_L}] \cdot H_L^{2/3}$，其中 Q_G 为操作状况下的通气量(m^3/min)；V_L 为发酵液体积(m^3)。所以，按 K_{La}放大时

$$\frac{(K_{La})_2}{(K_{La})_1} = \frac{(Q_G/V_L)_2(H_L)_2^{2/3}}{(Q_g/V_L)_1(H_L)_1^{2/3}} = 1$$

$$\frac{(Q_G/V_L)_2}{(Q_G/V_L)_1} = \frac{(H_L)_1^{2/3}}{(H_L)_2^{2/3}}$$

因为 $Q_G \propto \varpi_g D^2 \qquad V \propto D^2$，故有

$$\frac{(\varpi_g)_2}{(\varpi_g)_1} = (\frac{D_2}{D_1})^{1/3}$$

又因 $\varpi_g \propto (VVM)V_L/(PD^2) \propto (VVM)D/P$，则有

$$\frac{(VVM)_2}{(VVM)_1} = (\frac{D_1}{D_2})^{2/3} \times (\frac{P_2}{P_1})$$

发酵工程中所用的比拟放大方法有：等 ND，等 Pg/V，相似的混合时间等。

发酵过程是一个复杂的生物化学过程，影响这个过程有物理、化学、生物等方面的参数。有些虽然已经被认识了，但目前还不能准确快速地测量，有些则尚未被认识。现在只研究了少数参数对此过程的关系，而假定其它参数是不变的，实际上不可能都是不变的。因此发酵生产过程设备比似放大理论与技术的完善，有赖于对发酵过程的本质的深入了解。

由此可以看出，比拟放大虽然必须以理性知识为基础，但也离不开丰富的实际运转经验，特别是对于非牛顿流体发酵系统尤其如此。直到最近，比拟放大的现状仍然如此。

作业与思考

1. 发酵罐有哪些类型，其特点各是什么？
2. 机械搅拌发酵罐的部件有哪些，其各自的作用是什么？

第12章　发酵产品的制备

微生物发酵得到的是菌体和发酵液混为一体的混合物，要想从此混合物中得到人类需要的发酵产物，需要分离和纯化等相应的操作步骤。把从微生物发酵液或微生物菌体细胞中获得的生物原料，经过分离、提取、纯化和精制而获得发酵产品的技术称为微生物发酵技术的下游技术。而将菌种的选育和发酵生产称为上游技术。微生物发酵的下游技术是生物工程的一个重要环节，与产品的质量优劣、成本高低及市场竞争力有直接关系。是实验成果转化为生产力的必经途径。目前，在产品的成本构成中，下游部分占总成本的40%～90%，甚至更高。下游技术的优化和改进成为微生物发酵技术发展的重要环节。对于提高微生物发酵技术产品在国际经济市场的竞争力是非常重要的。

第1节　发酵下游技术

1　微生物发酵下游技术的特点

微生物发酵液的性质和产品的性质决定了下游技术不同于其他化学产品的分离技术。微生物发酵液是复杂的多相体系，分散在其中的固体和胶体物质具有可压缩性，其密度又和液体相近，加上发酵液黏度大，是属于非牛顿性液体。微生物的产品是生物大分子或生物小分子产品，其对热、酸、碱、有机溶剂、酶以及机械剪切力等是十分敏感的。这些因素决定了微生物发酵技术下游技术的特殊性，其主要特点为：

(1)耗能高。发酵液中产品的浓度往往很低，而杂质含量较高，尤其是利用基因工程方法生产的蛋白质，常伴有大量性质相近的杂蛋白。从低浓度发酵液中分离产品，需要消耗较多的能量；

(2)多单元操作。含目标产物的发酵液组成复杂，除产物外，还存在和目标产物分子结构、构成成分和性质非常相似的异构体，这种杂类物质的分离需经多种单元操作才能达到纯化产品的目的；

(3)收率低。由于目的产物起始浓度低，杂质多，且对发酵产品的纯度要求高，需要多步操作，结果使产品的收率下降；

(4)易失活。发酵产品是生物活性物质，对热、酸、碱、有机溶剂、酶以及机械剪切力等十分敏感，易失活；

(5)不稳定。微生物培养过程中，由于生物变异性大，各批发酵液中有效产物浓度，发酵液成分，以及发酵染菌程度等不尽相同，这就要求下游技术做出相应的调整；

(6)费用高。象啤酒、发酵饮料等发酵混合产品，其下游加工过程所占成本一般为10%左右。小分子产品：乙醇、有机酸、氨基酸、抗生素、维生素等这类产品的分离精制部分的投资占总投资的60%左右。而基因工程产品的分离纯化占整个生产费用的80%～90%。从这些数据可知下游加工过程的代价是昂贵的。

2 发酵下游技术的一般过程

微生物发酵下游加工过程由多种化工单元操作组成。由于所需的微生物代谢产品不同，如有的发酵是为了获得菌体，有的是胞内产物，而有的是胞外产物。因此分离纯化的单元操作组合不一样。但大多数微生物产品的下游加工过程一般操作流程可分为四部分，即发酵液的预处理和过滤、初步提取、高度纯化(精制)和成品加工，见图 12－1，

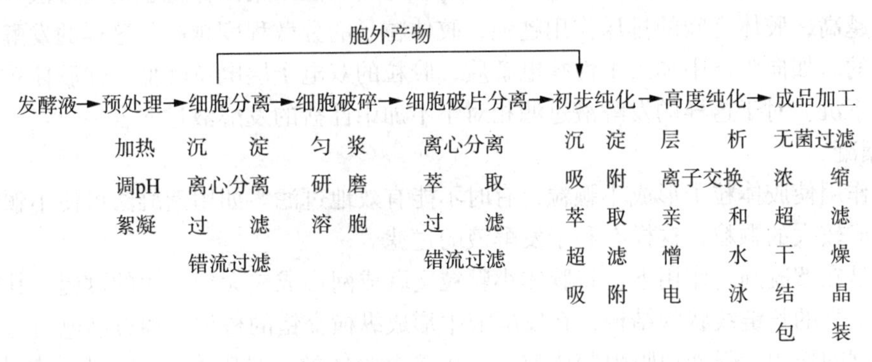

图 12－1 发酵产品下游后加工过程的工艺流程和操作步骤

发酵液的预处理和过滤的目的是使发酵液的固—液分离，对于黏度较大的发酵液，如直接采用过滤技术，过滤过程耗时长，且过滤收率低。因此，常常通过凝聚和絮凝等预处理方法改善发酵液的物理性质，提高过滤效果。为了减少过滤介质的阻力，常使用错流过滤技术。如果所需产物是胞内产物，则需先进行细胞破碎，再通过过滤技术分离细胞碎片，使细胞固相和液相分离。

初步提取是将和目标产物性质差异大的杂质除去，去除的方法有沉淀、蒸馏、萃取和超滤等技术。根据产品的类型，可以单独使用这些方法，也可以多种技术联合使用。通过初步提取可以使产物浓缩，并提高了产品的纯度。

高度纯化是对初步提取的产物进行精制，此步操作是除去和发酵产物性质相近的杂质。采用的方法有层析法、电泳法、离子交换方法等。这些方法对目标产物有高度选择性，通过这些技术处理后，得到的产物的纯度较高。对于一些产品，如工业用酶产品，则不需经过高度纯化步骤。

成品加工是获得质量合格产品的最终步骤，加工方法有浓缩、结晶、干燥等等方法。

有关微生物发酵技术下游加工技术内容很多，本书在下面仅介绍典型单元操作的原理和方法。

第 2 节 发酵液的预处理和过滤

1 发酵液的预处理

发酵液的预处理的目的是通过一些物理和化学的方法改变发酵液的物理性质，加快悬浮

液中固形物沉降的速度，在有限的时间内尽可能使产物转入所需的相中，使不需要的产物转入另一相中而除去。常用的发酵液预处理方法有凝聚和絮凝、加热、调酸碱度、加入试剂等方法。

1.1 凝聚和絮凝

1.1.1 凝聚

凝聚是在含有胶体的发酵液中加入中性盐降低胶体粒子之间的双电子层电位，而使该胶体粒子相互碰撞而聚集的现象。发酵液中的细胞、蛋白质或菌体由于自身的电离和吸附作用，其表面带有双电子层，这种双电子层使胶粒之间不能聚集而保持稳定的分散状态。双电子层电位越高，胶体之间的排斥作用越强，胶体粒子的分散程度越高，这样的发酵液过滤是非常困难的。如向胶体中加入中性盐电解质，胶粒的双电子层电位降低，使胶体粒子之间相互聚集而下沉。对于这样的发酵液过滤相对于不加中性盐的发酵液过滤容易。

1.1.2 絮凝

凝聚作用使胶体粒子形成小颗粒，有时不能有效地过滤。如用絮凝法可使小颗粒之间相互连接形成较大的颗粒，这样有利于发酵液的过滤。

絮凝是在絮凝剂的作用下，将胶体小颗粒交联成网形成较大絮凝团的过程。其中的絮凝剂是分子量高的长链线状的结构，在发酵液中形成纵横交错的桥梁，通过静电引力、范德华引力或氢键的作用，强烈地吸附胶体粒子，将多个胶体粒子吸附在一起，形成较大的絮团。工业常用的絮凝剂有天然的聚糖类胶黏物、海藻酸钠、明胶和壳多糖，也有化学合成的聚合铝盐和聚合铁盐等等。絮凝剂的选择根据发酵液中胶体粒子所带的电性和成本方面。如胶体粒子带负电荷，用阳离子絮凝剂絮凝效果较高。

1.2 加热法

加热可升高发酵液的温度，有效降低发酵液的黏度，使过滤速率提高。但加热要适当，若加热温度过高，细胞溶解，胞内物质外溢，增加发酵液的复杂性，影响其后产物的分离；另外，发酵温度过高，使目的产物受热破坏。

1.3 调节发酵液的 pH 值

发酵液的 pH 值直接影响发酵液中物质的电离度和电荷性质。当 pH 值和发酵液中的两性物质的等电点相同时，此物质的溶解度最低，利用此性质可以分离和去除两性物质。此外，细胞、细胞碎片及某些胶体物质在某一 pH 值条件下，可能趋于絮凝状态，有利于过滤。反之也可以使 pH 值偏离两性物质的等电点，而使之转入液相中，减少膜过滤的阻力和污染。

1.4 加入反应剂

在发酵液中加入与发酵液某些杂质形成不溶性沉淀的反应剂，消除杂质对过滤的影响，而提高过滤效率。如加入三聚磷酸钠，可去除镁离子；加入黄血盐，和三价铁离子作用形成普鲁士沉淀等等。

1.5 添加助滤剂

在发酵液中加入能够吸附发酵液中大量细微胶体粒子而不吸附目标产物的助滤剂，使难于过滤的发酵液容易过滤。助滤剂是具有吸附作用的细粉和纤维，如珍珠岩、活性碳、石棉粉、硅藻土、纤维素、纸浆和白土等等是发酵工业常用的助滤剂。根据过滤介质选择助滤剂的类型。若使用粗目滤网介质时，可选择石棉粉、纤维素或二者的混合物；采用细目过滤滤布时，可选用细硅藻土。

助滤剂用法一般有两种方法，一种是在过滤介质表面预涂助滤剂，另一种方法是直接加入发酵液中；也可以两种方法同时兼用。使用第一种方法时，助滤剂预涂层的厚度不小于2mm；对于第二种方法使用时需要在发酵罐中带搅拌器的混合槽，充分搅拌混合均匀，避免分层沉淀。

2 发酵液的过滤

过滤是分离发酵液中的细胞和不可溶物质的主要方法之一，其技术原理是悬浮液通过过滤介质时，固态颗粒与溶液分离。过滤是微生物下游工程中的一项重要技术，发酵液的单元操作常用过滤技术。过滤效果的高低直接影响下游后期的提取和纯化等操作，微生物工业生产中要求过滤后的滤液透明澄清，否则会增加后处理的困难，影响产品的质量和降低目的产物的收率。

2.1 过滤的方法

根据过滤机制的不同，过滤操作可分为澄清过滤和滤饼过滤两种。

澄清过滤是以硅躁土、砂、活性碳、玻璃珠、烧结陶瓷、烧结金属等作为过滤介质，当悬浮液通过过滤介质时，固体颗粒被阻拦或吸附在滤层的颗粒上，使滤液得以澄清。在澄清过滤中，过滤介质起着主要的过滤作用。此种方法适合于固体含量少于0.1g/100mL、颗粒直径在5～100μm的悬浮液过滤分离，如麦芽汁、酒类和饮料等的澄清。

滤饼过滤的过滤介质为滤布，作为滤布的材料有金属织布、毡布、石棉板、玻璃纤维纸、天然和合成纤维等等。当悬浮液通过滤布时，固体颗粒被滤布所阻拦而逐渐形成滤饼(或称滤渣)。当滤饼达到一定厚度时起过滤作用，过滤后得到澄清的滤液，这种方法叫做滤饼过滤或滤渣过滤。在这种过滤中，悬浮液本身形成的滤饼起着主要的过滤作用。滤饼过滤一般使用于固体含量大于0.1g/100mL的悬浮液的过滤。

滤饼过滤的滤液流动方向和滤饼垂直，当采用这种过滤方法过滤细菌、细胞碎片和蛋白质等悬浮液时，由于固体颗粒细微，可压缩性大，所形成的滤饼阻力也大，随着过滤的进行，过滤速度降低，此时，如通过增加压力的方法试图提高过滤速度，反而因为压力的增加会使形成的滤饼进一步压缩，过滤阻力也进一步增加。为了提高过滤速率，有效的方法是设法阻止滤饼的加厚，错流过滤可以阻止滤饼的加厚。

错流过滤又叫切向流过滤、交叉过滤或十字流过滤，是一项恒压高速过滤技术。此技术特点是使悬浮液在过滤介质表面作切向流动，利用流动的剪切力作用将过滤介质表面的滤饼固体移走。当移开固体的速率与固体沉积的速率相等时，过滤速率近似恒定。错流过滤广泛用于膜过滤中。

2.2 影响过滤的因素及提高过滤效果的方法

发酵液的过滤速度与发酵液中菌种、培养基组成、发酵时间未被利用培养基成分的浓度等均会影响过滤速率。

发酵菌种如为真菌，由于真菌菌丝粗大，过滤容易。若菌种为细菌，由于其个体较小，过滤较困难，得不到澄清的滤液。通过过滤前的预处理，如絮凝等方法可以改善过滤的效果。

当培养基中存在大量未被利用不溶性多糖，发酵后期菌体细胞破碎或自溶后，胞内释放的蛋白质、核酸、酶等都会增加发酵液黏度，造成过滤困难。通常在发酵液中加入酶和酸来提高过滤速度。酶可以将难溶的大分子转化为可溶性的小分子，从而降低发酵液的黏度；酸处理不仅可以去除发酵液中的钙、镁等离子，还通过生成的盐促使蛋白质凝固，从而提高过滤质量。

此外，发酵液中染有杂菌会堵塞过滤介质的空隙影响过滤，如果污染的杂菌是霉菌和放线菌，对过滤影响较小；如果污染的杂菌为细菌，则过滤困难。遇到此情况，可以通过升高发酵液的温度、添加助滤剂的方法缓减杂细菌给过滤造成的影响。

3 细胞的破碎

微生物的代谢产物有胞内产物和胞外产物，大多数小分子代谢产物属于胞外产物，这类产物的下游加工可直接采用过滤和离心方法进行固—液分离，将滤液再进一步纯化。而大多数酶蛋白、类脂、部分抗生素及许多基因工程产品均是胞内产物，在从发酵液中提取这些物质时，必须先将细胞破碎，使细胞内产物释放出来，在经固—液分离步骤得到澄清滤液后再纯化。

细胞破碎的方法很多，根据外加作用力的方式可分为机械法和非机械法两种类型。

3.1 机械法

机械法是外加作用力使细胞受到高压产生的剪切力，高速玻璃球的碰撞力和摩擦力或超声波的冲击波压力的作用，导致细胞破碎的方法。由于机械破碎法处理量大，细胞破碎速度快，广泛地用于实验室和工业生产。但是使用机械法时，由于消耗机械能而产生大量的热量，所以应采取冷却措施，防止对温度敏感的生物物质的破坏。常用的机械法有研磨法、高压匀浆法和超声波法。

3.1.1 珠磨法

珠磨法是属于研磨法，如图 12－2 所示，发酵液进入高速珠磨机后与极细的研磨剂在搅拌浆作用下快速搅拌和研磨，珠子之间以及珠子和细胞之间的互相剪切、碰撞，使细胞壁破碎。在珠液分离器的作用下，将珠子留在破碎室内，而液体流出从而实现连续操作。操作过程中产生的热量由夹套中冷却液带走。

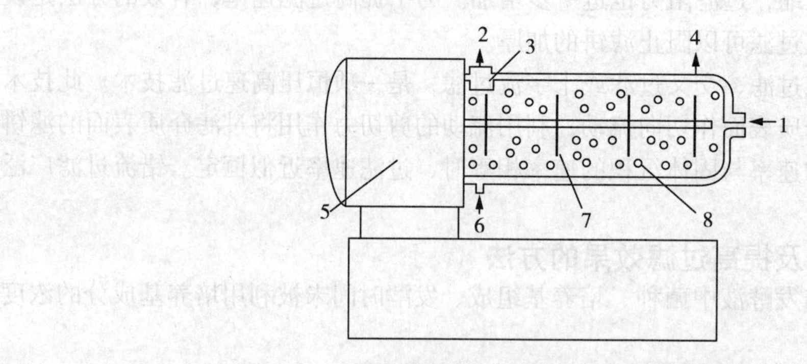

图 12－2 高速珠磨机结构示意图

1—细胞悬浮液；2—细胞匀浆液；3—珠液分离器；4—冷却液出口；5—搅拌电机；6—冷却液出口；7—搅拌浆；8—玻璃珠

小规模的细胞破碎设备有高速组织捣碎机和匀浆器；中试规模的细胞破碎设备有胶体磨处理；大规模工业化生产使用高速珠磨机。

3.1.2 高压匀浆法

高压匀浆法是利用高压使细胞悬液通过阀室与阀杆之间的环隙高速喷出，撞到静止的碰撞环上，由于突然减压和高速撞击作用使细胞破碎，如图 12-3 所示。高压匀浆法相对于珠磨法操作参数少，易确定，更适合于大规模生产操作。但是高压匀浆法需要配备换热器进行间接冷却；高压匀浆法一次操作破碎效果不高，需要循环多次操作；对于丝状真菌和基因工程菌的破碎最好采用珠磨法。

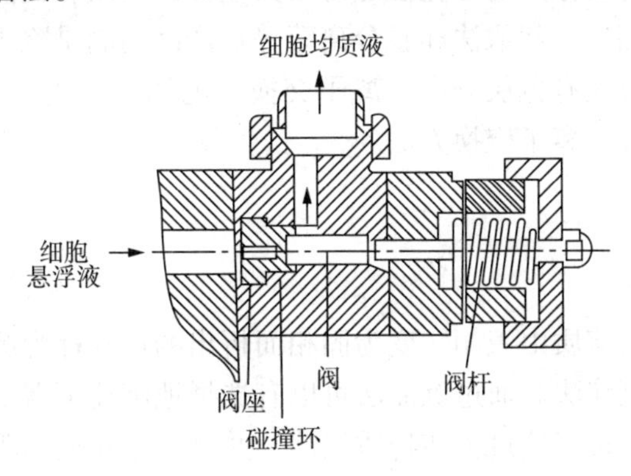

图 12-3　高压均质器结构简图

3.1.3 超声波法

超声波法是利用超声波的空穴作用，由于产生的空穴泡又受到超声波的迅速冲击而闭合，从而产生一个极为强烈的冲击波压力，由此引起的黏滞性旋涡在介质中的悬浮细胞上造成了剪切应力，使细胞内液体流动，造成细胞破碎。采用超声波操作时易引起温度的剧烈上升，因此应在悬浮液中投入冰块或在夹层中通入冷却水进行降温。

3.2 非机械法

非机械法破碎细胞的方法有酶解法、渗透压冲击法、化学渗透法及反复冻融法等。

3.2.1 酶解法

酶解法利用酶反应将细胞的细胞壁和细胞膜成分分解，达到使细胞破碎的目的。由于不同菌体细胞壁成分不同，选用的破壁酶也不一样。革兰氏阳性菌用溶菌酶或类似的酶溶解，而革兰氏阴性菌则需一定处理后才能用溶菌酶溶解。酵母菌的细胞壁和细菌不一样，不能用溶菌酶破壁，常常用蜗牛酶溶解。酶解法优点是专一性强，酶反应条件温和，缺点是酶解法的费用较高，一般只适用小批量的细胞破壁。

3.2.2 渗透压冲击法

渗透压冲击法是先将细胞放入高渗透压的介质中，如高浓度的甘油或蔗糖溶液，细胞在这样的溶液中失水，细胞收缩，当细胞内外渗透压达到平衡后，突然使此细胞处于低渗透压溶液中，由于渗透压的突变，细胞迅速膨胀，使细胞破碎。此法适用于细胞壁比较脆弱的细胞的破壁。

3.2.3 化学渗透法

有些化学试剂，如有机溶剂、表面活性剂、变性剂及螯合剂等能够改变细胞壁的通透性，从而使细胞内的物质有选择性的释放出来，所以这种处理方法称为化学渗透法。化学渗透法释放细胞内容物有一定的选择性，且细胞外形保持完整。但化学渗透法释放率低，某些化学试剂对生物活性物质有毒。

另外反复冻融法、干燥法等等也用于细胞破碎。

第3节 发酵产品的提取与精制

发酵液预处理和固－液分离后得到混有目的产物的混和物，经过提取和精制后方可得到目的产物。提取是除去与目标产物理化性能有很大差异的物质，提高产物的浓度和纯度。常用的方法有沉淀法、蒸馏法、萃取法和膜分离等等。产品精制是除去与产物物理化学性质相近的杂质。典型的分离方法有色层分离、离子交换、电泳等方法。下边介绍常用的沉淀法、蒸馏法、萃取法、膜分离、离子交换方法。

1 沉淀法

沉淀法是将溶液中的溶质由液相转变为固相而析出的过程称为沉淀。发酵液中目标产品的提取和纯化通常利用沉淀法。通过沉淀法可以有选择地沉淀不需要的成分，也可以有选择地沉淀所需要的成分。通过沉淀过程使物质沉淀，并且固相和液相明显分开，根据需要去除沉淀留液相，或去除液相而留沉淀。沉淀法具有设备简单、成本低、原材料易得等优点，广泛用于蛋白质、多糖等生物大分子物质及氨基酸、抗生素、柠檬酸和酶制剂等产品的提取。其缺点是过滤困难，产品质量较低，需要进一步的纯化。

沉淀法有盐析法、有机溶剂沉淀法、等电点沉淀法、非离子多聚体沉淀法、生成盐复合物沉淀法、热变性及酸碱变性沉淀法等等。常用的沉淀法是盐析法和有机溶剂沉淀法。

1.1 盐析法

盐析法利用被分离物质成分与其他物质成分之间对盐敏感程度不同而达到沉淀分离目的。此法一般应用于蛋白质和酶蛋白的分离提取。

1.1.1 盐析法原理

蛋白质溶液和酶溶液在一定条件下是稳定的胶体溶液，其稳定性是由两个因素决定的，一是由于在同一溶液中，蛋白质分子表面带有电荷而产生相互排斥的现象，另一是由于蛋白质分子外表一层水化层是分子体积增大，减少了互相碰撞的机会。当在蛋白质溶液中加入低浓度的中性盐时，盐类离子与水分子对蛋白质分子上的极性基团产生影响，使蛋白质在水中溶解度增大。当盐浓度增高到一定程度时，盐类离子则可中和蛋白质分子表面的大量电荷，破坏蛋白质表面的水化膜，水的活度降低，使蛋白质分子相互聚集而发生沉淀。

1.1.2 盐析过程中应注意的问题

(1)蛋白质浓度。相同条件下的盐析，蛋白质浓度高容易发生沉淀，使用盐的饱和度极限也降低，对沉淀有利。如果蛋白质浓度过高，不同分子之间的相互作用力增强，易发生蛋白质共沉作用，得不到分离纯化的目的。一般控制样品液中蛋白质浓度在0.2% ~2%为宜。

(2)盐的饱和度。不同的蛋白质盐析时要求的盐的饱和度不同，在分离混合蛋白质溶液时，中性盐的饱和度从稀到浓逐渐增加，每当出现一种蛋白质后，一般放置半小时到一小时，待完全沉淀后再进行离心或过滤。然后再继续加入饱和液，增加盐的饱和度，使第二种蛋白质沉淀，再进行分离，以此类推。

(3)溶液的pH值。当蛋白质溶液的pH值等于蛋白质的等电点时，蛋白质溶解度最小，盐析时pH值常选择在被分离蛋白质等电点附近。

(4)盐析温度。由于盐溶液对蛋白质有一定保护作用，所以盐析操作可以在室温下进行，而对于热敏感的酶则应在低温条件下操作。

(5)盐析后的脱盐。通过盐析得到的蛋白质沉淀中含有盐，需要进行脱盐处理，才能得到纯品。常用的脱盐方法有透析法、电透析和凝胶层析等方法。这些方法的原理和操作方法参阅生物下游工程。

1.2 有机溶剂沉淀法

有机溶剂可以使溶于水的小分子生化物质和大分子生化物质的溶解度降低，而沉淀析出的分离纯化方法称为有机溶剂沉淀法。

1.2.1 有机溶剂沉淀法的原理

有机溶剂的介电常数小，当在溶液中加入有机溶剂时，可以降低溶液的介电常数，导致溶剂的极性减少，使溶质分子之间的静电引力增加，聚集形成沉淀。另外有机溶剂与水的作用，能破坏蛋白质的水化膜，使蛋白质在一定的有机溶剂中沉淀析出。

有机溶剂沉淀法比盐析法的分辨率高，其沉淀不用脱盐处理，过滤也比较容易。但有机溶剂沉淀法易使某些生物大分子变性失活，因此要求有机溶剂沉淀法在低温下进行。

1.2.2 有机溶剂沉淀法的影响因素和注意事项

(1)温度。有机溶剂沉淀法易使某些生物大分子变性失活，因此有机溶剂沉淀过程中对温度要特别注意，操作时加入冷却至低温的有机溶剂，边加边搅拌，以免局部浓度过高。沉淀过程也必须在冰浴中进行，这样对提高沉淀效果也有利。

(2)样品浓度。如果预沉淀蛋白质，蛋白质样品浓度越低，使用的有机溶剂量大，共沉作用小，利于提高分离效果。但是具有生理活性的样品，易产生稀释变性。高浓度样品可以节省有机溶剂用量，减少变性危险，但共沉作用大，分离效果差。适宜样品浓度为5～20mg/mL。

(3)pH值。当蛋白质溶液的pH值等于蛋白质的等电点时，蛋白质溶解度最小，有机溶剂沉淀时pH值常选择在被分离蛋白质等电点附近。

(4)离子强度。有机溶剂沉淀时添加0.05mol/L中性盐，可提高分离效果。因为低浓度的中性盐能增加蛋白质的溶解度，减少变性。若中性盐浓度过高导致沉淀不好。

有机溶剂沉淀的蛋白质如果不能立即溶解进行第二步分离，则应立即用水或缓冲溶液溶解，降低有机溶剂浓度，以免影响样品的生物活性。

2 蒸馏

蒸馏分离是依据混合物中各组分的液体具有不同的挥发度，而将液—固、液—液混合物分离成较纯或接近于纯态组分的技术。操作时，将混合液加热沸腾，其中部分液体汽化，把所汽化的蒸汽冷凝，易挥发组分在冷凝液中的含量较原液增加。对冷凝液再加热沸腾，再冷凝，如此重复操作，最后可将混合物中的组分以几乎纯态的形式分离出来。蒸馏技术主要用于白酒、酒精、甘油、丙酮、丁醇等发酵产品的提取和精制。

3 离子交换技术

离子交换技术是利用离子交换剂中各种离子结合了(静电引力)的差异而使各组分分离

的方法。在微生物工业中，离子交换技术广泛用于抗生素、氨基酸、多肽、有机酸等提取与精制。离子交换技术具有设备简单、工艺操作方便、提取效率较高，成本低等优点，但是离子交换技术的操作时间长，生产过程中废液较多，加重了废液处理的成本。

3.1 离子交换技术的基本原理和分类

离子交换技术的离子交换剂是离子交换树脂，离子交换树脂是一种不溶于酸、碱和有机溶剂的高分子聚合物。其分子可以分成两部分，一部分是不能移动、稳定的多价高分子基团，构成树脂的骨架，起着支持树脂网络骨架的作用。另一部分为移动的离子，称为活离子，起着与外界离子交换或吸附的作用。这两部分连成一体，不能自由移动，但活性离子可以在网络骨架和溶液间自由迁移。当树脂浸在水溶液中时，骨架上的活性离子在水溶液中发生离解，可以在较大的范围内自由移动，扩散到溶液中，同时溶液中的同性离子，也能从溶液中扩散到骨架的网格或孔内。当两种离子浓度差较大时，产生交换的推动力，使它们之间产生交换作用，浓度差越大，交换速度越快，处于动态交换过程。

离子交换树脂中可交换的活性基团决定该树脂的主要性能。树脂按照活性离子分类。活性离子是阳离子，此离子交换树脂能和溶液中的其他阳离子交换，把含有阳性活性离子的树脂称为阳离子交换树脂。含有阴离子活性离子的树脂称为阴离子交换树脂。阳离子交换树脂的功能基团是酸性，而阴离子交换树脂的功能基团是碱性。功能团的电离程度决定树脂的酸性或碱性的强弱，根据功能团酸碱性的强弱把离子交换树脂分为强酸性阳离子交换树脂、弱酸性阳离子交换树脂、强碱性阴离子交换树脂和弱碱性阴离子交换树脂。

3.1.1 强酸性阳离子交换树脂

强酸性阳离子交换树含有强酸性功能团，如 $-SO_3H$、$-PO(OH)_2$、$-PH\ O(OH)$ 等酸性和中等强度的酸性基团，由于这些基团的离解能力很强，其解离程度不随外界溶液中 pH 值的大小变化，因此使用时 pH 值没有限制。

3.1.2 弱酸性阳离子交换树脂

含有弱酸性酸性基团的阳离子交换树脂叫弱酸性阳离子交换树脂。此树脂的基团为 $-COOH$、$-OH$ 等，其离解能力和交换能力和溶液的 pH 值有很大的关系。在溶液 pH 较低时，几乎不会发生离子交换作用，只有在碱性、中性或微酸性溶液中才能进行离解和离子交换。对于 $-COOH$ 应在 $pH>6$ 的溶液中进行，$-OH$ 应在 $pH>9$ 的溶液中操作。

3.1.3 强碱性阴离子交换树脂

强碱性阴离子交换树脂含有季胺基（$-NR_3OH$）等强碱性基团，能在水中离解出 OH^- 而呈碱性。由于其离解性能强，使用时不受溶液 pH 值限制。

3.1.4 弱碱性阴离子交换树脂

弱碱性阴离子交换树脂含有—NH_2、—NHR、—NR_2 等弱碱性基团，能在水中离解出 OH^- 而呈弱碱性。弱碱性阴离子交换树脂离解能力较弱，只能在较低 pH 值下进行离子交换操作。

3.2 离子交换树脂的选择和操作时的注意事项

3.2.1 离子交换树脂

根据发酵中预分离产物的性质选择离子交换树脂。若产物是强酸性物质应选用弱碱性阴离子交换树脂，强碱性离子交换树脂也能够吸附强酸性物质，但从树脂上洗脱下酸性产物较困难。弱酸性产物则应选择强碱性阴离子交换树脂，用弱碱性阴离子交换树脂不易吸附。反之，强碱性产物选择弱酸性阳离子交换树脂，弱碱性物质则应采用强酸性阳离子交换树脂。

树脂的交联程度影响其对产物的吸附，大分子的产物选择交联度低一些的树脂；小分子产物则选择高交联度的树脂。如果交联度太小，会影响树脂的选择性，并且交联度小的树脂，其机械强度也较低，容易破碎，造成树脂的破碎流失。树脂交联度选择的原则是在不影响交换容量的前提下，尽可能选择高交联度的树脂。

3.2.2　操作时的注意事项

离子交换树脂使用时注意环境溶液的 pH 值。pH 值既影响被交换吸附产物的稳定性；也影响被吸附产物的离子化；并且 pH 值也影响树脂的离子化。合适的 pH 值应从这三方面考虑。

使用树脂前，树脂处理成一定的型式，对于弱酸性和弱碱性树脂，为了使其能够离子化，采用钠型或氯型；强酸性和强碱性树脂可以采用任何型，但是，如果产物在酸性或碱性条件下容易破坏，不易采用氢型或羟型。

发酵液中产物的浓度对交换有影响，例如，当产物分子是低价离子时，增加浓度有利于交换上柱；产物为高价离子则应在较低浓度下易吸附。同时，也考虑产物溶液中的其他竞争性离子的影响。

吸附于树脂上的产物经洗脱过程后能得到纯产物，洗脱条件与吸附上柱条件相反。若交换环境为碱性，采用酸性条件洗脱。为了使洗脱过程中 pH 值不致于变化太大，采用缓冲溶液洗脱。若产物在碱性条件下容易破坏，可以采用氨水等较缓和的碱性洗脱剂。洗脱时应增加竞争性离子的浓度。

离子交换树脂使用一段时间后，需要再生处理后再使用，再生的目的使官能团回复原来状态。强酸性阳离子交换树脂用强酸（HCl）进行再生，弱酸性阳离子交换树脂可以用酸进行再生。强碱性阴离子交换树脂用强碱再生，弱碱性阴离子交换树脂用 Na_2CO_3、NH_4OH 等再生。

4　萃取技术

萃取是利用溶质在互不相溶的两相之间分配系数的不同而使不同物质分离的方法。此方法常用于溶质的纯化或浓缩，是一种常用的化工单元操作、它不仅广泛应用于石油化工、湿法冶金、精细化工等领域，而且在微生物工业中物质的分离和纯化中也是一种重要的手段。这是因为它具有如下的优点：①具有较高的选择性；②通过转移到具有不同物理或化学特性的第二相中，来减少由于降解（水解）引起的产品损失；③适用于各种不同的规模；④传质速度快，生产周期短，便于连续操作，容易实现计算机控制。

萃取技术广泛用于抗生素、有机酸、维生素、激素等产物的分离提取。近几年来，萃取技术与其他技术相结合产生了一系列分离技术，如超临界流体萃取、双水相萃取、液膜萃取和反胶束萃取等。

4.1　萃取技术的原理

萃取法是以分配定律为基础的。分配定律即溶质的分配平衡规律：在恒温恒压条件下，溶质在互不相溶的两相中达到分配平衡时，如果其在两相中的相对分子质量相等，则其在两相中的平衡浓度之比为常数，即 $A = c_2/c_1$ 为常数，A 称为分配常数。由于不同溶剂的分配常数不同，而达到将其分离的目的。

4.2　萃取技术的分类

4.2.1　根据被萃取原料状态不同分为液 - 液萃取和液 - 固萃取

以液体为萃取剂时，如果含有目标产物的原料也为液体，则称此操作为液－液萃取；如果含有目标产物的原料为固体，则称此操作为液－固萃取或浸取(Leaching)。以超临界流体为萃取剂时，含有目标产物的原料可以是液体，也可以是固体，称此操作为超临界流体萃取。另外，在液－液萃取中，根据萃取剂的种类和形式的不同又分为有机溶剂萃取(简称溶剂萃取)、双水相萃取、液膜萃取和反胶束萃取等。

4.2.2　根据被提取物与萃取剂的作用方式不同分为物理萃取和化学萃取

物理萃取即溶质根据相似相溶的原理在两相间达到分配平衡，萃取剂与溶质之间不发生化学反应。例如，利用乙酸丁酯萃取发酵液中的青霉素即属于物理萃取。化学萃取则利用脂溶性萃取剂与溶质之间的化学反应生成脂溶性复合分子实现溶质向有机相的分配。萃取剂与溶质之间的化学反应包括离子交换和络合反应等。例如，利用季铵盐(如氯化三辛基甲铵，R^+Cl^-)为萃取剂萃取氨基酸时，阴离子氨基酸(A)通过与萃取剂在水相和萃取相间发生下述离子交换反应而进入萃取相。其中横杠表示该组分存在于萃取相(下同)。

$$\overline{R^+Cl^-} + A^- \longrightarrow \overline{R^+A^-} + Cl^-$$

化学萃取中通常用煤油、己烷、四氯化碳和苯等有机溶剂溶解萃取剂，改善萃取相的物理性质，此时的有机溶剂称为稀释剂(diluent)。

4.2.3　根据料液与萃取剂的接触方式，萃取操作流程可分为单级或多级，后者可分为多级错流和多级逆流及混合

(1)单级萃取。使用一个混合器(萃取器)和一个分离器的萃取称为单级萃取，料液与萃取剂一起加入萃取器内搅拌，使两者混合均匀，产物由一相转入另一相，流入分离器分离得到萃取相和萃余相，萃取相中的萃取剂和产物在回收器分离。

(2)多级错流萃取。单级接触萃取效率较低，为达到一定的萃取收率，间歇操作时需要的萃取剂量较大，或者连续操作时所需萃取剂的流量较大。将多个混合－分离器单元串联起来，各个混合器中分别通入新鲜萃取剂，而料液从第一级通入，逐次进入下一级混合器的萃取操作称为多级错流接触萃取。

(3)多级逆流萃取。将多个混合－分离器单元串联起来，分别在左右两端的混合器中连续通入料液和萃取液，使料液和萃取液逆流接触，即构成多级逆流接触萃取。

4.3　超临界萃取

超临界萃取是以超临界流体为萃取剂的萃取技术。超临界流体是其温度和压力超过或接近临界温度和临界压力的流体。超临界流体具有气体和液体的双重特性，其黏度与气体相似，而密度和液体相近，扩散系数比液体大得多。因此，对物料具有较好的渗透性和较强的溶解能力，能够将物料中某些成分提取出来。超临界流体具有较低的化学活性和毒性，因此该技术最适用于分离价值高、难于用常规方法分离的生物活性物质。目前，此项技术广泛应用于食品添加剂、医药和香料等天然产物的萃取。

5　膜分离法

20世纪50年代初是现代高分子膜分离技术研究的起点，历经50多年的研究，现在已成为一项重要的分离和浓缩技术。膜分离技术已被国际上公认为20世纪末至21世纪中期最有发展前途、甚至会导致一次工业革命的重大生产技术，所以可称为前沿技术，是世界各国研究的热点。广泛地应用于微生物发酵技术、食品、医学、化工等工业生产及水处理各个领

域，取得了较大的经济效益和社会效益。

5.1 膜的定义、功能及特点

5.1.1 膜的定义

通过在流体相中置于一薄层凝聚相物质，而将流体相分隔成为两部分，这一薄层物质称为膜。膜的厚度在0.5mm以下，否则就不称为膜。膜本身是均匀的一相或是由两相以上凝聚物质所构成的复合体。膜具有两个界面，通过它们分别与两侧的流体相(液体或气体)物质接触，把流体相物质分隔开来。膜是完全可透性的，也可以是半透性的，但不能是完全不透性的。膜应该具有高度的渗透选择性，作为一种高效的分离技术，膜传递某物质的速度必须比传递其他物质快。膜可以独立地存在于流体相间，也可以附着于支撑体或载体的微孔隙上。

5.1.2 膜的功能

膜具有三种功能：①对物质的识别与透过：物质的识别与透过是使混合物中各组分之间实现分离的内在因素；②具有将流体相分隔开的界面：膜将透过液和保留液(料液)分为互不混合的两相；③反应场：膜表面从孔内表面含有与特定溶质具有相互作用能力的官能团，通过物理作用、化学反应或生化反应提高膜分离的选择性和分离速度。膜分离法主要是利用物质之间透过性的差别，而膜材料上固定特殊活性基团，使溶质与膜材料发生某种相互作用来提高膜分离性能的功能膜研究也很多。

5.1.3 膜分离特点

①膜分离技术在分离物质过程中不涉及物相的转变，对能量要求低，因此和蒸馏、结晶、蒸发等需要输入能量的过程有很大差异；②膜分离条件一般都较温和，对于热敏性物质复杂的分离过程很重要。此外它操作方便、结构紧凑、维修费用低、耗能少，并且易于自动化，因而是现代分离技术中一种效率较高的分离手段，在生化分离工程中具有重要作用。

5.2 膜分离法及其分离原理

微生物发酵技术产物分离领域应用的膜分离法有微滤、超滤、反渗透、透析、电渗析和渗透气化等等。不同膜分离法分离的动力和原理不同。

在生物技术中应用的膜分离过程，根据推动力本质的不同，可具体分为四类：①以静压力差为推动力的过程；②以蒸气分压差为推动力的过程；③以浓度差为推动力的过程；④以电位差为推动力的过程。

5.2.1 以静压力差为推动力的过程

以静压力差为推动力的膜分离有三种：微滤(MF)、超滤(UF)和反渗透(RO)，它们在粒子或被分离分子的类型上具有差别。

超滤(UF)和微滤(MF)都是利用膜的筛分性质，以压差为传质推动力。UF膜和MF膜具有明显的孔道结构，主要用于截留高分子溶质或固体微粒。UF膜的孔径较MF膜小，主要用于处理不含固形成分的料液，其中相对分子质量较小的溶质和水分透过膜，而相对分子质量较大的溶质被截留。因此，超滤是根据高分子溶质之间或高分子与小分子溶质之间相对分子质量的差别进行分离的方法。超滤过程中，膜两侧渗透压差较小，所以操作压力较低，一般为0.1~1.0MPa。微滤一般用于悬浮液的过滤，在生物分离中，广泛用于菌体的分离和浓缩。微滤过程中膜两侧的渗透压差可忽略不计，由于膜孔径较大，操作压力比超滤更小，一般为0.05~0.5MPa。UF法适用于分离或浓缩直径1~50nm的生物大分子(蛋白质、病毒等)；MF法适用于细胞、细菌和微粒子的分离，目标物质的大小范围为0.1~10μm。

反渗透(RO)是利用膜的溶解－扩散性质。如一个容器中间用一张可透过溶剂(水)，但不能透过溶质的膜隔开，两侧分别加入纯水和含溶质的水溶液。若膜两侧压力相等，在浓差的作用下作为溶剂的水分子从溶质浓度低(水浓度高)的一侧(A侧，纯水)向浓度高的一侧(B侧，水溶液)透过，这种现象称为渗透。如果欲使B侧溶液中的溶剂(水)透过到A侧，在B侧所施加的压力必须大于此渗透压，这种操作称为反渗透。RO膜无明显的孔道结构，RO法适用于1nm以下小分子的浓缩。

5.2.2 以蒸气分压差为推动力的过程

(1)膜蒸馏(MD)。分离原理是根据溶质和膜的亲和力而达到分离目的。在不同温度下分离两种水溶液的膜分离过程，已经用于高纯水的生产，溶液脱水浓缩和挥发性有机溶剂的分离，如丙酮和乙醇等。膜蒸馏也称为渗透气化法，渗透气化膜主要为多孔聚乙烯膜、聚丙烯膜和含氟多孔膜等。近几年来，由于膜材料的进步，80年代以后渗透气化技术实现了产业化，在乙醇、丁醇等挥发性发酵产物的发酵－分离耦合过程中的应用开发研究非常活跃。

(2)渗透蒸发。是以蒸气压差为推动力的过程，但是在过程中使用的是致密(无孔)的聚合物膜。液体扩散能否透过膜取决于它们在膜材料中的扩散能力。

5.2.3 以浓度差为推动力的过程

渗析是一种重要的、以浓度差为推动力的膜分离过程。分离原理是根据筛分而达到分离目的。透析膜一般为孔径5～10nm的亲水膜，例如纤维素膜、聚丙烯氰膜和聚酰胺膜等。在生物分离方面，主要用于生物大分子溶液的脱盐。由于透析过程以浓差为传质推动力，膜的透过通量很小，不适于大规模生物分离过程，而在实验室中应用较多。生化实验室中经常使用的透析袋直径为5～80mm，将料液装入透析袋中，封口后浸入到透析液中，从样品中除去无用的低相对分子质量溶质和置换存在于渗透液中的缓冲液，必要时需更换透析液。透析法在临床上常用于肾衰竭患者的血液透析。

5.2.4 以电位差为推动力的过程

以电位差为推动力的膜分离过程也称为离子交换膜电渗析(EDTM)，即是利用分子的荷电性质和分子大小的差别进行分离的膜分离法，依据离子的迁移过程而达到分离目的，可用于小分子电解质(例如氨基酸、有机酸)的分离和溶液的脱盐。电渗析操作所用的膜材料为离子交换膜，即在膜表面和孔内共价键合有离子交换基团，如磺酸基等酸性阳离子交换基和季铵基($N+R_3$)等碱性阴离子交换基，形成选择性渗透膜。键合阴离子交换基的膜称作阴离子交换膜，键合阳离子交换基的膜称作阳离子交换膜。阴离子交换膜只能透过阴离子，阳离子交换膜则只能透过阳离子。在电场的作用下，前者选择性透过阴离子，后者选择性透过阳离子。电渗析在工业上多用于海水和苦水的淡化以及废水处理。作为生物分离技术，电渗析可用于氨基酸和有机酸等生物小分子的分离纯化。

5.3 膜装置

膜装置是由膜、固定膜的支撑体、间隔物(spacer)以及收纳这些部件的容器构成的一个单元(unit)，也称为膜组件(membrane module)。膜组件的结构根据膜的形式可分为管式膜组件、平板式膜组件、螺旋卷式膜组件和中空纤维(毛细管)式膜组件等四种。

5.3.1 管式膜组件

管式膜组件是将膜固定在园管状(内径10～25mm，长约3m)多孔支撑体上构成的，多根这样的管并联或用管线串联，装在筒状容器内组成管式膜组件。由于管式膜组件内径较大，结构简单，适合于分离悬浮物含量较高的料液，操作完成后的清洗比较容易。

5.3.2　平板膜组件

平板膜组件由多枚圆形或长方形平板膜以1mm左右的间隔重叠加工而成，膜间衬设多孔薄膜，供料液或滤波流动。平板膜组件比管式膜组件比表面积大得多。过滤速度较管式膜组件高。

5.3.3　螺旋卷式膜组件

螺旋卷式膜组件由将两张平板膜固定在多孔性滤液隔网上(隔网为滤液流路)，两端密封。两张膜的上下分别衬设一张料液隔网(为料液流路)，卷绕在空心管上，空心管用于滤液的回收。螺旋卷式膜组件的比表面积大，结构简单，价格较便宜。但缺点是处理悬浮物浓度较高的料液时容易发生堵塞现象。

5.3.4　中空纤维(毛细管)式膜组件

中空纤维或毛细管膜组件由数百至数百万根中空纤维膜固定在圆筒形容器内构成。中空纤维膜的耐压能力较高，常用于反渗透；毛细管膜的耐压能力在1.0MPa以下，主要用于超滤和微滤。

5.4　膜分离法的应用

膜分离法在发酵产物的回收和纯化方面的应用可归纳为如下几个方面：①细胞培养基的除菌；②发酵或培养液中细胞的收集或除去；③细胞破碎后碎片的除去；④目标产物部分纯化后的浓缩或洗滤除去小分子溶质；⑤最终产品的浓缩和洗滤除盐。膜分离是生物产物分离纯化过程必不可少的技术。以下简要阐述膜分离法在菌体细胞的分离、小分子发酵产物的回收、蛋白质类生物大分子的浓缩和部分分组纯化方面的应用。

5.4.1　菌体分离

利用微滤或超滤操作进行菌体的错流过滤分离是膜分离法的重要应用之一。与传统的滤饼过滤和硅藻土过滤相比，错流过滤法具有如下优点；

(1)透过通量大；

(2)滤液清净，菌体回收率高；

(3)不添加助滤剂或絮凝剂，回收的菌体纯净，有利于进一步分离操作(如菌体破碎，胞内产物的回收等)；

(4)适于大规模连续操作。

(5)易于进行无菌操作，防止杂菌污染。

5.4.2　小分子生物产物的回收

氨基酸、抗生素、有机酸和动物疫苗等发酵产品的相对分子质量在2000道尔顿以下，选用MWCO(截留分子量)为$1\times10^4\sim3\times10^4$的超滤膜，可从发酵液中回收这些小分子发酵产物，再用反渗透法浓缩和除去相对分子质量更小的杂质。

5.4.3　蛋白质的回收、浓缩与纯化

蛋白质透过膜与其相对分子质量、浓度、带电性质以及膜表面的吸附层结构、溶液的pH值、离子强度和膜的孔径、结构有关。根据蛋白质的分子特性，选择合适的膜，并对料液进行适当的预处理(如调节pH值，离子强度等)，以提高目标产物的回收率。如膜选择适当，蛋白质的回收率可达95%以上。收率的部分降低主要是由于膜的吸附以及操作中剪切作用引起的蛋白质变性。一般来说，胞外产物的收率较高，而胞内产物从细胞的破碎物中回收，收率较低。这是由于菌体碎片微小，容易对膜造成污染和形成吸附层，阻滞蛋白质的透过。

目前，运用超滤浓缩的和分级分离酶蛋白、纯化酶制剂已实现工业规模，但存在酶的失活和膜对酶的吸附等关键问题。超滤过程中，不适宜的温度、pH 值和离子强度以及流动引起的剪切作用均可能引起酶的失活。超滤膜对酶的吸附不仅造成酶的收率下降，还会使透过通量降低，影响分离速度。

第4节　成品加工

成品加工是将经过粗分和精制的目标产物进一步加工的过程，通过成品加工过程可提高产物的纯度和浓度。成品加工的方法有膜分离技术、浓缩技术、干燥和结晶等技术方法。

1　浓缩技术

浓缩技术是将低浓度溶液中的溶剂除去，使之变为高浓度溶液的过程称为浓缩。浓缩技术常用来作为下一个工序的预处理，如结晶和干燥之前，这样可以缩小所处理料液的体积，从而使下面工序的设备体积减小，节约能源、节约材料和操作费用，同时还能提高收得率。浓缩方法很多，从广义上讲，物质分离提纯的方法也起到浓缩的作用，如象上面提到的沉淀技术、膜过滤技术。下面介绍吸附浓缩法和蒸发浓缩法。

1.1　吸附浓缩法

吸附浓缩法是一种通过吸附剂吸附溶剂，而使溶液浓缩的方法。此种方法对吸附剂的性质要求较高，首先，吸附剂与溶液不起任何化学反应。其次，吸附剂对生物大分子无吸附作用。再次，吸附剂易于与溶液分开，并且当除去溶剂后吸附剂仍能使用。目前，常用的吸附剂有凝胶、聚乙二醇及葡萄糖 G_{25}(也称为吸水棒)。凝胶亲水性强，在水中溶胀，吸附溶剂和小分子化合物，而将生物大分子留在溶液中，经离心或过滤除去凝胶颗粒，得到浓缩的生物大分子溶液。选用凝胶时，要选用溶剂和小分子物质恰好能够渗入到凝胶内，而大分子却完全排除于凝胶之外的凝胶颗粒。

使用聚乙二醇等吸附剂时，将生物大分子溶液装入半透膜的袋里，扎紧口，外加聚乙二醇覆盖，袋内溶剂渗出被聚乙二醇迅速吸收，当聚乙二醇被溶剂饱和后，可更换新的吸附剂，直到浓缩到所需浓度为止。

使用吸水棒时，可将其加入提取液中，由于吸水棒吸水，料液的体积缩小。若吸水棒对有效成分的性质产生影响，则不易采用。

1.2　蒸发浓缩法

蒸发浓缩法是通过加热方法使溶液沸腾，溶液中一部分溶剂蒸发得到浓缩度较高的溶液的技术。蒸发浓缩法需要加热使溶液沸腾，对于热敏性物料及生物大分子物质的活性遭到破坏，并且操作时需要的热能高。因此，目前采用减压蒸发而逐渐代替常压蒸发。

减压蒸发即真空蒸发，这种方法通过降低液面压力，使液体沸点降低，加快蒸发的速度。真空度越高，液体沸点越低，蒸发越快。

2　干燥

发酵产品经过分离、初步提取及精制后，含有一定水分，为了发酵产品的长期保存而不变质、同时减少产品的体积和质量，方便包装和运输。需要经过干燥这一环节。干燥是将潮湿的固体、半固体或浓缩液中的水(或溶剂)蒸发除去的过程。干燥和蒸发一样均是借助于加热汽化来除去水分，但蒸发是液态物料中的水分在沸腾状态下汽化，干燥时，被处理的通常是含有水的固体物料(有的是糊状物料)，并且其中的水分不在沸腾状态下汽化，而是在其本身温度低于沸点的条件下进行汽化。

2.1　干燥原理

干燥实质是再不沸腾的状态下用加热汽化方法驱除湿物料中所含液体(水分)的过程，当热空气流过所干燥物料表面时，热空气将热量传给物料，物料表面的水分汽化进入空气中，物料表面的水分汽化后，物料内部与表面间形成湿度差，于是物料内部的水分便不断地从中间向表面扩散，然后在表面汽化。由于空气与物料表面的温度相差很大，传热速率很快，而物料内部扩散速度缓慢，因此微粒表面被蒸干，蒸发向物料内部推移，直到干燥过程结束。

2.2　干燥方法

(1)对流干燥法。通过热空气等干燥介质与需要干燥的物料接触，以对流的方式向物料传递热量，而使物料的水分汽化，带走产生的蒸汽的方法。

(2)传导干燥法。利用传导的方法将热量通过干燥器的壁面传给需要干燥的物料，使其中的水分汽化而达到干燥的目的的方法。

(3)微波干燥法。微波加热是通过微波发生器中的微波管将电能转换为微波能量而对物料加热干燥，是属于物料内部加热方式。

(4)冷冻干燥法。冷冻干燥法在真空中进行的。相同压力下，水蒸汽随温度的下降而下降，所以在低压条件下，冰很容易升华为气体。操作时，将物料冷冻后装入真空干燥器中，对物料提供必要的升华热，使冰升华为水汽，水汽用真空泵排出，整个过程中载热体不断循环而达到干燥的目的。

(5)红外线加热干燥法。红外线加热干燥法利用红外线频率与构成物质的分子频率相等时，产生的共振现象，使物质的分子运动振幅增大，物质内部发生激烈摩擦而产生热量，从而使物质得到干燥。

目前，工业上应用最多的对流传热干燥法。如果按操作压力不同，干燥操作又可分为常压干燥法与真空干燥两种。

3　结晶

结晶是使溶质呈晶态从液体或熔融体中析出晶体的过程，所谓晶体是许多性质相同的粒子在空间有规律地排列成格子状固体的物质。晶体的形成过程是结晶。结晶过程具有选择性，同类分子或离子才具有形成晶体的能力。具有结晶能力的物质还需合适的条件下才能形成晶体。结晶能从发酵液和溶液中析出溶质的晶体，是一种物质分离纯化的方法。普遍运用于氨基酸工业、有机酸工业、核苷酸工业、酶工业和抗生素工业中产品的分离，是微生物工业下游分离技术的一个重要单元操作。

3.1　晶体的形成

晶体是由相同的离子或分子按一定距离周期性地定向排列而成的固体物质。结晶过程包括过饱和溶液的形成；晶核形成和晶体生长三个阶段。过饱和溶液的形成是晶体形成的前提条件，但是溶液过于饱和时，溶质粒子聚集析出的速度太快，大大高于这些粒子形成晶体的速率，只能获得无定型固体颗粒，而得不到晶体。如溶液未达到饱和状态，晶体形成速率低于晶体溶解的速率，就不可能形成晶体。因此，控制溶质在溶液中处于饱和状态、或稍稍过饱和状态和低饱和状态能够形成晶体。肉眼能看到溶液中出现乳白色混浊，可以认为是形成晶体的合适的状态。

3.2 结晶的方法

能使溶液处于过饱和的方法就是结晶的方法，制备过饱和溶液的方法有浓缩结晶、冷却结晶、盐析结晶和化学反应结晶：

(1)浓缩结晶。浓缩结晶是将目标产物的溶液通过减压蒸发方式浓缩，使其达到过饱和状态，溶质结晶析出。这种方法适用于溶解度随温度变化不大的物质，如灰黄霉素经丙酮萃取的萃取液经过真空浓缩除去丙酮，即可获得结晶。又如，制霉菌素是菌体的胞内产物，提取时用乙醇将制霉素浸出，然后滤液经过减压真空浓缩，冷却后结晶析出。

(2)冷却结晶。冷却结晶法适用于溶解度随温度变化显著的物质，操作时先将预结晶的溶液加热，使溶质充分溶解，然后再冷却便可析出晶体。而有些物质在加热时溶解度反而降低，如红霉素，对于这样的物质用缓冲溶液先调节 pH 值，再对溶液加温，红霉素碱即析出，趁热过滤，分离出晶体。

(3)盐析结晶。盐析结晶是在溶液中加入能使溶质溶解度降低的物质，从而形成过饱和溶液，溶质结晶析出。这类物质可以是盐类，也可以是有机溶剂，例如，在卡那霉素脱色液中加入95%的乙醇，经过一段时间的搅拌，卡那霉素即结晶析出。普鲁卡因青霉素结晶时，加入一定的食盐，可使晶体更易析出。盐析结晶法常用于酶制剂和抗生素的精制。

(4)化学反应结晶。化学反应结晶是在溶液中或发酵液中加入反应剂或调节 pH 值后，产生新物质，当新物质的浓度超过溶解度时就析出晶体。例如，在利福霉素 S 的醋酸丁脂萃取浓缩液中加入氢氧化钠，利福霉素 S 既转化为其钠盐而析出。又如将土霉素经脱色后的滤液调节至4.5，就可析出土霉素游离碱晶体。

3.3 影响结晶的因素

(1)杂质分子。结晶是同类分子的有规律的堆积，当溶质中含有杂质分子的存在会影响溶质分子规则化的排列，在空间上阻碍溶质分子的堆砌。因此，物质的结晶需要相当的纯度才能进行。

(2)pH 值。pH 值的大小影响生物分子的带点状态，当生物分子在等电点附近时溶解度最低，此时。有利于达到饱和而使晶体析出。

(3)温度。温度影响溶质的溶解度，从而影响晶体的形成。一般情况下，温度越高，物质的溶解度越大，形成过饱和溶液的可能性减小，晶体形成越困难。如果温度过低，使溶液系统的黏度增加，干扰了大分子的结晶。合适温度的是形成晶体的重要条件。

(4)溶质的浓度。溶质的浓度是决定晶体形成的必须条件。通常情况下，溶质浓度高，晶体收率也高，但浓度太高时，容易形成无定型的沉淀，或获得晶体内或表面混有较多杂质。如果溶质浓度过低，晶体的形成速率远低于晶体溶解的速率，则得不到晶体。

作业与思考

发酵下游技术的一般过程如何？

参 考 文 献

[1] 曹军卫等．微生物工程．北京：科学出版社，2002
[2] 焦瑞身等．微生物工程．北京：化学工业出版社，2003
[3] 李艳等．发酵工业概论．北京：中国轻工业出版社，2000
[4] 焦瑞身等．细胞工程．北京：化学工业出版社，1994
[5] 俞新大等．细胞工程．北京：科学普及出版社，1988
[6] 王大琛等．微生物工程．北京：化学工业出版社，1994
[7] 周德庆．微生物学教程．北京：高等教育出版社，1993
[8] 胡尚勤等．微生物工程及应用．成都：四川大学出版社．1995
[9] 文兵等．生物技术制药概论．北京：中国医药科技出版社，2003
[10] 齐香君等．现代微生物制药工艺学．北京：化学工业出版社，2004
[11] 陈坚等．发酵工程实验技术．北京：化学工业出版社，2003
[12] 吴松刚．微生物工程．北京：科学出版社，2004
[13] 俞俊棠等．新编生物工艺学．北京：化学工业出版社，2003
[14] 刘如林．微生物工程概论．天津：南开大学出版社，1995
[15] 伦世仪．生化工程．北京：中国轻工业出版社，1993
[16] 姚汝华．微生物工程工艺原理．广州：华南理工大学出版社，2003
[17] 陈洪章等．生物过程工程与设备．北京：化学工业出版社，2004
[18] 王岁楼等．生化工程．北京：中国医药科技出版社，2002
[19] 岑沛霖等．工业微生物学．北京：化学工业出版社，2000
[20] 肖冬光．微生物工程原理．北京：中国轻工业出版社，2004
[21] 贺小贤．生物工艺原理．北京：化学工业出版社，2003
[22] 范秀容等．微生物学实验．北京：高等教育出版社，1989
[23] 熊宗贵．发酵工艺原理．北京：中国医药科技出版社，2001
[24] 俞俊棠等．生物工艺学．上海：华东理工大学出版社，1997
[25] 卫杨保．微生物生理学．北京：高等教育出版社，1989
[26] 李季伦等．微生物生理学．北京：北京农业大学出版社，1993
[27] 储炬．现代工业发酵调控学．北京：化学工业出版社，2002
[28] 杨文博等译．微生物生物学．北京：科学出版社，2001
[29] 陈坚．环境生物技术．北京：中国轻工业出版社，1999
[30] 贾士儒．生物反应器工程原理．北京：科学出版社，2003
[31] 戚以政等．生物反应工程．北京：化学工业出版社，2004
[32] 藏荣春等．微生物动力学模型．北京：化学工业出版社，1996
[33] 诸葛健等．微生物学．北京：科学出版社，2004
[34] 张振坤等．化工基础．北京：化学工业出版社，2003
[35] 陈志平等．搅拌与混合设备设计选用手册．北京：化学工业出版社，2004
[36] 周广田等．啤酒酿造技术．济南：山东大学出版社，2004
[37] 吴思方．发酵工厂工艺设计概论．北京：中国轻工业出版社，2006
[38] 汤善甫等．化工设备机械基础．第二版．上海：华东理工大学出版社，2004
[39] 罗康碧等．反应工程原理．北京：科学出版社，2005
[40] 顾国贤．酿造酒工艺学．第二版：北京：中国轻工业出版社，1996
[41] 戚以政等．生物反应动力学与反应器．北京：化学工业出版社，1999
[42] 章克昌．酒精与蒸馏酒工艺学．北京：中国轻工业出版社，1995

[43] 李再资．生物化学工程基础．北京：化学工业出版社，1999
[44] 华南理工大学等．发酵工程与设备．北京：中国轻工业出版社，1982
[45] 廖春燕等．固态发酵生物反应器．微生物学通报．2005，32(1)：99～104
[46] 郑裕国等．生物加工过程与设备．北京：化学工业出版社，2004
[47] 梁世中．生物工程设备．北京：中国轻工业出版社，2002
[48] 高孔荣．发酵设备．北京：中国轻工业出版社，1991
[49] 岑沛霖．生物工程导论．北京：化学工业出版社，2004
[50] 罗云波．食品生物技术导论．北京：中国农业出版社，2002
[51] 程备久．现代生物技术导论．北京：中国农业出版社，2003
[52] 郭勇．酶的生产与应用．北京：化学工业出版社，2003
[53] 宋欣．微生物酶转化技术．北京：化学工业出版社，2004
[54] 诸葛健等．工业微生物实验技术手册．北京：中国轻工业出版社，1994
[55] 周晓云．酶技术．北京：石油工业出版社，1995
[56] 欧阳平凯等．生物分离原理及技术．北京：化学工业出版社，1999
[57] 严希康．生化分离技术．广州：华南理工大学出版社，2000
[58] 严希康．生化分离工程．北京：化学工业出版社，2001
[59] 孙彦．生物分离工程．北京：化学工业出版社，1998
[60] 毛宗贵．生物工业下游技术．北京：中国轻工业出版社，2002
[61] 王志魁．化工原理．北京：化学工业出版社，2001
[62] 余伯良．微生物饲料生产技术．北京：中国轻工业出版社，1993
[63] 葛诚恳．微生物肥料的生产应用及其发展．北京：中国农业科技出版社，1996
[64] 姜成林等．微生物资源开发利用．北京：中国轻工业出版社，2001
[65] 杨汝德．现代工业微生物学．广州：华南理工大学出版社，2005
[66] 齐香君．现代微生物制药工艺学部．北京：化学工业出版社，2004
[67] 文兵．生物技术制药概论．中国医药科技出版社，2003
[68] 何国庆．食品发酵与酿造工艺学．北京：中国农业出版社，2001
[69] 程丽娟等．发酵食品工艺学部．杨凌：西北农林科技大学出版社，2002
[70] 党建章．发酵工艺教程．北京：中国轻工业出版社，2003
[71] 蔡静平．粮油食品微生物学．北京：中国轻工业出版社，2002
[72] 侯红萍等．发酵食品工艺学．太原：山西高校联合出版社，1994
[73] 伦世仪．环境微生物工程．北京：化学工业出版社，2002
[74] 李建政．环境工程微生物学．北京：化学工业出版社，2002
[75] 徐亚同．废水生物处理的运行管理与异常对策．北京：化学工业出版社，2003
[76] 马文漪等．环境微生物工程．南京：南京大学出版社，1998
[77] 周群英等．环境工程微生物学．北京：高等教育出版社，2001
[78] 沈德中．资源和环境微生物学．北京：中国环境科学出版社，2003
[79] 文湘华等．环境微生物技术原理与应用．北京：清华大学出版社，2004
[80] 李阜棣．微生物学．第五版．北京：中国农业出版社，2000
[81] 任南琪等．污染控制微生物学．哈尔滨：哈尔滨工业大学出版社，2002
[82] 张百良．农村能源工程学，北京：中国农业出版社，1999
[83] 方云等．生物表面剂．北京：中国轻工业出版社，1992
[84] 高培基等．资源环境微生物技术．北京：化学工业出版社，2004
[85] 付保荣等．生态环境安全与管理．北京：化学工业出版社，2005
[86] 陈欢林．环境生物技术与工程．北京：化学工业出版社，2003

[87] 魏德洲. 资源微生物技术. 北京：冶金工业出版社，1996
[88] 王恩德. 环境资源中的微生物技术. 北京：冶金工业出版社，1997
[89] 姜成林等. 微生物资源开发利用. 北京：轻工业出版社，2001
[90] 罗贵民. 酶工程. 北京：化学工业出版社，2003
[91] 刘仲敏等. 现代应用生物技术. 北京：化学工业出版社，2004
[92] 程备久. 现代生物技术概论. 北京：中国农业出版社，2003
[93] 王博彦等. 发酵有机酸生产与应用手册. 北京：中国轻工业出版社，2000
[94] 张伟国等. 氨基酸生产技术及其应用. 北京：中国轻工业出版社，1997
[95] 金其荣等. 有机酸发酵工艺学. 北京：中国轻工业出版社，1995
[96] 刘如林. 微生物工程概论. 天津：南开大学出版社，1995
[97] 张克旭等. 氨机基酸发酵工艺学. 北京：中国轻工业出版社，1992
[98] 张克旭等. 代谢控制发酵. 北京：中国轻工业出版社，1998
[99] 乔宾福. 微生物产生核苷和核酸. 工业微生物. 1998，28(1)：22～27
[100] 王立群等. 微生物工程. 北京：中国农业出版社，2007